“十三五”职业教育国家规划教材
陕西省高等学校优秀教材二等奖

航空工程材料

（第3版）

主　编　陈海英
副主编　张玉萍　段小雪
主　审　王周让

北京航空航天大学出版社

内容简介

本书的内容分为上、下两篇。上篇是工程材料基础知识，共3章，包括工程材料的主要性能、金属材料的基础知识、钢的热处理；下篇是常用工程材料及选材，共7章，包括铁合金、非铁合金、高分子材料、陶瓷材料与高温材料、复合材料、其他航空材料、零件的失效与材料的选择。每章后面都附有小结、习题，便于学生复习和巩固所学知识。

本书是高职高专院校航空制造类、航空机电类、航空材料类专业教材，也可作为航空工程技术人员、飞行器维修人员和地勤人员的参考用书。

图书在版编目(CIP)数据

航空工程材料 / 陈海英主编. -- 3版. -- 北京 : 北京航空航天大学出版社，2022.7

ISBN 978-7-5124-3818-7

Ⅰ. ①航… Ⅱ. ①陈… Ⅲ. ①航空材料 Ⅳ. ①V25

中国版本图书馆CIP数据核字(2022)第093180号

航空工程材料(第3版)

主　编　陈海英

副主编　张玉萍　段小雪

主　审　王周让

策划编辑　冯　颖　　责任编辑　冯　颖

*

北京航空航天大学出版社出版发行

北京市海淀区学院路37号(邮编100191)　http://www.buaapress.com.cn

发行部电话:(010)82317024　传真:(010)82328026

读者信箱:goodtextbook@126.com　邮购电话:(010)82316936

北京宏伟双华印刷有限公司印装　各地书店经销

*

开本:787×1 092　1/16　印张:15.75　字数:403千字

2022年7月第3版　2023年2月第3次印刷　印数:4 001～7 000册

ISBN 978-7-5124-3818-7　定价:49.00元

若本书有倒页、脱页、缺页等印装质量问题，请与本社发行部联系调换。联系电话:(010)82317024

第 3 版前言

本书按照教育部《职业院校教材管理办法》(教材[2019]3号)等文件精神,结合航空类高职专业对航空工程材料的要求,在第2版的基础上修订而成。

本次修订对部分章节进行了调整,着重对超高强度钢、高温材料、航空新材料部分进行改写,突出航空工程材料新发展、新要求,并力求体现以下特色:

① 内容新,所有标准均采用最新国家标准、行业标准,且可通过扫描二维码免费查看全文;

② 内容难易适中,表述清楚、扼要,兼顾知识的系统性与实用性;

③ 以必需与够用为度,构建内容体系;

④ 丰富的思考与练习题,便于学生复习和巩固所学知识,培养分析和解决问题的能力;

⑤ 难点内容提供学习视频,可扫描二维码免费观看。

全书内容分为上、下两篇:上篇是工程材料基础知识,共3章,包括工程材料的主要性能、金属材料的基础知识、钢的热处理;下篇是常用工程材料及选材,共7章,包括铁合金、非铁合金、高分子材料、陶瓷材料与高温材料、复合材料、其他航空材料、零件的失效与材料的选择。

参加本次修订的人员有陕西航空职业技术学院张玉萍、赵华、陈元龙、陈海英,四川航天职业技术学院段小雪。分工如下:绪论、第1章、10章由张玉萍编写,第2章由赵华编写,第3章由陈元龙编写,第4章由段小雪编写,第5～9由陈海英编写。本教材由陈海英任主编,张玉萍、段小雪任副主编,全书由陈海英统稿。全书由陕西航空职业技术学院王周让主审。

本书在编写过程中参考了相关教材、文献及网上资料等,在此表示感谢!

由于编者水平有限,书中难免有疏漏和不妥之处,恳请同行、读者指正。

编　者

2022年2月

第 1 版前言

本书是根据“十一五”国防特色规划职业教材编写要求，结合航空类高职专业对航空工程材料的要求编写的。内容侧重于应用理论、应用技术和材料的选用，强调对学生的实践训练，贯彻以应用为目的，以掌握概念、强化应用为教学重点，以必需、够用为度的原则；重点突出、深入浅出、通俗易懂，使教材清晰、形象，易于自学；思考题可供课堂讨论和布置课后作业选用，以帮助学生思考、复习和巩固所学知识，培养分析和解决问题的能力。

为了突出课程的模块化和实用性，我们以航空工程材料的应用为目标，将内容分为五大模块，包括航空工程材料的结构与性能、航空工程材料的基本理论、热处理、常用航空工程材料（常用航空用钢、有色金属及其合金、高分子材料、陶瓷材料、复合材料）以及航空工程零件材料的选择。

第 1 章介绍了航空工程材料的结构与性能；第 2 章介绍了航空工程材料的基本理论；第 3 章介绍了钢的热处理；第 4～8 章介绍了常用航空工程材料的牌号、成分、组织、性能及应用；第 9 章介绍了航空工程零件材料的选择方法。本书各章对学习内容及学习方法均作了总结，并附有一定量的习题与思考题，便于巩固所学内容。

参加教材编写的有陕西航空职业技术学院王周让、王晓辉、陈海英、赵华，以及陕西秦峰液压机械责任有限公司石峰。第 3 章由王周让编写，绪论、第 1 章、第 5 章和第 6 章由王晓辉编写，第 2 章和第 4 章由赵华编写，第 7 章和第 8 章由陈海英编写，第 9 章由石峰编写。本教材由王周让任主编，王晓辉任副主编，全书由王周让统稿。

本书由何西华主审。他在百忙之中对书稿进行了认真的审阅，并提出了非常宝贵的建议，对书稿的完善起到了十分重要的作用，在此表示衷心的感谢。

尽管我们在教材编写过程中，力求在行业特色、技术实用和能力培养方面有创新，但是由于编者的水平和视角有限，因此对于教材中的不足和疏漏之处，恳请广大师生和读者批评指正。

编　者

2009 年 6 月

目　录

上篇　工程材料基础知识

绪 论

本章主要介绍材料的发展及其在航空领域的应用，以及本课程的性质、内容、教学目标及要求。

0.1 材料的发展及其在航空领域的应用

0.1.1 材料的发展与人类社会的进步

材料是人类社会进步的物质基础和先导，是人类进步的里程碑。历史学家根据当时具有代表性的材料将人类社会划分为石器时代、青铜时代、铁器时代等。因此，人类社会的发展史从某种意义上说也是材料的发展史。

每种重要材料的开发和利用都会给社会生产力和人类生活带来巨大变化。没有半导体材料的工业化生产，就不可能有目前的计算机技术；没有低损耗的光导纤维，就没有现代的光纤通信；没有高温高强度的结构材料，就不可能有今天的航空工业和宇航工业。因此，人们把材料、能源、信息称为现代社会发展的三大支柱。

0.1.2 材料和工程材料的概念及分类

材料是人类用于制造物品、器件、构件、机器或其他产品的物质。材料是物质，但不是所有物质都可以称为材料。如燃料、化学原料、工业化学品、食物、药物，一般都不算是材料。但是这个定义并不那么严格，如炸药、固体火箭推进剂一般称为含能材料，它们属于火炮或火箭的组成部分。

工程材料就是指用于机械、建筑、化工及航空航天等领域的材料。按化学成分和结构特点分为金属材料、非金属材料、高分子材料、复合材料四大类；按使用功能分为结构材料、功能材料两类。

0.1.3 航空材料的发展历程

材料是航空装备的物质基础，是决定航空装备性能的重要因素，是拓展航空装备新功能、降低全生命周期费用、提高航空装备作战能力的重要源泉。自1903年莱特兄弟进行第一次有动力飞行后，飞机材料的改进从未停止。航空材料的发展大体上经历五个阶段。

第一阶段(1903—1919年)主要使用木头和帆布。木头和帆布是天然材料中强度、重量、刚度均最为适合制造飞机的。直至第一次世界大战，木头和帆布都是蓝天上的主宰。“飞行者1号”是一架用轻质木料为骨架、帆布为蒙皮的双翼机，其中木材占47%，钢占35%，布占18%，飞行速度16 km/h。

第二阶段(1920—1949年)是铝、钢材料的使用。1925年以后，许多国家逐渐用钢管代替木材作机身骨架，用铝板作蒙皮，制造出全金属结构飞机。1919年，胡戈·容克斯设计了容克斯F13飞机，是世界上第一架全金属客机。容克斯F13是世界上第一架硬铝全金属无支架、无张线的单翼张臂式客机,可载客4人,飞行速度为136 km/h,是当时世界上最先进的飞机。直到20世纪40年代末,全金属结构飞机才真正全面获得应用,飞行速度超过了600 km/h。

第三阶段(1950—1969年)是铝、钛、钢材料的使用。20世纪50年代,钛合金开始用在飞机上,主要是航空发动机用的高温钛合金和机体用的结构钛合金。1953年,美国道格拉斯公司生产的DC-T发动机的防火壁和短舱上首次使用了钛。SR-71"黑鸟"是美国空军高空高速侦察机,机身采用轻重量、高强度的钛合金作为结构材料,最大飞行高度30 000 m,最大马赫数为3.5。

第四阶段(1970至21世纪初)是铝、钛、钢、复合材料的使用,以铝合金为主。20世纪70年代初,碳纤维增强复合材料被首先应用于军机。F-16飞机上复合材料的使用量仅为3%,而铝合金的使用量高达83%。

第五阶段(21世纪初至今)是复合材料、铝、钛、钢等材料的使用,以复合材料为主。20世纪70年代至今,复合材料在飞机制造中的地位越来越高,大有从配角变身主角的势头。复合材料在诞生之初只用在尾翼、鸭翼等载荷较小的位置,如今已经占据主导地位。波音公司的数据显示,复合材料占波音787飞机结构重量的50%(体积的80%),铝占20%,钛占15%,钢占10%,其他材料占5%。

0.2 本课程的性质及主要内容

航空工程材料是高职航空类各专业必修的技术基础课,是从生产实践中发展起来,又直接为生产服务的一门课程,具有丰富的理论性和实践性。

本课程的主要内容分为上、下两篇。上篇是工程材料基础知识,主要内容为工程材料的主要性能、金属材料的基础知识、钢的热处理;下篇是常用工程材料及选材,主要内容为铁合金、非铁合金、高分子材料、陶瓷材料与高温材料、复合材料、其他航空材料、零件的失效与材料的选择。

0.3 本课程的教学目标及要求

通过学习,使学生获得有关航空工程材料的基本理论、基本知识,了解常用航空工程材料的成分、工艺、组织、性能之间的关系,初步具备合理选用航空工程材料的能力。

学生通过本课程的学习,应达到下列目标:

1. 掌握金属材料力学性能、晶体结构、铁碳合金相图等金属学的基本知识;
2. 掌握航空工程材料的分类、牌号(或代号)、性能特点及用途;
3. 能够根据零件的工作条件选用材料;
4. 初步具有正确选定零件的热处理方法及确定其工序位置的能力;
5. 了解与本课程有关的新材料、新工艺、新技术及其发展趋势。

本课程具有实践性强的特点,其内容与生产、生活密切相关。为达到教学目标,应做好以下几个方面的准备:学生应注重于分析、理解与运用,并注意前后知识的衔接与综合应用;重视理论联系实际,重视实验环节,认真完成作业;本课程涉及的知识面广,内容较丰富,教师在教学中应多采用直观教学、信息化教学和启发式教学,并培养学生的自学能力,以增加课堂的信息量并提高课时的利用率,在后续课程和生产实习、课程设计、毕业设计等教学环节中须反复训练,巩固提高。

上篇　工程材料基础知识

第 1 章　工程材料的主要性能

材料的主要性能包括使用性能和工艺性能。使用性能是指材料在使用工程中应具备的性能，包括物理性能、化学性能和力学性能。工艺性能是指材料从冶炼到成品的生产过程中，为适应各种加工工艺应具备的性能，包括切削加工性能、铸造性能、锻造性能、焊接性能、热处理性能等。这些性能是机械设计、材料选择、工艺评定及材料检验的主要依据。

1.1　材料的使用性能

1.1.1　材料的物理性能

材料的物理性能是指在重力、电磁场、温度等物理因素作用下材料所表现的性能或固有属性，包括密度、熔点、热膨胀性、导热性、导电性和磁性等。

1. 密　度

材料的密度是指单位体积中材料的质量，常用符号 ρ 表示。通常将密度小于 4.5 g/cm^3 的金属称为轻金属，密度大于 4.5 g/cm^3 的金属称为重金属。

2. 熔　点

熔点是材料从固态转变为液态的温度。纯金属有固定的熔点，合金的熔点取决于其化学成分，高分子材料一般没有固定的熔点。熔点是冶炼、铸造、焊接等生产工艺的重要参数。按照熔点的高低，可将金属材料分为难熔金属和易熔金属两类。难熔金属一般指熔点高于 1 650 ℃并有一定储量的金属（钨、钽、钼、铌、铪、铬、钒、锆和钛），也有将熔点高于锆熔点（1 852 ℃）的金属称为难熔金属，如钨、钼、钒等，可以用来制造耐高温零件，在燃气轮机、航空、航天等领域有广泛的应用。易熔金属如锡、铂等，可以用来制造保险丝、防火安全阀等零件。

3. 热膨胀性

材料的热膨胀性通常用线膨胀系数（有时也称为线弹性系数）来表示，其意义是温度升高 1 ℃时单位长度上所增加的长度，单位为℃$^{-1}$ 或 K^{-1}。它是衡量材料热稳定性的一项重要指标。陶瓷的热膨胀系数最低，金属材料次之，高分子材料的热膨胀系数最高。异种金属的焊接、非金属材料（玻璃、陶瓷）与各种金属焊接均要求两者有相适应的热膨胀系数。

4. 导热性

材料传导热量的能力称为导热性，一般用热导率 λ（也称为导热系数）表示。其含义是热流密度①与温度梯度②之比，单位为 W/(m · K)。材料的热导率越大，导热性越好。一般来说，金属越纯，导热性越好；金属及其合金的热导率远高于非金属材料。导热性好的材料（如铜、铝及其合金等）常用来制造热交换器等传热设备的零部件；导热性差的材料（如塑料、木材

---

① 热流密度是单位时间内传过单位面积界面的热量。

② 温度梯度指沿物体等温面法线方向单位长度上的温度改变值。

等)可用来制造绝热零部件。

5. 导电性

材料传导电流的能力称为导电性。导电性一般用体积电阻率 ρ 表示,反映物质对电流的阻碍性,单位为 $\Omega \cdot m^2/m$,工程上常用 $\Omega \cdot mm^2/m$。电阻率定义为在温度为 20 ℃时,单位长度、单位横截面积导体的电阻。通常,金属材料的电阻率随温度的升高而增加。金属材料一般具有良好的导电性,并随材料成分的复杂化而降低,因而纯金属的导电性比合金要好。

6. 磁性能

能对磁场作出某种方式反应的材料称为磁性材料。按照物质在外磁场中表现出来磁性的强弱,可将其分为抗磁性物质、顺磁性物质、铁磁性物质、反铁磁性物质、亚铁磁性物质五类。铁磁性物质和亚铁磁性物质是强磁性物质,通常所说的磁性材料即指强磁性材料。铁磁性材料一般是铁、钴、镍及其合金,稀土元素及其合金,以及一些锰的化合物。磁性材料按照其磁化的难易程度,一般分为软磁材料、硬磁材料两类,前者是指既容易磁化,又容易退磁的材料,如硅钢片、工业纯铁;后者在外磁场去除后仍能保持磁性的材料,如淬火钴钢、稀土钴等。

7. 光学性能

材料的光学性能是指材料与光相互作用时产生的各种性能,如光的反射、吸收、折射、透射等。同时,在电、声、磁、热、压力等外场作用下材料的光学性能会发生变化,或者在光的作用下其结构和性能会发生变化,如发光材料、激光材料、光导材料、磁光材料、非线性光学材料等。光学材料的各种性能已被广泛利用,如光学玻璃传统的应用有望远镜、显微镜、照相机、摄影机、摄谱仪等使用的光学透镜,而今又出现了高纯、高透明的光通信纤维玻璃。许多陶瓷和塑料制品在可见光下完全不透明,但对微波却是透明的,可以在微波炉中用作食品容器。锗和硅对红外线是透明的,且折射率大,可用来制造红外透镜。

1.1.2　材料的化学性能

根据服役条件与环境的不同,材料不仅要有一定的物理性能、力学性能,还要有一定的化学性能。金属材料的化学性能是指金属在室温或高温下抵抗外界化学介质侵蚀的能力,包括耐蚀性和抗氧化性。

1. 耐蚀性

耐蚀性是指在常温下抵抗其周围介质侵蚀的能力,主要包括耐化学腐蚀和耐电化学腐蚀两种类型。化学腐蚀一般是在干燥空气和非电解液(如酒精、石油等)中进行的,腐蚀过程中无电流产生;电化学腐蚀是在电解液(如大气、海水、土壤等)中进行的,腐蚀过程中有微电流产生。提高材料的耐腐蚀性,可有效地节约材料和延长机械零件的使用寿命。

2. 抗氧化性

材料在高温气相环境中与氧或含氧物质(如水蒸气、CO_2、SO_2 等)发生化学反应,转变为氧化物的过程称为高温氧化。材料在加热时抵抗氧化作用的能力称为抗氧化性。高温下使用的工件,要求材料具有高温抗氧化的能力,如各种加热炉、锅炉等。金属及其合金的抗氧化机理是金属材料在高温下迅速氧化后,可在金属表面形成一层连续且致密并与母体结合牢固的氧化薄膜,阻止金属材料的进一步氧化。高分子材料的抗氧化机理则与之不同。

3. 老化性(高分子材料)

老化是指高分子材料在加工、贮存和使用过程中,由于受热、光照、氧、高能辐射、化学介质、微生物、潮湿等环境因素影响,逐步发生物理化学性质的变化,使其性能下降,以致最后丧失使用价值的过程。老化是一种不可逆的变化,是高分子材料的通病,有化学老化和物理老化两种类型。化学老化是一种不可逆的化学反应,是高分子材料分子结构变化的结果,如塑料的脆化、橡皮的龟裂等,特点是不可逆、不能恢复;物理老化是指玻璃态高分子材料通过小区域链段的布朗运动使其凝聚态结构从非平衡态向平衡态过渡,从而使得材料类的物理、力学性能发生变化的现象。

1.1.3 材料的力学性能

GB/T 10623—2008

根据GB/T 10623—2008给出的定义,材料力学性能是指材料在力作用下显示的弹性与非弹性反应相关或包含应力-应变关系的性能。力学性能对材料的使用性能和工艺性能有着非常重要的影响。

按照性质不同,载荷可分为静载荷和动载荷两类。静载荷是指大小不随时间变化或变化较缓慢的载荷,如机床主轴箱对机床床身的压力、梁的弯矩等。动载荷包括冲击载荷和交变载荷。冲击载荷是指在很短的时间内以很高的速度作用在构件上的载荷,如空气锤锤杆所受的冲击力、飞机起飞和降落时的冲力等;交变载荷是指大小、方向随时间呈周期性变化的载荷,如曲轴、连杆、弹簧等。根据作用形式不同又可分为拉伸载荷、压缩载荷、弯曲载荷、剪切载荷和扭转载荷等。

材料在外力作用后,以及物理、化学或物理化学变化过程中,其内部会产生内力。作用在物体单位截面上的内力叫作应力。按引起应力的原因,应力分为工作应力和内应力。

GB/T 228.1—2010

GB/T 228.2—2015

评价材料力学性能最简单、有效的方法是测定材料的拉伸曲线。室温拉伸试验根据GB/T 228.1—2010进行,高温拉伸试验根据GB/T 228.2—2015进行。试样的截面可以为圆形、矩形、多边形、环形,特殊情况下可以为其他形状。原始标距与横截面积有 $L_0=k\sqrt{S_0}$ 关系的试样称为比例试样。国际上使用的比例系数 k 的值为5.65。原始标距不小于15 mm。当试样截面积太小,以致采用比例系数 k 为5.65的值不符合这一最小标距要求时,可以采用较高的值(优先采用11.3的值)或采用非比例试样①。

室温拉伸时,将试样装夹在试验机上,缓慢增加载荷,由载荷传感器测出作用在试样上的载荷,自动绘制出载荷 F 与试样伸长量 ΔL 之间关系曲线,称为 $F-\Delta L$ 曲线,如图1.1所示。由图可知,拉伸过程可分为如下几个阶段:弹性变形阶段(Oe 段)、屈服阶段(eB 段)、强化阶段(Bm 段)、缩颈阶段(mu 段)。将图1.1的纵坐标以应力 R($R=F/S_0$,MPa)表示,横坐标以伸长率即应变 e($\Delta L/L_0$,%)表示,得到应力-应变曲线,如图1.2所示。

① 非比例试样的原始标距 L_0 与原始截面积 S_0 无关。

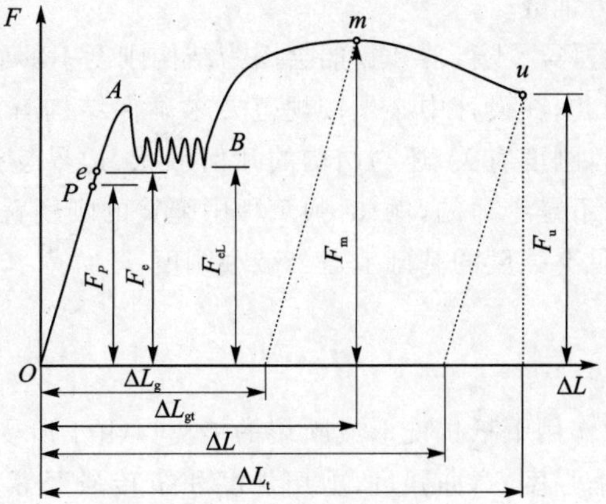

图 1.1　退火低碳钢的 $F-\Delta L$ 曲线

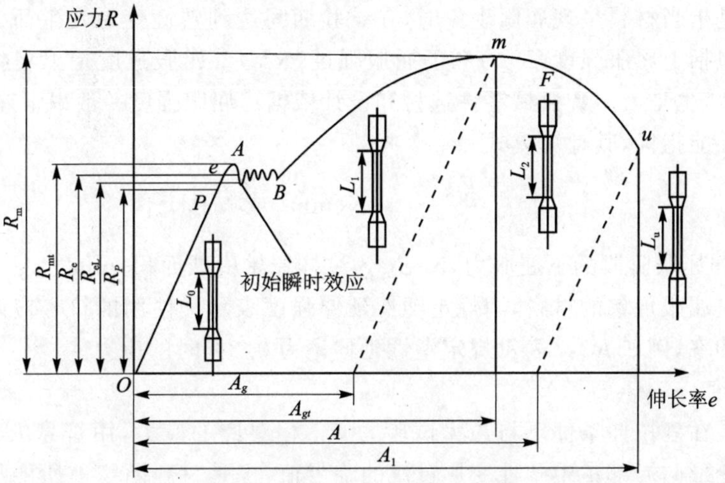

图 1.2　工程应力-应变曲线

1. 弹性与刚度

（1）弹　性

弹性是指物体在外力作用下发生形变，外力撤销后能恢复原来大小和形状的性质。材料做拉伸试验时，应力超过某一值(图 1.2 中 e 点的应力)，外力撤销后，材料将不会自行恢复原状，此应力值称为弹性极限。若材料所承受的应力小于弹性极限，则可自行恢复原状。根据 GB/T 10623—2008，弹性极限指材料在应力完全释放时能够保持没有永久应变的最大应力。

（2）刚　度

刚度是指材料在载荷作用下抵抗弹性变形的能力。弹性模量可视为衡量材料产生弹性变形难易程度的指标，其值越大，则在相同应力下产生的弹性变形就越小。弹性模量是指低于比例极限①的应力与相应应变的比值，用 E 表示。它是正应力和线性应变下的弹性模量特例。金属材料的弹性模量是一个对组织不敏感的力学性能指标，外在因素的变化对它的影响也比

① 指材料能够承受的没有偏离应力-应变比例特性的最大应力。比例极限依赖于记录数据或试验结果的观测水平。

较小,一般将弹性模量视为常数。

在工程上,有些机械、桥梁、飞行器和舰船会因为结构刚度不够而出现失稳,或在流场中发生颤振等灾难性事故。因此,在设计中必须按规范要求确保结构有足够的刚度。与材料刚度不同,结构刚度除了与材料刚度有关,还与结构的几何形状、边界支持情况以及外力作用形式有关。对结构刚度的要求不是绝对的,例如,弹簧秤中弹簧的刚度就取决于被称物体的重量范围,而缆绳则要求在保证足够强度的基础上适当减小刚度。

2. 强度与塑性

(1) 强　度

强度是指材料在外力作用下抵抗变形或断裂的能力。由于所受载荷的形式不同,材料的强度可分为拉伸强度、压缩强度、弯曲强度、剪切强度和扭转强度等。常用的强度指标有屈服强度和抗拉强度。

1) 屈服强度和规定塑性延伸强度

屈服强度是指当材料呈现屈服现象时,在试验期间达到塑性变形发生而力不增加的应力点。屈服强度包括上屈服强度(R_{eH})和下屈服强度(R_{eL})。屈服强度是工程技术上重要的力学性能指标之一,也是大多数机械零件选材和设计依据。屈服强度一般以下屈服强度(R_{eL})作为金属材料的性能指标,其计算公式为

$$R_{eL}=\frac{F_{eL}}{S_0}\qquad (\mathrm{N/mm^2}\ 或\ \mathrm{MPa})$$

式中:F_{eL} 为试样屈服阶段的下屈服力,N;S_0 为试样原始横截面积,mm^2。

对于无明显屈服现象的材料,用规定塑性延伸强度表示。使用的符号应附下脚标说明所规定的塑性延伸率,例如 $R_{p0.2}$ 表示规定塑性延伸率为0.2%时的应力。

2) 抗拉强度

抗拉强度是在静拉伸条件下与最大试验力 F_m 相对应的应力,用符号 R_m 表示。它是材料由均匀塑性变形向局部集中塑性变形过渡的临界值,也是材料断裂前所能承受的最大应力值。根据测得的 F_m,可按下式计算出抗拉强度。

$$R_m=\frac{F_m}{S_0}\qquad (\mathrm{N/mm^2}\ 或\ \mathrm{MPa})$$

式中:F_m 为试样断裂前所受的最大外力,N。

屈服强度 R_{eL} 与抗拉强度 R_m 的比值(或 $R_{p0.2}/R_m$ 的值)称为材料的屈强比。屈强比越小,构件的可靠性越高,但屈强比过小,材料的有效利用率低。合理的屈强比一般为0.60~0.75。

(2) 塑　性

塑性是材料在断裂前发生不可逆永久变形的能力。永久变形是物体在力的作用下产生的形状和尺寸的改变,外力去除后,永久变形不能恢复到原来的形状和尺寸。金属材料断裂前所产生的塑性变形由均匀塑性变形和集中塑性变形两部分构成。大多数拉伸时形成缩颈的韧性金属材料,其均匀塑性变形量比集中塑性变形量要小得多,一般均不超过集中变形量的50%。也就是说,拉伸缩颈形成后,塑性变形主要集中于试样缩颈附近。金属材料常用的塑性指标有断后伸长率、断面收缩率两种。

1) 断后伸长率

拉伸试样断后标距的塑性伸长与原始标距的百分比称为断后伸长率,用符号 A 或 $A_{11.3}$

表示，即

$$A=\frac{L_u-L_0}{L_0}\times 100\%$$

式中：L_0 为试样原始标距长度，mm；L_u 为试样拉断后的标距长度，mm。

同一材料长试样（$l_0=10d_0$[①]）和短试样（$l_0=5d_0$）测得的断后伸长率分别用 $A_{11.3}$ 和 A 表示。二者是不相等的，一般短拉伸试样的 A 值大于长拉伸试样的 $A_{11.3}$ 值。

2）断面收缩率

断裂后试样横截面积的最大缩减量（S_0-S_u）与原始横截面积（S_0）之比的百分率，用符号 Z 表示，即

$$Z=\frac{S_0-S_u}{S_0}\times 100\%$$

式中：S_0 为试样的原始横截面积，mm^2；S_u 为试样拉断处的最小横截面积，mm^2。

断面收缩率与试样尺寸无关，只取决于材料性质。因此，用 Z 表示材料的塑性，比用 A 表示更接近真应变。材料的 A 与 Z 数值越大，说明材料的塑性越好。塑性良好的材料（如铜、低碳钢）冷压成型性好。塑性差的材料（如铸铁）不能进行压力加工，只能用铸造方法成形。此外，具有一定塑性的零件，在使用过程中万一超载或出现应力集中，能产生少量塑性变形而避免突然断裂，增加了零件的安全可靠性。因此，对大多数机械零件会提出一定的塑性要求。

另外，根据断后伸长率 A 和断面收缩率 Z 的相对大小，可以判断金属材料拉伸时是否形成缩颈。如果 Z 大于 A，则金属拉伸形成缩颈，Z 与 A 之差越大，缩颈愈严重；如果 $Z\leqslant A$，则金属材料不形成缩颈。

3. 硬　度

硬度是衡量材料软硬程度的指标，表示抵抗局部塑形变形及破坏的能力，即抵抗硬物压入或划伤表面的能力。由于材料的硬度与强度之间往往有一定的对应关系，故某一材料在一定条件下通常可由硬度值间接估算出材料的抗拉强度。在机械设计中，零件的技术条件往往须标注硬度。热处理生产中也常以硬度作为检验产品是否合格的主要依据。

根据测量方法不同，常用的硬度指标体系有布氏硬度、洛氏硬度、维氏硬度，均为压入法。

（1）布氏硬度

GB/T 231.1—2018

根据 GB/T 231.1—2018 规定，将直径为 D 的碳化钨合金球施加试验力压入试样表面，经规定保持时间后，卸除试验力，测量表面压痕直径 d，如图 1.3 所示。试验时，使压头与试样表面接触，垂直于试验面施加试验力，直至达到规定试验力值。从加力开始至全部试验力施加完毕的时间应为 7^{+1}_{-5} s，保持时间为 14^{+1}_{-4} s。对于要求试验力保持时间较长的材料，试验力保持时间公差为 ±2 s。压痕直径的光学测量可采用手动，也可采用自动测量系统。压痕的表面积通过压痕的平均直径和压头直径计算得到。可用下列公式进行计算，即

$$\mathrm{HBW}=0.102\times\frac{2F}{\pi D\left(D-\sqrt{D^2-d^2}\right)}$$

① d_0 表示圆形横截面试样平行长度的原始直径或圆丝原始直径或管的原始内径。

式中:F 为试验力,N;D 为压头直径,mm; d 为压痕平均直径,$d=\frac{d_1+d_2}{2}$,其中 d_1、d_2 分别为压痕相互垂直的两条直径,mm。

布氏硬度值可通过上式计算求得,但在实际应用中,常根据压痕平均直径 d 的大小直接查布氏硬度表得到硬度值。布氏硬度计算值一般都不标出单位,只须写明硬度的数值即可。

布氏硬度的表达方法是在硬度值后加硬度符号,如 600HBW1/30。如果保持时间不在 10~15 s 范围内,则须在硬度符号后注明保持时间,如 600HBW1/30/20。

布氏硬度试验时金属材料表面压痕大,能在较大范围内反映被测材料的平均硬度,测得的硬度值比较准确,数据重复性强。但由于压痕较大,对金属表面的损伤较大,故不宜测定太小或太薄的试样,而且布氏硬度整个试验过程较麻烦。布氏硬度试验主要用于测定如铸铁、非铁金属、经退火处理或正火处理或调质处理的钢铁材料及其半成品的硬度。

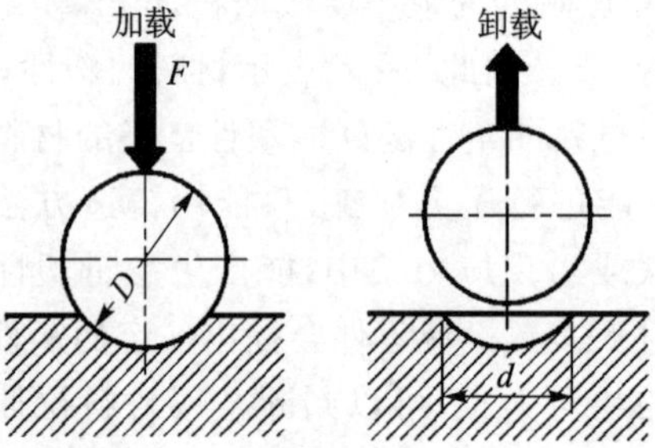

图 1.3 布氏硬度试验原理示意图

GB/T 230.1—2018 **GB/T 230.2—2012**

(2) 洛氏硬度

根据 GB/T 230.1—2018,压头用顶角为 120°的金刚石圆锥或直径为 1.587 5 mm 或 3.175 mm 的碳化钨合金球①,并符合 GB/T 230.2—2012 的规定。试验时,按照规定分两级将压头压入试样表面,初试验力 F_0 为 98.07 N,加载时间不超过 2 s,保持时间应为 3^{+1}_{-2} s。手动(刻度盘)硬度计需要给指示刻度盘设置设定点或设置零位。自动(数显)硬度计的初始压痕深度测量是自动进行的,不需要使用者输入,同时初始压痕深度的测量也可能不显示。施加主试验力 F_1,使试验力从初试验力 F_0 增加至总试验力 F,加载时间为 1~8 s,保持时间为 5^{+1}_{-3} s,卸除主试验力 F_1,初试验力 F_0 保持 4^{+1}_{-3} s 后,进行最终读数。洛氏硬度值用符号 HR 表示:

$$\mathrm{HR}=N-\frac{h}{S}$$

式中:N 为全量程常数(金刚石压头,$N=100$;球压头,$N=130$);h 为初始试验力下的压痕的残余深度,mm;S 为给定标尺的标尺常数,mm(洛氏硬度 $S=0.002$,表面洛氏硬度 $S=0.001$)。

为了能在同一洛氏硬度机上测定从软到硬的材料硬度,采用了由不同压头和载荷组成的几种不同的洛氏硬度标尺,并用字母在 HR 后加以注明,生产上常用的是 A、B 和 C 三种标尺的洛氏硬度。三种洛氏硬度标尺的试验条件和使用范围见表 1.1。

① 碳化钨合金球形压头为标准型洛氏硬度压头,钢球压头仅在满足一定条件下才可使用。

表 1.1　常用三种洛氏硬度的试验条件及应用范围

标尺	硬度符号	压头类型	总试验力/N (kgf①)	测量范围	应用范围
A	HRA	金刚石圆锥	588.4(60)	20～95	硬质合金、表面硬化层、淬火工具钢等
B	HRBW	Φ1.587 5 mm 球	980.7(100)	10～100	低碳钢、铜合金、铝合金、铁素体可锻铸铁
C	HRC	金刚石圆锥	1471(150)	20～70	淬火钢、调质钢、高硬度铸铁

表示洛氏硬度时，硬度值写在硬度符号的前面。例如，50 HRC 表示用标尺 C 测得的洛氏硬度值为 50。当材料要求的总试验力保持时间超过 6 s 时，保持时间应在试验结果中注明，例如 65HRBW/10。

洛氏硬度试验操作简便迅速，可直接从硬度计表盘上读出硬度值；压痕小，可直接测量成品或较薄工件的硬度。但由于压痕较小，测得的数据不够准确，通常应在试样不同部位测定五个点取其算术平均值。

(3) 维氏硬度

维氏硬度试验原理与布氏硬度基本上相同，也是根据压痕单位表面积上的载荷大小来计算硬度值，所不同的是采用相对面夹角为 136°的正四棱锥体金刚石作压头。

GB/T 4340.1—2009 规定了三种试验方法：维氏硬度试验（$F \geqslant 49.03$ N）、小力值维氏硬度试验（$1.961\ \text{N} \leqslant F < 49.03\ \text{N}$）和显微维氏硬度试验（$0.098\ 07\ \text{N} \leqslant F < 1.961\ \text{N}$）。试验时，用选定的试验力 F 将压头压入试样表面，从加力开始至全部试验力施加完毕的时间应为 2～8 s。对于小力值维氏硬度试验和显微维氏硬度试验，加力过程不能超过 10 s 且压头下降速度应不大于 0.2 mm/s。对于显微维氏硬度试验，压头下降速度应在 15～70 μm/s 范围内。试验力保持时间为 10～15 s。卸除试验力，测量压痕两对角线长度，取算术平均值，代入下列公式计算维氏硬度值：

GB/T 4340.1—2009

$$\mathrm{HV}=\frac{0.102F}{A}=\frac{0.204F\sin(136^\circ/2)}{d^2}=0.189\ 1\ \frac{F}{d^2}$$

式中：F 为试验力，N；d 为压痕两对角线长度的平均值，mm。

维氏硬度的表示方法与布氏硬度表示方法类似，也是在硬度值后加硬度符号，如 600HV30。如果保持时间不在 10～15 s 范围内，则须在硬度符号后注明保持时间，如 640HV30/20。

维氏硬度试验适用范围宽，可以测从极软到极硬材料的硬度，尤其适用于极薄工件及表面薄硬层的硬度测量（如化学热处理的渗碳层、渗氮层等），其结果精确可靠，缺点是测量较麻烦，工作效率不如洛氏硬度试验高。

4. 韧　性

韧性表示材料在塑性变形和断裂过程中吸收能量的能力。韧性越好，发生脆性断裂的可能性越小。韧性分为冲击韧性和断裂韧性两类。

(1) 冲击韧性

冲击韧性是材料在冲击载荷下吸收塑性变形功和断裂功的能力。冲击韧性用冲击吸收能

① 本书保留了部分非国标单位，以方便业内人士使用。

GB/T 229—2020

量 K 来衡量,采用 GB/T 229—2020 来测定,如图 1.4 所示。试验中,将带有缺口或无缺口的标准试样[1]置于试验机两支座之间,使试样的缺口位于两支座中间[2],并背向摆锤的冲击方向。用摆锤一次打击试样,测定试样的吸收能量。将一定质量的摆锤升高到规定高度 H_1,使摆锤从 H_1 高度自由落下,冲断试样后向另一方向回升至高度 H_2,产生摆锤势能差 K,K 是消耗在试样断口上的冲击吸收能量。其计算公式为

$$K = GH_1 - GH_2 = G(H_1 - H_2)$$

式中:K 为冲击吸收能量,J;G 为摆锤的重力,N;H_1 为摆锤的初始高度,m;H_2 为冲击试样后摆锤回升的高度,m。

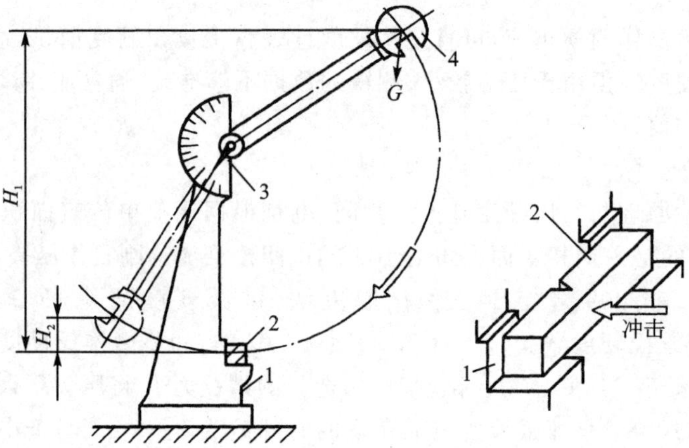

1—机架;2—试样;3—刻度盘;4—摆锤

图 1.4　摆锤冲击试验原理示意图

冲击吸收能量的值可由试验机指针或其他指示装置示出能量值。用字母 V 和 U 表示缺口几何形状,用下标数字 2 或 8 表示摆锤刀刃半径,例如用 KV_2 表示摆锤刃半径为 2 mm,夏比 V 形缺口试样的冲击吸收能量;KW_8 表示摆锤刃半径为 8 mm,无缺口试样的冲击吸收能量。需要注意的是,冲击试样缺口深度、弧度和表面质量对试验结果有很大影响,须严格控制。

冲击韧性是强度与塑性的综合力学性能指标。冲击吸收能量对组织缺陷非常敏感,可灵敏地反映出金属材料的质量、宏观缺口和显微组织的差异,能有效地检验金属材料在冶炼、成形加工、热处理工艺等方面的质量。根据系列冲击试验(低温冲击试验)可获得吸收能量-温度曲线,据此确定材料的韧脆转变温度 T_t[3],以供选材参考或抗脆断设计。因此,在非常寒冷(低于−20 ℃)的地区使用非合金钢构件(如钢轨、车辆、桥梁、输运管道、电力铁塔等)时,易发生脆断现象。所以,在选用金属材料时,一定要保证金属材料服役条件的最低温度高于金属材料的韧脆转变温度。

① 对于无缺口试样,要求与 V 形缺口试样相同(缺口要求除外)。

② 对于无缺口试样,应使锤刃打击中心位于试样长度方向和厚度方向的中间位置。

③ 表征吸收能量-温度曲线的急剧上升的位置。急剧上升区通常覆盖较宽的温度范围,因此没有广泛适用的转变温度的定义。

冲击韧度为将冲击吸收能量除以试样缺口底部截面所得之商，用于评定材料的韧脆程度，用 a_k 表示，计算式如下：

$$\alpha_k = \frac{K}{S_0}$$

冲击韧度 a_k 是一个数学平均量。实际上冲击试样缺口截面上的应力-应变分布是极不均匀的，塑性变形和试样所吸收的功主要集中在缺口附近，因此这个指标一般只作为选材的参考，并不直接作为力学性能计算的依据。

冲击韧性是在大能量一次冲断试样条件下测得的性能指标。实践表明，即使那些通常承受剧烈冲击载荷的机件，也很少只经受一次或几次冲击就断裂的。为了解决机件多次冲击断裂失效问题，应对材料进行小能量的多次冲击试验，为此提出多次冲击抗力。目前，多次冲抗力还没有统一表示的方法，一般用某种冲击能量 K 下的冲断周次 N 或用要求的冲击工作寿命 N 时的冲断能量 K 来表示试样的多次冲击抗力。冲击能量高时，材料的多次冲击抗力主要取决于塑性；冲击能量低时，材料的多次冲击抗力主要取决于强度。多数受冲击载荷作用的机件次数均在数万次以上甚至数百万次以上，属于小能量冲击，其冲击抗力主要取决于强度，在选材或制定工艺时应尽量考虑强度的主导作用。

(2) 断裂韧性

断裂韧性是反映材料抵抗裂纹失稳扩展能力的性能指标。大量事例和试验分析表明，低应力脆性断裂总是由材料中宏观裂纹的扩展引起的。这种裂纹可能是冶金缺陷、加工过程中产生或使用中产生的。

随着断裂力学的发展，相继提出了材料的平面应变断裂韧度 K_{IC}（Ⅰ表示张开型裂纹）、裂纹尖端张开位移(CTOD)、临界 δ、J -积分等力学性能指标，为工程应用提供了可靠的断裂判据和设计依据。各参数中 K_{IC} 应用最为普遍，是应力强度因子 K_{I} 的临界值，采用 GB/T 4161—2007 来测定。K_{IC} 与裂纹本身的大小、形状、外加应力大小无关，是材料固有的特性，只与材料本身、热处理及加工工艺有关。当裂纹尺寸一定时，材料的断裂韧性值愈大，其裂纹失稳扩展所需的临界应力就愈大；当给定外力时，若材料的断裂韧性值愈高，其裂纹达到失稳扩展时的临界尺寸就愈大。

GB/T 4161—2007

5. 疲劳强度

(1) 疲劳现象

直升机的旋翼、发动机的轴和叶片，各种齿轮、弹簧等零件，在工作中受到交变载荷的作用，虽然其应力值比屈服强度低，但经过长时间的工作也会产生裂纹或突然发生断裂，这种现象称为疲劳。疲劳断裂一般不产生明显的塑性变形，断裂是突然发生的，因此，疲劳断裂具有很大的危险性，常常造成严重的事故。据统计，损坏的机械零件中 80％以上是因疲劳造成的。因此，研究疲劳现象对于正确选择、使用材料、合理设计机械构件具有重要的指导意义。

研究表明，金属材料的疲劳断裂断口一般由裂纹源、扩展区、瞬断区三部分组成。疲劳断裂是在零件的应力集中区域产生的，在该区域先形成微小的裂纹核心(即裂纹源)，随后在循环应力作用下，裂纹不断扩展和长大。由于疲劳裂纹不断扩展，使得零件的有效工作面逐渐减小，因此零件所受应力不断增大，当应力超过金属材料的断裂强度时，则发生疲劳断裂。

(2) 疲劳强度

疲劳强度(S)定义为指定寿命下使试样失效的应力水平。疲劳极限(S_f)是指应力振幅的极限值,在这个值以下,被测试样能承受无限次的应力周期变化。对称循环(应力比 R[①]$=-1$)下的疲劳极限 S_f,简记为 S_{-1}。N 次循环后的疲劳强度(S_N)定义为在规定应力比下,使试样的寿命为 N 次循环的应力振幅值。

根据 GB/T 4337—2015,疲劳试验数据最普遍的图形表达形式是 $S-N$ 曲线,纵坐标为最大应力 S_{max},单位 MPa;横坐标为疲劳寿命 N_f,用对数值表示,如图 1.5 所示。某些材料的 $S-N$ 曲线在给定的循环数显示明显的斜率变化,曲线的后半段平行于水平轴线。也有一些材料 $S-N$ 曲线呈现连续的曲线,最终趋近于水平轴。对于第一种类型 $S-N$ 曲线,推荐取 10^7 耐久寿命,对于第二种类型 $S-N$ 曲线,推荐取 10^8 耐久寿命。通常耐久性对于结构钢是 10^7 耐久寿命,对于其他钢和非铁合金是 10^8 耐久寿命。

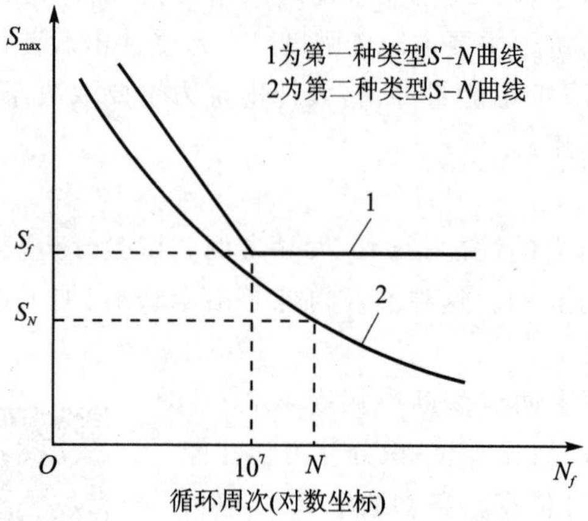

图 1.5 S-N 曲线

GB/T 4337—2015

一些金属通常不出现定义中的“疲劳极限”或“耐久极限”。这是因为,交变载荷的应力小于疲劳极限,即在低于此应力作用下,金属可以承受无数次循环而不被破坏。交变载荷应力大于疲劳极限,构件在一定的工作循环周次下断裂,该周次称为过载持久值 N_f。通常情况下,应力-寿命曲线中的平台被认为是传统的“疲劳极限”或“耐久极限”,但是在这个应力水平以下也会发生失效。

由于大部分机械零件的损坏是由疲劳造成的,因此消除或减少疲劳失效,对于提高零件使用寿命有着重要意义。影响疲劳强度的因素很多,除设计时在结构上注重减轻零件应力集中外,改善零件的表面质量也可减少缺口效应,提高零件的疲劳强度。采用表面处理,如高频淬火、表面形变强化(如喷丸、滚压、内孔挤压等)、化学热处理(如渗碳、渗氮、碳氮共渗),以及各种表面复合强化工艺等都可改变零件表层的残留应力状态,从而使零件的疲劳强度提高。

6. 蠕变与蠕变-疲劳

材料在长时间的恒温、恒载荷作用下缓慢地产生塑性变形的现象称为蠕变。蠕变变形发展到一定程度也会导致材料发生断裂,这种由于蠕变变形而导致的材料断裂称为蠕变断裂。

① $R=S_{min}/S_{max}$,其中 S_{min} 为应力的最小代数值,S_{max} 为应力的最大代数值。

蠕变可以发生在任何温度。低温时，蠕变效应不明显，可以不予考虑；当达到一定的温度时，蠕变效应才能变得显著，该温度称为蠕变温度。各种金属材料的蠕变温度约为 $0.3T_m$，T_m 为熔化温度，以热力学温度表示。通常碳素钢超过 300～350 ℃，合金钢在 400～450 ℃以上时，才有蠕变行为；一些低熔点金属如铅、锡等，在室温下就会发生蠕变。

蠕变曲线可分为三个阶段，如图 1.6 所示：Ⅰ为减速蠕变阶段，随时间的延长，蠕变速率逐渐减小；Ⅱ为恒速蠕变阶段，蠕变速率几乎恒定；Ⅲ为加速蠕变阶段，随时间的延长，蠕变速率逐渐增大。

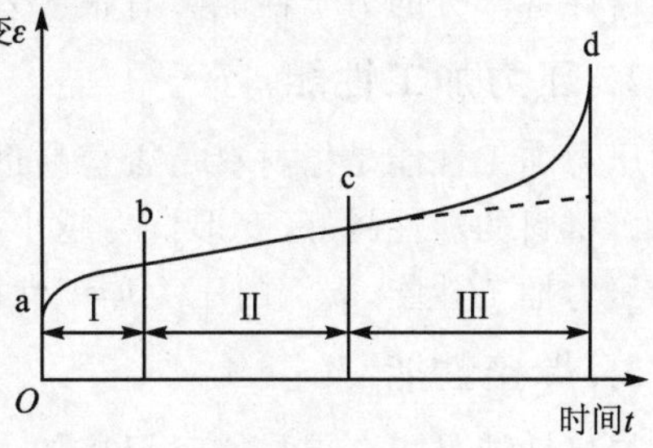

图 1.6　蠕变曲线的三个阶段

材料的蠕变曲线与材料本身的化学成分、应力、试验温度等因素有关。不同材料在不同条件下的蠕变曲线是不同的，例如金属材料高于$(0.3\sim0.4)T_m$ 时产生明显的蠕变；陶瓷材料高于$(0.4\sim0.5)T_m$ 时产生明显的蠕变，高分子材料在玻璃化温度以上即产生明显的蠕变。同一种材料的蠕变曲线也随应力和温度的变化而不同，如图 1.7 所示。当应力较小或温度较低时，蠕变第Ⅱ阶段持续时间较长，甚至可能不产生第Ⅲ阶段；而当应力较大或温度较高时，蠕变第Ⅱ阶段持续时间很短，甚至消失，试样在很短时间内发生断裂。

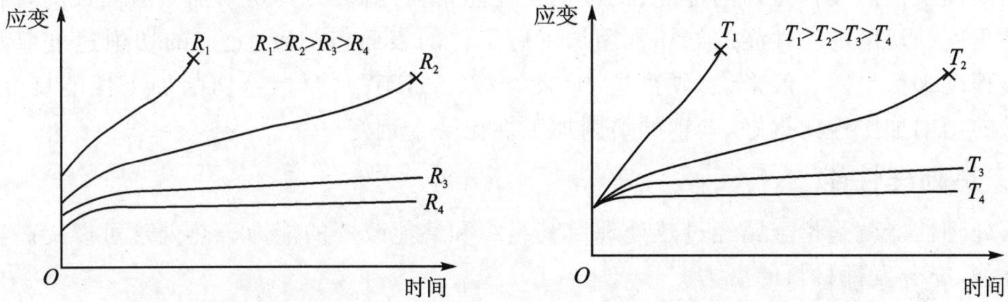

图 1.7　应力、温度对蠕变曲线的影响

长期在高温及交变载荷条件下工作的机械构件有可能同时产生蠕变损伤和疲劳损伤，两种损伤交互作用，即蠕变-疲劳。蠕变-疲劳交互作用是航空发动机的涡轮盘、燃气轮机叶片、核工业的金属部件的主要失效形式。因此，在核电、航空、机械工程等领域，研究材料的长期蠕变疲劳性能具有重要意义。

1.2　材料的工艺性能

工艺性能的好坏是决定材料能否进行加工或如何进行加工的重要因素。材料工艺性能会直接影响机械零件的加工工艺方法、加工质量、制造成本等。

1. 铸造性能

铸造性能指材料易于铸造成型并获得优质铸件的能力。衡量材料铸造性能的指标主要有流动性、收缩性和偏析倾向等，介绍如下：

流动性是指熔融材料的流动能力,主要受化学成分和浇注温度的影响,流动性好的材料容易充满铸型型腔,从而获得外形完整、尺寸精确、轮廓清晰的铸件。收缩性是指铸件在冷却凝固过程中其体积和尺寸减小的现象,铸件收缩不仅影响其尺寸,还会使铸件产生缩孔、疏松、内应力、变形和开裂等缺陷。偏析倾向是指铸件内部化学成分和显微组织不均匀的现象,偏析严重的铸件各部分的力学性能会有很大差异,降低产品质量。

2. 压力加工性能

压力加工性能是指材料是否容易进行压力加工的性能,取决于材料的塑性和变形抗力的大小。材料的塑性越好,变形抗力越小,材料的压力加工性能性能越好。如纯铜在室温下有良好的压力加工性能,碳钢的压力加工性能优于合金钢,铸铁则不能压力加工。

3. 焊接性能

焊接性能是指金属材料对焊接加工的适应性,指在一定的焊接工艺条件下获得优质焊接接头的难易程度,或材料在限定施工条件下焊接成设计要求的构件,并满足预先服役要求的能力。焊接性能受材料(母材和填充金属)、焊接方法、构件类型、使用要求四方面因素的影响。碳钢的焊接性能主要取决于钢的化学成分,其中含碳量影响最大,含碳量越高,焊接性越差。低碳钢具有良好的焊接性能,而高碳钢、铸铁等材料的焊接性能较差。

4. 切削加工性能

切削加工性能又称可切削性能、机械加工性能,指材料被刀具切削加工后而成为合格工件的难易程度。切削加工性能的好坏常用加工后工件的表面粗糙度、允许的切削速度以及刀具的磨损程度来衡量。一般来说,硬度适中(180～220 HBW)的材料,切削加工性能良好,因此灰铸铁的切削加工性比钢好,碳钢的切削加工性比合金钢好。

5. 热处理性能

热处理性能就是指金属经过热处理后其组织和性能改变的能力。热处理可以提高材料的力学性能,充分发挥材料的潜力。

本章小结

本章主要阐述材料的物理性能、化学性能、力学性能和工艺性能。力学性能对材料的使用性能和工艺性能有着非常重要的影响,是工程设计中需要重点进行校核的性能。材料的力学性能有刚度、强度、塑性、硬度、韧性、疲劳强度等,其中强度、塑性、硬度是需要重点掌握的内容。工艺性能包括铸造性能、压力加工性能、焊接性能等。选择某种材料的加工方法时,首要考虑的就是其工艺性能及其加工工艺路线的制定。

习题与思考题

一、填空题

1. 金属材料的性能包括________性能和________性能等。
2. 使用性能包括力学性能、________性能和________性能等。
3. 工艺性能包括铸造性能、压力加工性能、________性能、________性能及可加工性等。

4. 金属力学性能指标主要有________、________、________、________和________等。

5. 比例圆柱形拉伸试样分为________拉伸试样($L_o=5d_o$)和________拉伸试样($L_o=10d_o$)两种。

6. 从完整的力-伸长曲线中可以看出,试样从开始拉伸到断裂要经过四个阶段:________阶段、屈服阶段、________阶段、缩颈与断裂阶段。

7. 金属材料的塑性可以用拉伸试样断裂时的最大相对变形量来表达,如拉伸后的________伸长率和________收缩率。

8. 常用的硬度测试方法有________硬度(HBW)、________硬度(HRA、HRB、HRC 等)和________硬度(HV)。

9. 175HBW10/1000/30 表示用压头直径 D 是________mm 的________合金球,在________kgf(9.807 kN)试验力作用下,保持________s 测得的布氏硬度值是 175。

10. 450HBW5/750 表示用压头直径 D 是________mm 的硬质合金球,在________kgf(7.355 kN)试验力作用下保持________s 测得的布氏硬度值是 450。

11. 45HRC 表示用“________”标尺测定的洛氏硬度值是________。

12. 540HV30 表示用________kgf(294.2 N)试验力,保持________s 测定的维氏硬度值是 540。

13. 540HV30/20 表示用________kgf(294.2 N)试验力,保持________s 测定的维氏硬度值是 540。

14. 冲击韧性表示材料在塑性变形和破裂过程中________能量的能力。材料的冲击韧性大小通常采用________(单位是焦耳,J)来衡量。此值越大,表示金属材料抵抗冲击试验力而不破坏的能力越强。

15. 夏比摆锤冲击试样有________形缺口试样、________形缺口试样和________缺口试样三种。

16. 材料的工艺性能是指________性能、________性能、________性能、________性能、________性能。

17. 金属材料的疲劳断裂断口一般由________、________、瞬断区三部分组成。

18. 物理性能包括密度、________、________、导电性、热膨胀性、磁性等。

19. 铁和铜的密度较大,称为________金属;铝和镁的密度较小,则称为________金属。

20. 按照物质在外磁场中表现出来磁性的强弱,可将其分为________物质、________物质、________物质、反铁磁性物质、亚铁磁性物质五类。

21. 化学性能包括耐蚀性、________性和________性等。

二、选择题

1. 金属材料抵抗永久变形和断裂的能力,称为(　　)。

A. 硬度　　B. 塑性　　C. 强度

2. 屈服强度一般以(　　)作为金属材料的性能指标。

A. 上屈服强度(R_{eH})　　B. 下屈服强度(R_{eL})

3. (　　)是指拉伸试样最大力 F_m 对应的应力,用符号 R_m 表示。

A. 屈服强度　　B. 抗拉强度

4. 拉伸试样断后标距的塑性伸长与原始标距的百分比称为(　　),用符号 A 或 $A_{11.3}$

表示。

A. 断面收缩率　　B. 断后伸长率

5. 测定淬火钢件的硬度,一般常选用(　　)来测试。

A. 布氏硬度计　　B. 洛氏硬度计　　C. 维氏硬度计

6. 作冲击试验时,试样承受的载荷是(　　)。

A. 静载荷　　B. 冲击载荷

7. 金属材料的(　　)越好,变形抗力越小,金属材料的压力加工性能越好。

A. 强度　　B. 塑性　　C. 硬度

8. 下列金属中,熔点高的金属是(　　),熔点低的金属是(　　)。

A. 钨　　B. 铜　　C. 锡

三、判断题

1. 塑性变形能随载荷的去除而消失。(　　)

2. 部分金属材料(如高碳钢、铸铁等)在进行拉伸试验时,没有明显的屈服现象。(　　)

3. 同一金属材料的断后伸长率 $A_{11.3}$ 和 A 的数值是不相等的。(　　)

4. 做布氏硬度试验时,当试验条件相同时,压痕直径越小,则材料的硬度越低。(　　)

5. 冲击吸收能量对温度不敏感。(　　)

6. 在小能量多次冲击条件下,金属材料抗多次冲击的能力,主要取决于金属材料强度的高低。(　　)

7. 疲劳断裂时,金属材料不产生明显的塑性变形,断裂是突然发生的。(　　)

8. 纯金属都有固定的熔点,合金的熔点取决于它的化学成分。(　　)

9. 电阻率越小,金属材料的导电性能就越差。(　　)

10. 所有的金属材料都具有磁性,可被磁铁所吸引。(　　)

四、简答题

1. 画出退火低碳钢的力-伸长曲线,拉伸试样从开始拉伸到断裂要经过几个阶段?

2. 采用布氏硬度试验测取金属材料的硬度值,有哪些优缺点?

第 2 章　金属材料的基础知识

材料的化学成分和内部组织结构决定了材料的性能,而性能决定了材料的应用。内部组织结构是由材料的化学成分和加工工艺决定的。因此,研究金属材料首先从了解晶体结构开始,以合理选择和加工材料。

本章主要阐述金属的晶体结构、金属材料的结晶、合金的结晶及其相图分析,重点是铁碳合金的平衡结晶过程及铁碳相图的分析、金属的塑性变形机理等内容。

2.1　金属的晶体结构

固态物质按照其原子(离子或分子)的聚集状态可以分为晶体和非晶体两大类。原子(离子或分子)在三维空间有规则的周期性重复排列的物体称为晶体,如天然金刚石、水晶、固态金属及合金等。晶体具有固定的熔点,呈现规则排列,且单晶体具有各向异性特征。原子(离子或分子)在三维空间无规则排列的物体称为非晶体,如松香、石蜡、玻璃、沥青等。非晶体没有固定的熔点,其结构呈现无序状态,并具有各向同性特征。由于金属由金属键结合,其内部的金属离子在空间有规则地排列,因此固态金属均是晶体。

2.1.1　纯金属的晶体结构

1. 基本概念

金属晶体内部原子是按一定的几何规律排列的。为了便于理解,人们把原子看作一个个刚性小球,这样就可将金属看成是由刚性小球按一定的几何规则紧密堆积而成的物体,如图 2.1 所示。

(1) 晶　格

为研究晶体中原子的排列规律,把晶体中的原子看作固定不动的刚性球体,并用假将各原子中心用假想的线条连接起来构成的空间格架称为晶格,如图 2.2 所示。

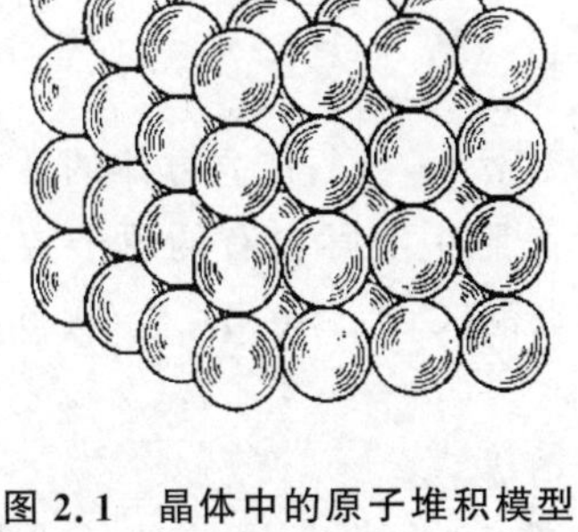

图 2.1　晶体中的原子堆积模型

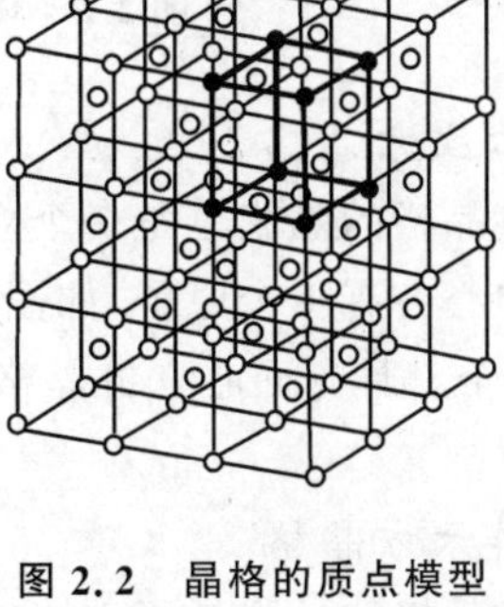

图 2.2　晶格的质点模型

(2) 晶　胞

能够完全反映晶格特征的最小的几何单元称为晶胞,如图 2.3 所示。晶胞在三维空间的重复排列构成晶格。

(3) 晶格常数

不同元素的原子半径大小不同,在组成晶胞后,其大小是不相同的。晶胞的形状可用棱边长度 a、b、c 及棱边夹角 α、β、γ 来表示,如图 2.4 所示。晶胞的棱边长度称为晶格常数,以埃(Å)为单位来表示(1 Å $=10^{-8}$ cm)。

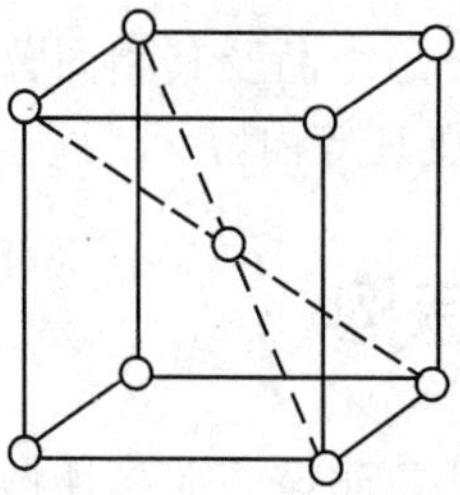

图 2.3 晶 胞

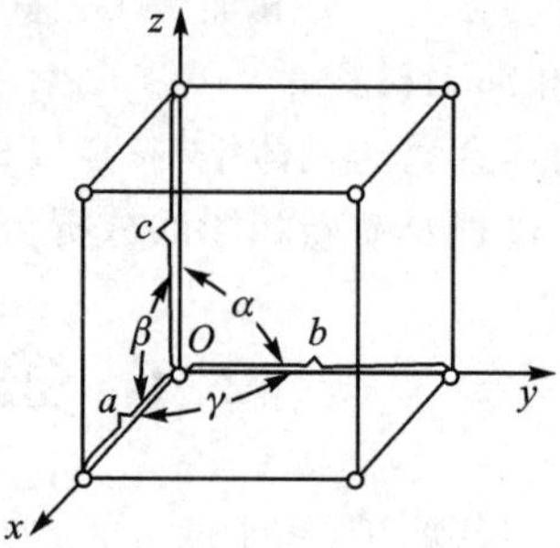

图 2.4 晶格常数

2. 常见金属的晶格类型

常见的金属晶格有体心立方晶格、面心立方晶格和密排六方晶格三种类型。

(1) 体心立方晶格

体心立方晶格的晶胞是一个立方体,其晶格常数 $a=b=c$,在立方体的 8 个角上和立方体的中心各有 1 个原子,如图 2.5 所示。每个晶胞中实际含有的原子数为 $(1/8)\times8+1=2$ 个。具有体心立方晶格的金属有铬(Cr)、钨(W)、钼(Mo)、钒(V)、α 铁(α - Fe)等。

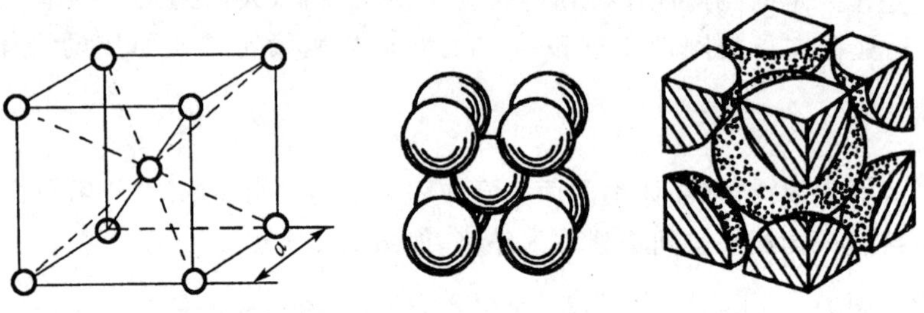

图 2.5 体心立方晶格

体心立方晶格

(2) 面心立方晶格

面心立方晶格的晶胞也是一个立方体,其晶格常数 $a=b=c$,在立方体的 8 个角和立方体的 6 个面的中心各有 1 个原子,如图 2.6 所示。每个晶胞中实际含有的原子数为 $(1/8)\times8+6\times(1/2)=4$ 个。具有面心立方晶格的金属有铝(Al)、铜(Cu)、镍(Ni)、金(Au)、银(Ag)、γ 铁(γ - Fe)等。

(3) 密排六方晶格

密排六方晶格的晶胞是正六棱柱体,在正六棱柱的 12 个角上分布 12 个金属原子,上、下底面的中心各分布 1 个原子,上、下底面之间均匀分布 3 个原子,如图 2.7 所示。每个晶胞中实际含有的原子数为 $(1/6)\times12+(1/2)\times2+3=6$ 个。该晶胞要用两个晶格常数表示,上、下

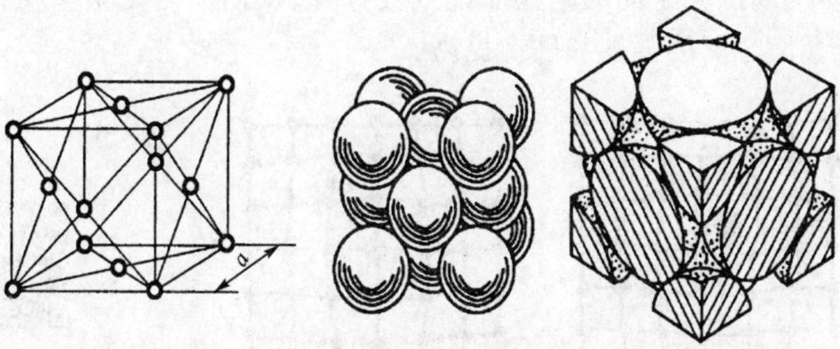

面心立方晶格

图 2.6　面心立方晶格

底面的正六边形的边长 a，两底面之间的距离为 c，$c/a=1.633$；两相邻侧面夹角为 120°，侧面与底面的夹角为 90°。具有密排六方晶格的金属有镁(Mg)、锌(Zn)、铍(Be)等。

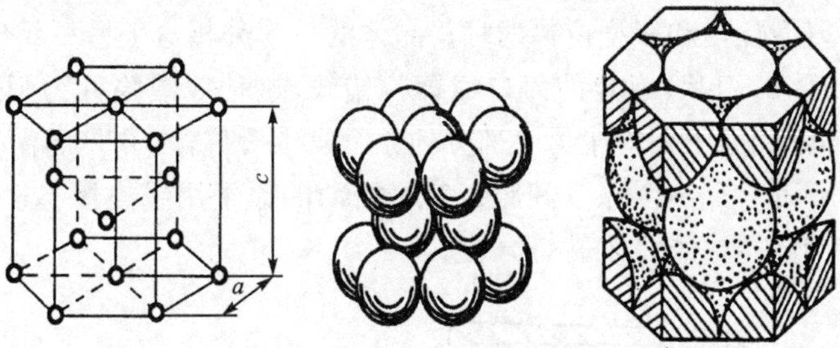

密排六方晶格

图 2.7　密排六方晶格

2.1.2　实际金属的晶体结构

1. 多晶体结构

实际工程上用的金属材料都是由许多颗粒状的小晶体组成，每个小晶体内部的晶格位向是一致的，而各小晶体之间位向却不相同。这种不规则的、颗粒状的小晶体称为晶粒，晶粒与晶粒之间的界面称为晶界，由许多晶粒组成的晶体称为多晶体，如图 2.8 所示。绝大多数情况下，金属材料都是多晶体结构。

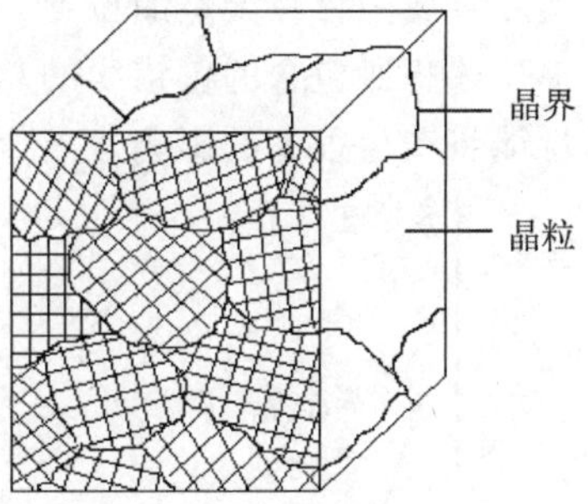

图 2.8　金属的多晶体结构

2. 晶体缺陷

在实际金属中，原子排列并非完全规则和完整。晶体内部出现原子排列不规则、不完整的区域称为晶体缺陷。根据缺陷的几何特点，可将其分为以下三种类型。

(1) 点缺陷

点缺陷包括空位、间隙原子和置换原子三种，如图 2.9 所示。在实际晶体结构中，晶格的某些结点往往未被原子占有，这种空着的结点位置称为晶格空位；处在晶格间隙中的原子称为间隙原子；处于晶格结点位置的原子称为置换原子。在晶体中由于点缺陷的存在，将引起周围原子间的作用力失去平衡,使其周围原子向缺陷处靠拢或被撑开,从而晶格发生歪扭,这种现象称为晶格畸变。晶格畸变会使金属的强度和硬度提高。

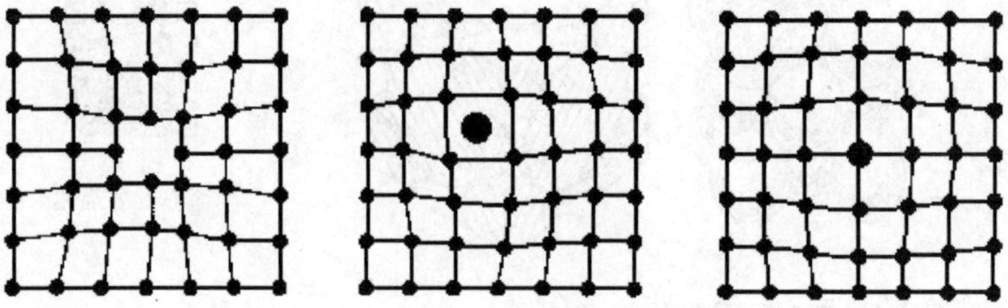

(a) 空位　(b) 间隙原子　(c) 置换原子

空 位

图 2.9　点缺陷

(2) 线缺陷

线缺陷即位错。位错有刃型位错和螺型位错两种。晶体的一部分相对于另一部分出现一个多余的半原子面,犹如插入晶体的刀片,刀片的刃口线即位错线,这种线缺陷称为刃型位错,如图 2.10(a)所示。晶体的一部分的原子相对于另一部分的原子发生滑移,原子平面沿着一根轴线盘旋上升,每绕轴线一周,原子面上升一个原子间距。若将错动的原子用线连接起来,则具有螺旋形特征,这种线缺陷称为螺型位错,如图 2.10(b)所示。

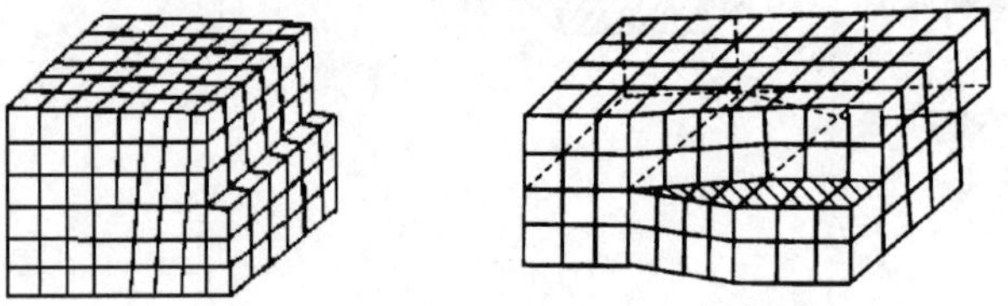

(a) 刃型位错　(b) 螺型位错

图 2.10　位错示意图

刃型位错　螺型位错

实际金属中存在大量的位错,一般用位错密度来表示位错的多少。位错密度(ρ)是指晶体中单位体积所包含的位错线的总长度,单位为 cm/cm^3 或 cm^{-2}。晶体中位错的存在对晶体力学性能将产生很大的影响。当金属为理想晶体或仅含极少量位错时,金属的屈服强度 R_{eL} 很高,当含有一定量的位错时,强度减弱,当进行形变加工时,位错密度增大,屈服强度 R_{eL} 将会增高,如图 2.11 所示。

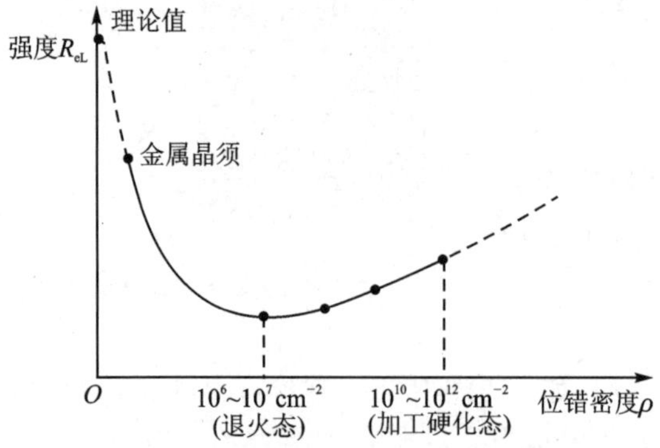

图 2.11　位错密度与强度关系示意图

(3) 面缺陷

面缺陷主要有晶界和亚晶界两种。两个空间位向不同的相邻晶粒之间的界面称为晶界。它是不同位向的晶粒的过渡区,宽度为 5～10 个原子间距。晶界区域的晶粒的位向通过晶界的协调逐步过渡到相邻晶粒的位向,如

图 2.12(a)所示。晶粒内部位向差极小的亚晶粒之间的界面称为亚晶界。它是晶粒内部的一种面缺陷,如图 2.12(b)、(c)所示。晶界和亚晶界的原子排列都不规则,会产生晶格畸变,阻碍位错运动,提高金属的强度。

(a) 晶界示意图　(b) 亚晶界示意图　(c) 亚晶界与亚晶粒示意图

图 2.12　晶界与亚晶界示意图

2.1.3　合金的结构

1. 基本概念

(1) 合　金

由两种或两种以上金属元素或金属与非金属元素组成的具有金属特性的物质称为合金。

(2) 组　元

组成合金的最基本的独立的物质,称为组元(简称元)。一般来说,组元就是组成合金的元素。

(3) 相

合金中具有同一化学成分且结构相同的均匀组成部分叫作相。合金中相与相之间有明显的界面。若合金是由成分、结构均相同的同一种晶粒构成的,那么各晶粒虽有界面分开,但它们仍属于同一种相;若合金是由成分、结构均不相同的几种晶粒构成的,则它们将属于不同的相。例如,纯铁在常温是由单相的 $\alpha-Fe$ 组成的。在铁碳合金中,由于铁与碳相互作用形成一种称为渗碳体的新相(即 Fe_3C),这种新相的成分、结构与 $\alpha-Fe$ 完全不同。

(4) 组　织

在金相显微镜下观察到的金属材料内部的微观形貌称为显微组织(简称组织)。组织由数量、形态、大小和分布方式不同的各种相组成。金属材料的组织可以由单相组成,也可以由多相组成。

2. 合金中相结构的基本类型

不同的相具有不同的晶体结构,虽然相的种类极为繁多,但根据相的结构特点可归纳为固溶体和金属化合物两大类。

(1) 固溶体

当合金由液态结晶为固态时,组元间仍能互相溶解而形成的均匀相称为固溶体。固溶体的晶格类型与其中某一组元的晶格类型相同,而其他组元的晶格结构将消失,其中能保留住晶格结构的组元称为溶剂,另外的组元称为溶质。因此,固溶体的晶格类型与溶剂的晶格相同,而溶质以原子状态分布在溶剂的晶格中。

1) 固溶体的分类

按照溶质原子在溶剂晶格中分布情况的不同,固溶体可分为间隙固溶体和置换固溶体两类,如图2.13所示。

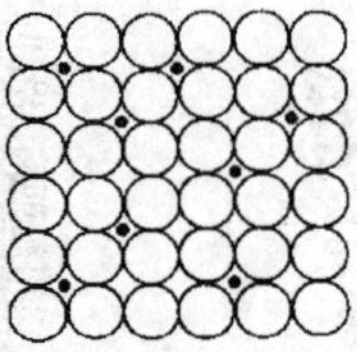

(a) 间隙固溶体

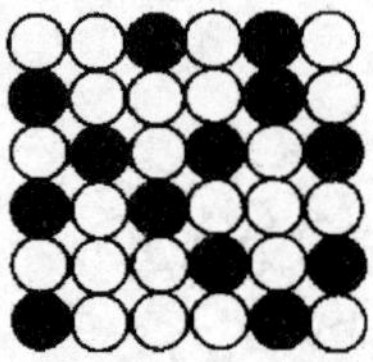

(b) 置换固溶体

图2.13　固溶体的两种类型

① 间隙固溶体　若溶质原子在溶剂晶格中并不占据晶格结点的位置,而是处于各结点间的空隙中,则称这种形式的固溶体为间隙固溶体。如碳钢中碳原子溶入 α-Fe 晶格中形成的铁素体、碳原子溶入 γ-Fe 晶格中形成的奥氏体都是间隙固溶体。

② 置换固溶体　若溶质原子代替一部分溶剂原子而占据着溶剂晶格中的某些结点位置,则这种类型的固溶体称为置换固溶体。如在铜镍合金中,镍原子占据铜原子的位置而形成置换固溶体。

2) 固溶体的性能

由于溶质原子溶解到溶剂中,使固溶体的晶格发生畸变,位错移动时所受到的阻力增大,因此金属材料的强度、硬度提高。这种通过溶入溶质元素形成固溶体,从而使金属材料的强度、硬度升高的现象,称为固溶强化。

固溶强化是提高金属材料力学性能的一种重要途径。例如,在南京长江大桥的建设中,大量采用含锰量 $w_{Mn}=1.30\%\sim1.60\%$ 的低合金高强度结构钢,就是由于锰的固溶强化作用提高了该材料的强度,从而大大节约了钢材,减轻了大桥结构自重。

(2) 金属化合物

凡是由相当程度的金属键结合,并具有明显金属特性的化合物,都称为金属化合物。它可以成为金属材料的组成相。例如,碳钢中的渗碳体(Fe_3C)、黄铜中的 β 相(CuZn)都属于金属化合物。

金属化合物的熔点较高,性能硬而脆。当合金中出现金属化合物时,通常能提高合金的强度、硬度和耐磨性,但会降低塑性和韧性。金属化合物是各类合金钢、硬质合金和许多有色金属的重要组成相。

金属化合物的种类很多,常见的有以下三种类型。

1) 正常价化合物

组成正常价化合物的元素是严格按原子价规律结合的,因而其成分固定不变,并可用化学式表示,如 Mg_2Si、Mg_2Sn、Mg_2Pb 等。正常价化合物具有高的硬度和脆性。在合金中,当它在固溶体基体上细小而均匀地分布时,将使合金得到强化,因而起着强化相的作用。

2) 电子化合物

电子化合物不遵循原子价规律,而是按照一定的电子浓度比组成一定晶格结构的化合物。电子化合物虽然可以用化学式表示,但实际上它是一个成分可变的相,也就是在电子化合物的基础上可以再溶解一定量的组元，形成以该化合物为基体的固溶体。电子化合物的熔点和硬度都很高，但塑性很差，因此与正常价化合物一样，一般只能作为强化相存在于合金中。

3）间隙化合物

间隙化合物一般是由原子直径较大的过渡族金属元素（Fe、Cr、Mo、W、V）和原子直径较小的非金属元素（H、C、N、B 等）所组成。如合金钢中不同类型的碳化物（VC、Cr_7C_3、$Cr_{23}C_6$ 等）和钢经化学热处理后在其表面形成的碳化物和氮化物（如 Fe_3C、Fe_4N、Fe_2N 等）都是属于间隙化合物。

间隙化合物又可分为两类：一类是具有简单晶格结构的间隙化合物，也称为间隙相，如 VC、WC、TiC 等，其中 VC 的晶体结构如图 2.14 所示；另一类是具有复杂晶格结构的间隙化合物，如 Fe_3C、$Cr_{23}C_6$、Cr_7C_3、Fe_4W_2C 等。

间隙化合物具有极高的硬度和熔点，而且十分稳定，尤其是间隙相更为突出，因此间隙化合物在钢铁材料和硬质合金中具有很大的作用。如碳钢中的 Fe_3C 也可以提高钢的强度和硬度；工具钢中 VC 可以提高钢的耐磨性；高速钢中的 WC、VC 等可使钢在高温下保持高硬度；而 WC 和 TiC 则是硬质合金的主要组成物。合金的相结构对合金的性能有很大的影响，表 2.1 归纳了合金相结构的特征。

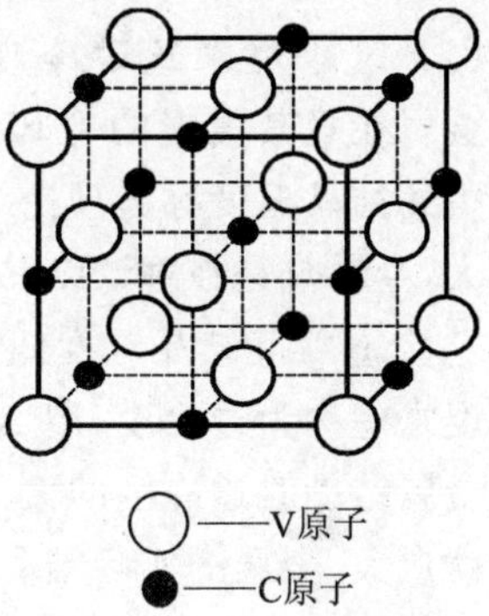

图 2.14　VC 的晶体结构

表 2.1　合金的相结构特征

类　别	分　类	在合金中的位置及作用	力学性能特点
固溶体	置换固溶体、间隙固溶体	基体相，提高塑性及韧性	塑性、韧性好，强度比纯组元高
金属化合物	正常价化合物、电子价化合物、间隙化合物	强化相，提高强度、硬度及耐磨性	熔点高，硬度高，脆性大

2.2　金属的结晶

大多数金属材料都经过熔化、冶炼和浇铸的过程，即由液态金属冷却凝固而成。由于固态金属是晶体，因此液态金属的凝固过程也称为结晶。目前，绝大多数金属材料都是通过金属结晶或对相同金属利用不同热处理或冷、热加工以达到满足金属零件的工艺或使用性能要求。因此，研究金属的结晶过程对改善金属材料的组织和性能具有重要的意义。

2.2.1　纯金属的结晶

1. 纯金属的冷却曲线和过冷现象

（1）纯金属的冷却曲线

纯金属都有一个固定的熔点（或结晶温度），因此纯金属的结晶过程总是在一个恒定的温度下进行的。液态金属的结晶过程可用热分析法来研究，即将金属加热到熔化状态，然后使其缓慢冷却，在冷却过程中，每隔一定时间测量一次温度，直至冷却到室温，然后将测量数据画在温度-时间坐标图上,便得到一条金属在冷却过程中温度与时间的关系曲线(如图2.15所示),这条曲线称为冷却曲线。由图可见,液态金属随着冷却时间的延长,温度不断下降,但当冷却到某一温度时,在曲线上出现了一个水平线段,其所对应的温度就是金属的结晶温度。金属结晶时释放出结晶潜热,补偿了冷却散失的热量,从而使结晶在恒温下进行。结晶完成后,由于散热,温度又继续下降。

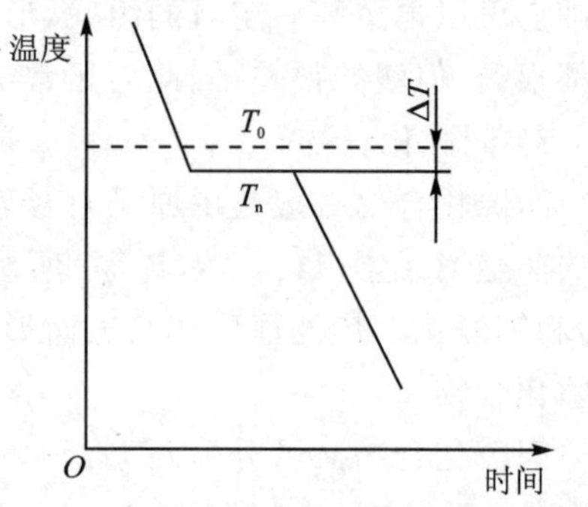

图2.15　纯金属的冷却曲线示意图

(2) 过冷现象及过冷度

金属在极其缓慢的冷却条件下(即平衡条件下)所测得的结晶温度称为理论结晶温度(T_0)。但在实际生产中,液态金属结晶时,冷却速度都比较大,金属总是在理论结晶温度以下的某一温度开始进行结晶,这一温度称为实际结晶温度(T_n)。金属实际结晶温度低于理论结晶温度的现象称为过冷现象。理论结晶温度与实际结晶温度之差称为过冷度,用 ΔT 表示,即 $\Delta T = T_0 - T_n$。

金属结晶时过冷度的大小与冷却速度、金属的性质和纯度等因素有关。冷却速度愈大,过冷度就愈大,金属的实际结晶温度就愈低。实际上金属总是在过冷的情况下结晶的,所以过冷是金属结晶的必要条件。

2. 结晶的一般过程

液态金属的结晶是由形核和长大两个密切联系的过程来实现的,如图2.16所示。纯金属结晶时,首先是在液态金属中形成一些极微小的晶体,然后以这些微小晶体为核心不断吸收周围液体中的原子而不断长大,这些小晶体称为晶核。在晶核不断长大的同时,又会在液体中产生新的晶核并开始不断长大,直到液态金属全部消失,形成的晶体彼此接触为止。每个晶核长成一个晶粒,这样结晶后的金属便是由许多晶粒所组成的多晶体结构。

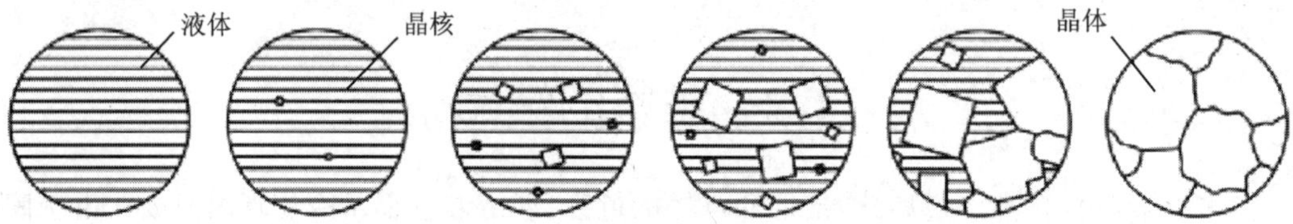

图2.16　金属结晶过程示意图

3. 控制晶粒大小的措施

金属结晶后的晶粒大小对金属的力学性能影响很大。一般情况下,晶粒愈细小,金属的强度和硬度愈高,塑性和韧性也愈好。因此,细化晶粒是使金属材料强韧化的有效途径。

晶粒大小主要取决于形核速率(简称形核率)和长大速率(简称长大率)。凡是能促进形核率、抑制长大速率的因素,都能细化晶粒。因此,为了获得细晶粒组织,工业生产中常采用以下措施:

(1) 增大过冷度

金属结晶时的冷却速度愈快,则过冷度愈大。实践证明,增加过冷度使金属结晶时形成的晶核数目增多,则结晶后获得细晶粒组织。例如,在铸造生产中,常用金属型代替砂型来加快冷却速度,以达到细化晶粒的目的。

(2) 变质处理

变质处理是在浇注前向液态金属中人为地加入少量被称为变质剂的物质,起到促进形核的作用,使结晶时晶核数目增多,从而使晶粒细化。向铸铁中加入硅铁或硅钙合金、向铝硅合金中加入钠或钠盐等都是变质处理的典型实例。

(3) 附加振动

在金属结晶过程中,采用机械振动、超声波振动、电磁振动等方法使正在长大的晶体折断、破碎,也能增加晶核数目,从而细化晶粒。

2.2.2　金属的铸锭组织

金属铸锭(铸件)组织一般是由三部分组成,分别为表层细晶粒区、中间柱状晶粒区、中心等轴晶粒区,如图 2.17 所示。

(1) 表层细晶粒区

液态金属刚注入锭模时,模壁温度较低,接触模壁的表层金属液急剧冷却,过冷度很大,加上金属液依附模壁异质形核,产生大量的晶核,因此在表层形成一层很薄的细晶粒层。

(2) 中间柱状晶粒区

柱状晶粒区的形成主要是因为铸锭受垂直于模壁散热的影响。细晶粒区形成后,随着模壁温度的升高,金属液的冷却速度有所降低,形核率比晶粒的生长速度慢,各晶粒可较快生长,此时晶轴与模壁垂直的晶粒向模壁传热比较有利,优先得到生长;晶轴与模壁倾斜的晶体生长受到阻碍,不能长大,从而形成中间柱状晶粒区。

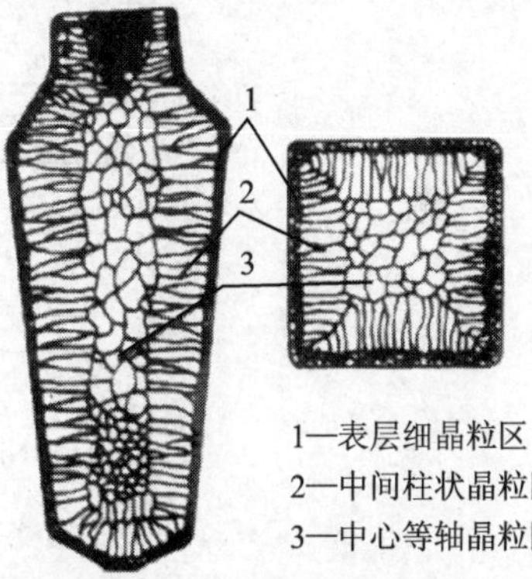

1—表层细晶粒区
2—中间柱状晶粒区
3—中心等轴晶粒区

图 2.17　铸锭结构示意图

(3) 中心等轴晶粒区

当柱状晶粒发展到一定程度时,通过柱状晶粒区和模壁向外散热的速度越来越慢,模锭中心部分的液态金属的温度趋于均匀,液相几乎同时进入过冷状态,过冷度较小,故形核率较低。柱状晶体的多次晶轴受液流冲击而破碎的小晶块以及一些未熔的杂质颗粒随金属液的流动进入中心区并作为晶核长大,由于晶核数目较少,因而形成较粗大的中心等轴晶粒区。

2.3　二元合金相图与铁碳合金相图

合金相图又称合金状态图或合金平衡图。它表示在平衡条件下合金成分、温度和组织之间的关系。根据相图可以了解合金系中不同成分合金在不同温度时的组成相,还可以了解合金在缓慢加热和冷却过程中的相变规律等。但是必须注意,在非平衡状态时,相图中的特性点或线是要发生偏离的。在生产实践中,相图可作为正确制定铸造、锻压、焊接及热处理工艺的重要依据。

2.3.1 二元合金相图

1. 二元合金相图的建立

二元合金的结晶过程可以用热分析法来研究。常用纵坐标表示温度,横坐标表示成分(浓度)。下面以 Cu－Ni 合金为例,介绍用热分析法测定相图的基本步骤:

① 配制一系列不同成分的 Cu－Ni 合金,分别熔化后测出它们的冷却曲线;

② 找出各冷却曲线上的临界点温度,即相变温度,它们是冷却曲线上的转折点和停歇点;

③ 将各临界点标在温度-成分坐标系中相应的位置上;

④ 连接各相同意义的临界点,得到成分、温度和组织之间关系的图形,如图 2.18 所示。

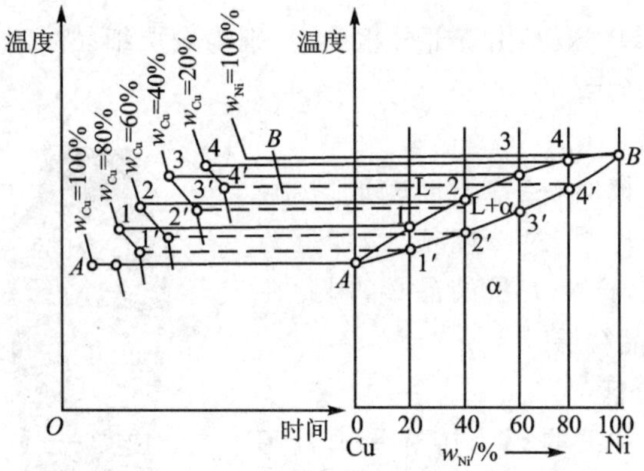

(a) Cu-Ni合金冷却曲线　(b) Cu-Ni合金相图

图 2.18　Cu－Ni 合金相图的建立

2. 基本相图

(1) 匀晶相图

匀晶相图是两组元在液态和固态可能无限互溶的合金相图,如 Cu－Ni、Au－Ag、Cr－Mo、Cd－Mg 等合金系均能形成匀晶相图。

① 相图分析

图 2.19 中,*A* 点 1 083 ℃为纯铜的熔点,*B* 点 1 455 ℃为纯镍的熔点。*AaB* 为合金开始结晶温度曲线,即液相线。*AbB* 为合金结晶终了温度曲线,即固相线。在液相线 *AaB* 以上为液相区,在固相线 *AbB* 以下为合金全部形成的均匀单相固溶体,液相线与固相线之间为液相和固相共存的两相区。

② 合金的结晶过程

以图 2.19 中 $w_{Cu}=60\%$的合金为例了解合金的结晶过程。由图可以看出,该合金在 1 350～1 290 ℃范围内发生匀晶转变,从液相中结晶出 α 固溶体(L→α),该结晶过程实际上是合金随温度的降低,建立起一系列相平衡的过程,如 $L_1 \xrightarrow{t_1} \alpha_1$、$L_2 \xrightarrow{t_2} \alpha_2$、$L_3 \xrightarrow{t_3} \alpha_3$(实际上每个相平衡的温度间隔很小)。当温度从 t_1 降到 t_2 时,液相成分 $L_1 \xrightarrow{\text{变为}} L_2$、固相成分 $\alpha_1 \xrightarrow{\text{变为}} \alpha_2$。在每个相平衡时,液相转变出的固相的量是一定的,如果温度不降低,固相的量不会再增加。当冷却到 t_4(1 290 ℃)时,最后一滴液相的成分为 L_4,固相 α 的成分为 α_4,液相消失,得到成分均匀

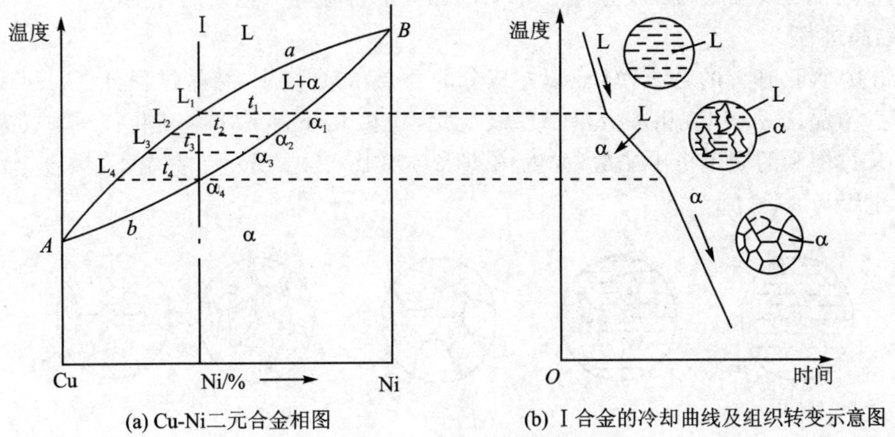

(a) Cu-Ni二元合金相图　　(b) Ⅰ合金的冷却曲线及组织转变示意图

图 2.19　Cu－Ni 合金相图及冷却曲线

含 $w_{Cu}=60\%$的单相 α 固溶体。温度继续降低，相成分不变，其冷却曲线和结晶过程示意图见图 2.19(b)。

(2) 共晶相图

共晶相图是指合金的两组元在液态下无限互溶，在固态下有限溶解并发生共晶转变的相图，以 Pb－Sn 合金为例，如图 2.20 所示。

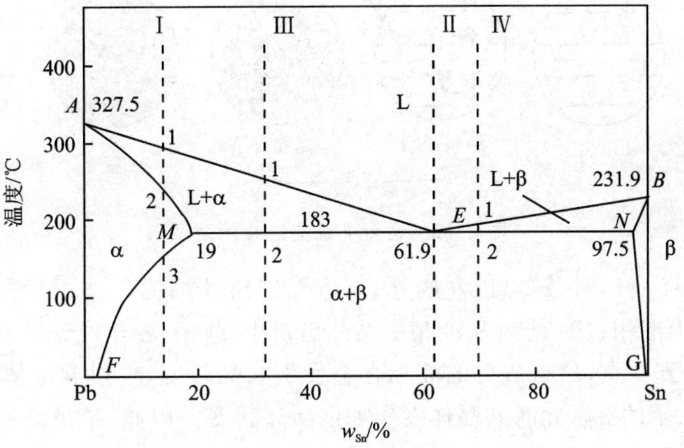

图 2.20　Pb－S_n 合金相图

① 相图分析

在图 2.20 中，A 点为纯 Pb 熔点，B 点为纯 Sn 熔点；AEB 线为液相线，$AMENB$ 线为固相线，MEN 线为共晶转变线，MF 线、NG 线为固溶线(溶解度曲线)；单相区有 L、α、β；两相区有 L＋α、L＋β，α＋β；三相平衡有 L＋α＋β。

具有 E 点成分的液相结晶时将析出两种成分和结构不同的 α、β 固相，这个过程就是共晶转变。即：$L_E \xleftrightarrow{\text{恒温}} (\alpha_M+\beta_N)$。共晶转变产物是两个固相的机械混合物(α＋β)，称为共晶体或共晶组织，E 点称为共晶点。成分对应于共晶点的合金称为共晶合金，成分位于(M，E)

区间的合金称为亚共晶合金,成分位于(E,N)区间的合金称为过共晶合金。

② 结晶过程

含Sn量小于19%的合金(M点以左成分的合金,如合金Ⅰ)结晶过程分析:1点以上为液相;1～2点结晶出α相,液相成分沿AE线变化,固相成分沿AM线变化;2～3点为单相α;3点以下从过饱和的α中析出二次(次生)β,即$\beta_{Ⅱ}$,如图2.21所示。室温下,该合金的相组成为$\alpha+\beta$,组织为$\alpha+\beta_{Ⅱ}$。

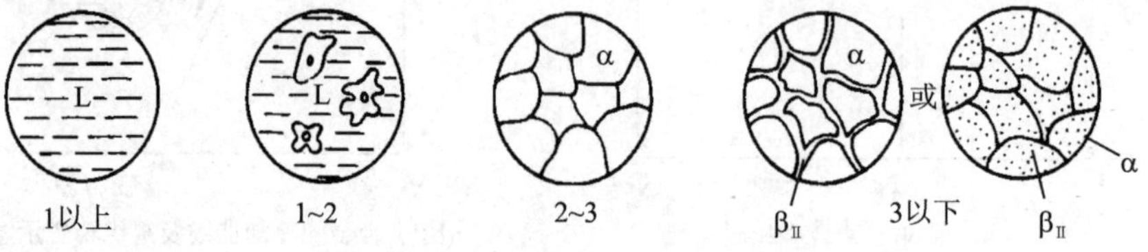

图2.21　合金Ⅰ结晶过程示意图

共晶合金(E点成分的合金,含Sn量为61.9%,如合金Ⅱ)结晶过程分析:E点以上为液相,冷却到E点,发生共晶转变,转变结束后,全部转变为$\alpha_M+\beta_N$。E点以下,将从α_M中析出$\beta_{Ⅱ}$,从β_N中析出$\alpha_{Ⅱ}$,但$\alpha_{Ⅱ}$和$\beta_{Ⅱ}$会附着在共晶α和β相上长大,无法区分,故结晶结束后,相组成为$\alpha+\beta$,组织组成为$\alpha_M+\beta_N$,常写成$(\alpha+\beta)$,如图2.22所示。共晶组织的形态有层片状、纤维状、短棒状、针状、螺旋状等。

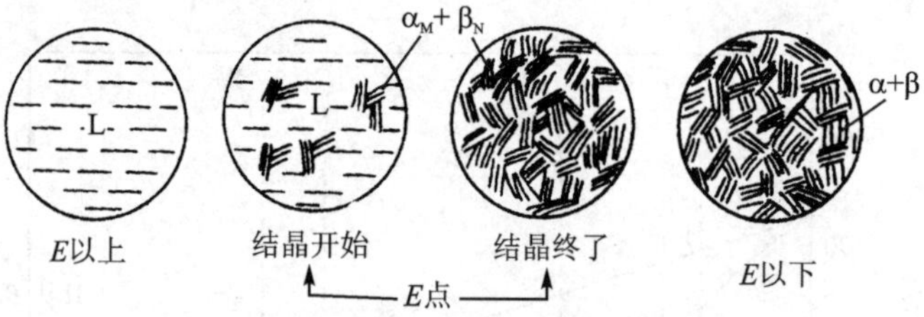

图2.22　合金Ⅱ结晶过程示意图

亚共晶合金(M点以右、E点以左成分的合金,含Sn量19%～61.9%,如合金Ⅲ)结晶过程分析:1点以上为液相;1～2点,从液相中结晶出初生$\alpha_{初}$相,液相成分沿AE线变化,固相成分沿AM线变化;到2点,E点成分的液相合金发生共晶转变,生成共晶体$(\alpha_M+\beta_N)$;继续冷却,$\alpha_{初}$中将析出次生的$\beta_{Ⅱ}$,此时共晶体发生如前所述转变。因此,结晶结束后,室温相组成为$\alpha+\beta$,组织组成为$\alpha+\beta_{Ⅱ}+(\alpha+\beta)$,如图2.23所示。

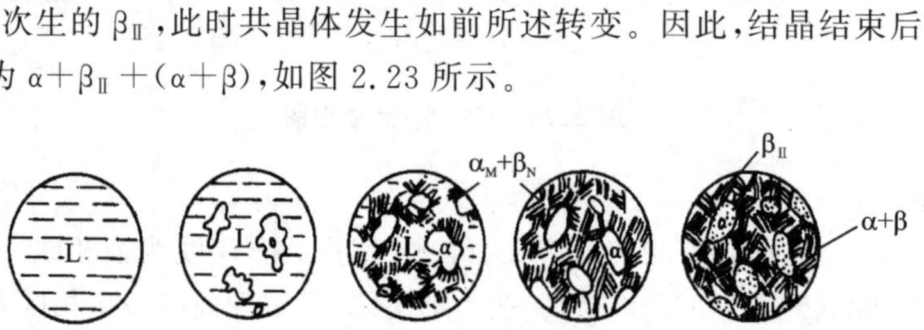

图2.23　合金Ⅲ结晶过程示意图

过共晶合金(E点以右N点以左成分的合金,含Sn量61.9%～97.5%,如合金Ⅳ)结晶过程分析：与亚共晶合金结晶相似。合金的相组成为 $\alpha+\beta$。合金的室温组织为 $\beta+\alpha_{II}+(\alpha+\beta)$。

3. 合金性能与相图的关系

(1) 合金的使用性能与相图的关系

固溶体和化合物是合金的基本相，固溶体的性能与溶质元素的溶入量有关，溶入越多，晶格畸变越大，则合金的强度、硬度越高，电阻率越大。相图与合金物理性能、力学性能之间的关系如图 2.24 所示。

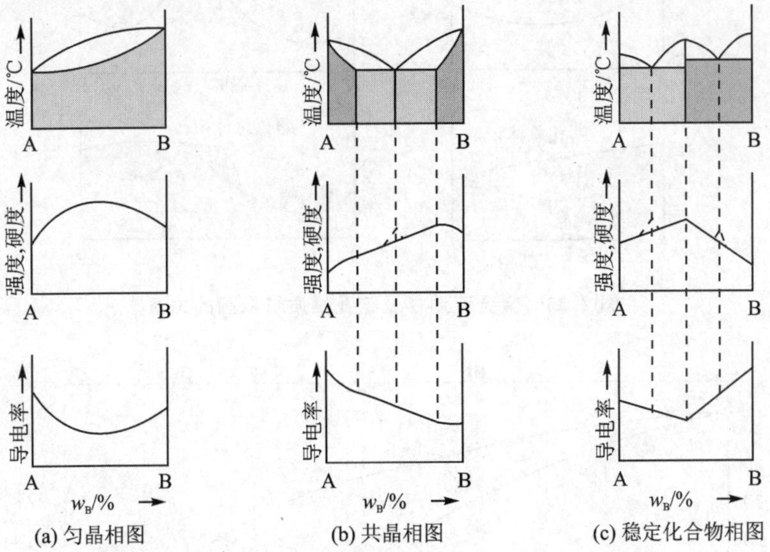

图 2.24　相图与合金物理性能、力学性能之间的关系

(2) 合金的工艺性能与相图的关系

纯组元和共晶成分的合金流动性最好，缩孔集中，铸造性能好。相图中，液相线和固相线间隔越小，则液体合金结晶温度范围越窄，铸造性能越好。当液相线和固相线间隔大时，将形成枝晶，偏析倾向大。同时，先结晶出的枝晶阻碍后结晶液体的流动，从而降低液态金属的流动性，形成分散孔洞(分散缩孔或缩松)。因此，铸造常选用共晶或接近共晶成分的合金。合金流动性及缩孔性质与相图的关系，如图 2.25 所示。

因为单相固溶体变形抗力小，变形均匀，不易开裂，变形能力大，所以单相固溶体合金具有较好的压力加工性能。当合金为两相混合物时，其塑性变形能力差，特别是当组织中含有较多的金属化合物时更是如此。一般情况下，单相固溶体的切削加工性能较差。当合金为两相混合物时，其切削加工性能好于单相固溶体。

2.3.2　铁碳合金相图

$Fe-Fe_3C$ 相图是指在极其缓慢的加热或冷却的条件下，不同成分的铁碳合金，在不同温度下所具有的状态或组织的图形。由于碳的质量分数超过 6.69％的铁碳合金脆性很大，无实用价值，因此，对铁碳合金相图仅研究 $Fe-Fe_3C$ 部分。此外，在相图的左上角靠近 $\delta-Fe$ 部分还有一部分高温转变，由于实用意义不大故将其简化。简化后的 $Fe-Fe_3C$ 相图如图 2.26 所示。

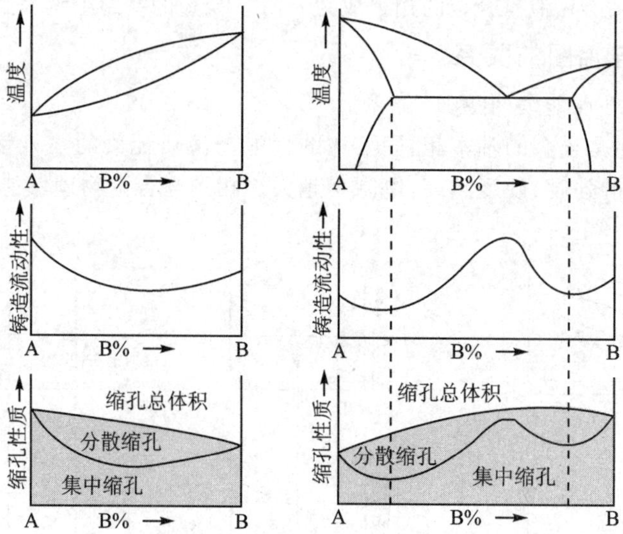

图 2.25 合金流动性及缩孔性质与相图的关系

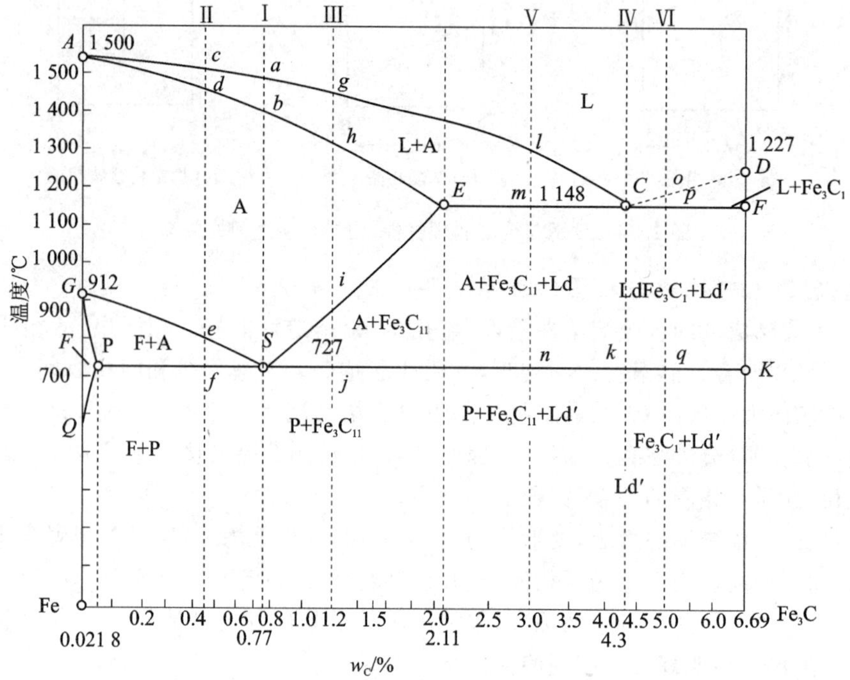

图 2.26 简化的 Fe－Fe_3C 相图

1. 铁碳合金的基本相和组织

纯铁塑性好,但强度低,很少用来制造机械零件。在纯铁中加入少量的碳,配成铁碳合金,可使强度和硬度明显提高。铁和碳发生相互作用形成固溶体或金属化合物,且固溶体和金属化合物又可组成具有不同性能的多相组织。

(1) 液　相

液相由铁和碳两种元素组成。

(2) 铁素体

碳溶入 α - Fe 中形成的间隙固溶体称为铁素体,用符号 F 表示。铁素体具有体心立方晶格,这种晶格的间隙分布较分散,故间隙尺寸很小,溶碳能力较差,在 727 ℃时碳的溶解度最大,为 0.021 8%,室温时几乎为零。铁素体的塑性、韧性很好(A=30%~50%),但强度、硬度较低(R_m=180~280 MPa,R_{eL}=100~170 MPa,硬度为 50~80 HBW)。

(3) 奥氏体

碳溶入 γ - Fe 中形成的间隙固溶体称为奥氏体,用符号 A 表示。奥氏体具有面心立方晶格,其致密度较大,晶格间隙的总体积虽较铁素体小,但其分布相对集中,单个间隙的体积较大,所以 γ - Fe 的溶碳能力比 α - Fe 强,727 ℃时溶解度为 0.77%,随着温度的升高,溶碳量增多,1 148 ℃时其溶解度最大,为 2.11%。

奥氏体常存在于 727 ℃以上,是铁碳合金中重要的高温相,强度和硬度不高,但塑性和韧性很好(R_m≈400 MPa,A≈40%~50%,硬度为 160~200 HBW),易锻压成形。

(4) 渗碳体

渗碳体是铁和碳相互作用而形成的一种具有复杂晶体结构的金属化合物,常用化学分子式 Fe_3C 表示。渗碳体中碳的质量分数为 6.69%,熔点为 1 227 ℃,硬度很高(950~1 050 HV),塑性和韧性极低,脆性大。渗碳体是钢中的主要强化相,其数量、形状、大小及分布状况对钢的性能影响很大。

(5) 珠光体

珠光体是由铁素体和渗碳体组成的多相组织,用符号 P 表示。珠光体中碳的质量分数平均为 0.77%。由于珠光体组织是由软的铁素体和硬的渗碳体组成,因此,它的性能介于铁素体和渗碳体之间,即具有较高的强度(R_m=770 MPa)和塑性(A=20%~25%),硬度适中(约 180 HBW)。

(6) 莱氏体

莱氏体根据温度不同分为两种:在 727 ℃以上,由奥氏体与渗碳体组成的机械混合物称为高温莱氏体,用符号 Ld 表示;在 727 ℃以下,由珠光体与渗碳体组成的机械混合物称为低温莱氏体,用符号 Ld′表示。莱氏体的性能与渗碳体相似,硬度很高,塑性很差。

2. 铁-渗碳体相图分析

Fe - Fe_3C 相图纵坐标表示温度,横坐标表示成分,碳的质量分数为 0~6.69%,左端为纯铁的成分,右端为 Fe_3C 的成分。

(1) 相图中的主要特性点

在 Fe - Fe_3C 相图中,各特征点的温度、成分及其含义如表 2.2 所列。

表 2.2 铁碳合金相图各特性点的说明

符 号	温度/℃	含碳量/%	含 义
A	1 538	0	纯铁的熔点
C	1 148	4.30	共晶点：$L_c \longleftrightarrow A_E + Fe_3C$
D	1 227	6.69	Fe_3C 的熔点
E	1 148	2.11	碳在 γ-Fe 中的最大溶解度
F	1 148	6.69	共晶生成 Fe_3C 的成分
G	912	0	α-Fe⟷γ-Fe 同素异构转变点
P	727	0.021 8	碳在 α-Fe 中的最大溶解度
S	727	0.77	共析点：$A_s \longleftrightarrow F_P + Fe_3C$
Q	室温	0.000 8	室温下，碳在铁素体中的溶解度点

(2) 相图中的主要特性线

在 $Fe-Fe_3C$ 相图中，各特征线的符号、名称及其含义如表 2.3 所列。

表 2.3 铁碳合金相图各特性线的说明

特征线	名 称	含 义
ACD 线	液相线	此线以上的区域是液相区，液态合金冷却到此线温度时，便开始结晶
AECF 线	固相线	表示合金冷却到此线温度时将全部结晶成固态
ECF 线	共晶线	合金在平衡结晶过程中冷却到 1 148 ℃时，*C* 点成分的液相发生共晶反应，生成 *E* 点成分的奥氏体和 Fe_3C
PSK 线	共析线（又称 A_1 线）	合金在平衡结晶过程中冷却到 727 ℃时，*S* 点成分的奥氏体发生共析反应，生成 *P* 点成分的铁素体和 Fe_3C
ES 线	A_{cm} 线	碳在奥氏体中的溶解度线，随温度升高，溶解度增大；含碳量在 0.77%与 2.11%之间，冷却时，从奥氏体中开始析出二次渗碳体的温度；加热时，二次渗碳体完全溶入奥氏体中的温度
PQ 线	溶解度线	碳在铁素体中的溶解度线，含碳量在 0.000 8% 与 0.021 8%之间。冷却时，从铁素体中开始析出三次渗碳体的温度；加热时，三次渗碳体完全溶入铁素体的温度
GS 线	A_3 线	冷却时，由奥氏体向铁素体转变的开始线；加热时，铁素体完全转变为奥氏体的线

3. 铁碳合金的分类

根据碳的质量分数和室温组织的不同，可将铁碳合金分为以下三类：

① 工业纯铁 $w_c \leqslant 0.021\,8\%$。

②碳钢 $0.021\,8\% < w_c \leqslant 2.11\%$。根据室温组织的不同，钢又可分为三种：共析钢($w_c = 0.77\%$)；亚共析钢($w_c = 0.021\,8\% \sim 0.77\%$)；过共析钢($w_c = 0.77\% \sim 2.11\%$)。

③ 白口铸铁 $2.11\% < w_c < 6.69\%$。根据室温组织的不同，白口铸铁又可分为三种：共晶白口铸铁($w_c = 4.3\%$)；亚共晶白口铸铁($w_c = 2.11\% \sim 4.3\%$)；过共晶白口铸铁($w_c = 4.3\% \sim 6.69\%$)。

4. 典型铁碳合金的结晶过程及组织

(1) 共析钢的结晶过程及组织

图 2.26 中合金Ⅰ为 $w_c=0.77\%$ 的共析钢。共析钢在 a 点温度以上为液体状态(L)。当缓冷到 a 点温度时,开始从液态合金中结晶出奥氏体(A),并随着温度的下降,奥氏体量不断增加,剩余液体的量逐渐减少,直到 b 点以下温度时,液体全部结晶为奥氏体。$b\sim S$ 点温度为单一奥氏体的冷却,没有组织变化。继续冷却到 S 点温度(727 ℃)时,奥氏体发生共析转变形成珠光体(P)。在 S 点以下直至室温,组织基本不再发生变化,故共析钢的室温组织为珠光体(P)。共析钢的结晶过程如图 2.27 所示。

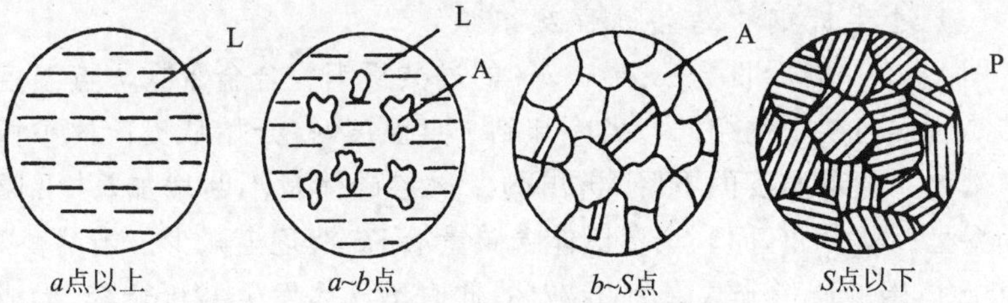

共析钢结晶

图 2.27　共析钢结晶过程示意图

珠光体的显微组织如图 2.28 所示。在显微镜放大倍数较高时,能清楚地看到铁素体和渗碳体呈片层状交替排列的情况。由于珠光体中渗碳体量较铁素体少,因此渗碳体层片较铁素体层片薄。

(2) 亚共析钢的结晶过程及组织

图 2.26 中合金Ⅱ为 $w_c=0.45\%$ 的亚共析钢。合金Ⅱ在 e 点温度以上的结晶过程与共析钢相同。当降到 e 点温度时,开始从奥氏体中析出铁素体。随着温度的下降,铁素铁量不断增多,奥氏体量逐渐减少,铁素体成分沿 GP 线变化,奥氏体成分沿 GS 线变化。当温度降到 f 点(727 ℃)时,剩余奥氏体碳的质量分数达到 0.77%,此时奥氏体发生共析转变,形成珠光体,而先析出的铁素体保持不变。这样,共析转变后的组织由铁素体和珠光体组成。温度继续下降,组织基本不变。室温组织仍然是铁素体和珠光体(F+P)。其结晶过程如图 2.29 所示。

图 2.28　珠光体的显微组织

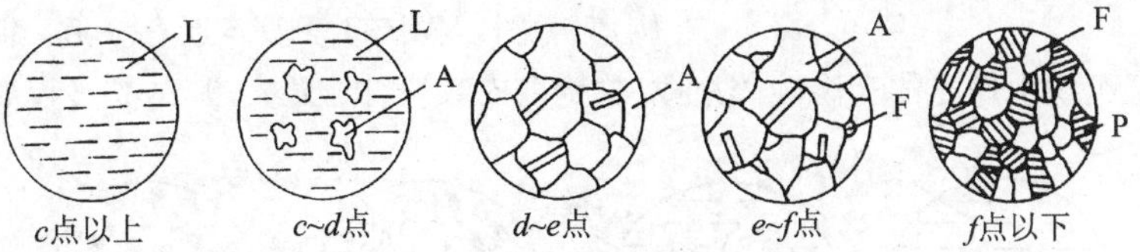

图 2.29　亚共析钢结晶过程示意图

亚共析钢的室温组织是由铁素体和珠光体组成,只是铁素体和珠光体的相对量不同。随着含碳量的增加,珠光体量增多,而铁素体量减少。其显微组织如图 2.30 所示。图中白色部分为铁素体,黑色部分为珠光体,这是因为放大倍数较低,无法分辨出珠光体中的层片,故呈黑色。

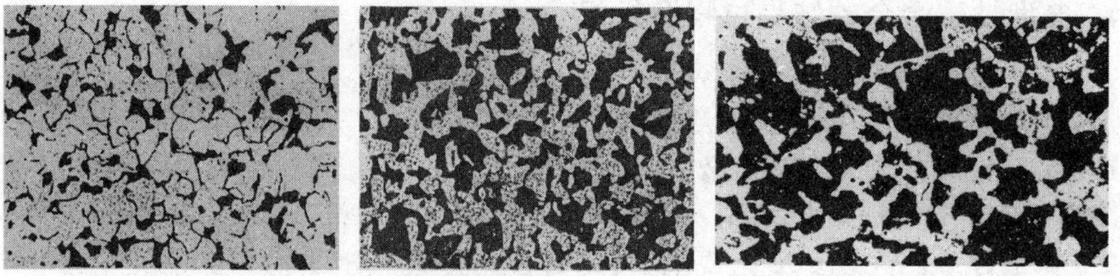

(a) w_C=0.1%　　(b) w_C=0.25%　　(c) w_C=0.6%

图 2.30　亚共析钢的显微组织

(3) 过共析钢的结晶过程及组织

过共析钢的结晶

图 2.26 中合金Ⅲ为 $w_c=1.2\%$的过共析钢。合金Ⅲ在 i 点温度以上的结晶过程与共析钢相同。当冷却到 i 点温度时，开始从奥氏体中析出二次渗碳体。随着温度的下降，析出的二次渗碳体量不断增加，并沿原奥氏体晶界呈网状分布，而剩余奥氏体含碳量沿 ES 线逐渐减少。当温度降到 j 点(727 ℃)时，剩余的奥氏体碳的质量分数降为 0.77%，此时奥氏体发生共析转变，形成珠光体，而先析出的二次渗碳体保持不变。温度继续下降，组织基本不变。因此，过共析钢的室温组织为珠光体和网状二次渗碳体($P+Fe_3C_{Ⅱ}$)。

所有过共析钢的室温组织都是由珠光体和二次渗碳体组成。只是随着合金中含碳量的增加，组织中网状二次渗碳体的量增多。过共析钢的显微组织如图 2.31 所示。图中层片状黑白相间的组织为珠光体，白色网状组织为二次渗碳体。

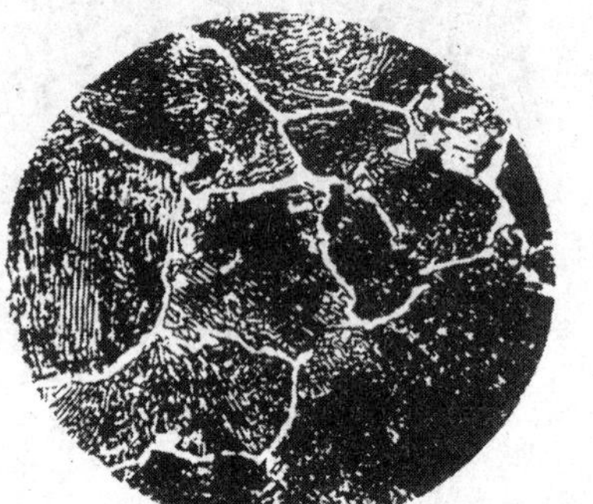

图 2.31　过共析钢的显微组织

(4) 共晶白口铸铁的结晶过程及组织

图 2.26 中合金Ⅳ为 $w_c=4.3\%$的共晶白口铸铁。在 C 点温度以上为液态，当温度降到 C 点(1 148 ℃)时，液态合金发生共晶转变形成莱氏体，由共晶转变形成的奥氏体和渗碳体分别称为共晶奥氏体和共晶渗碳体。随着温度的下降，莱氏体中的奥氏体将不断析出二次渗碳体，奥氏体的含碳量沿着 ES 线逐渐减少。当温度降到 k 点时，奥氏体中碳的质量分数降为 0.77%，奥氏体发生共析转变，形成珠光体。温度继续下降，组织基本不变。由于二次渗碳体与莱氏体中的渗碳体连在一起，难以分辨，故共晶白口铸铁的室温组织由珠光体和渗碳体组成，称为变态莱氏体(Ld′)。其结晶过程如图 2.32 所示。

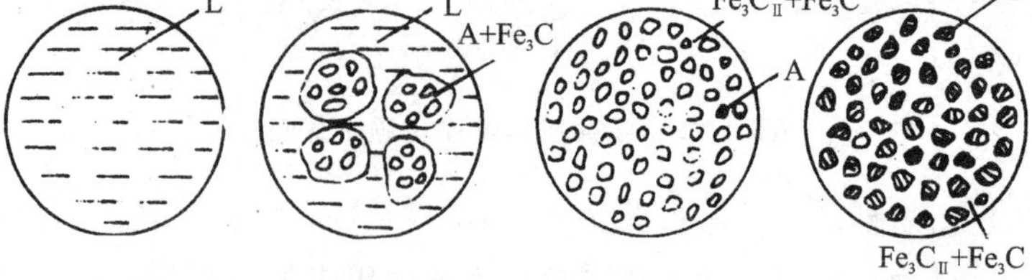

(a) c点以上　　(b) 在c点时　　(c) c~k点　　(d) k点以下

图 2.32　共晶白口铸铁结晶过程示意图

共晶白口铸铁的显微组织如图 2.33 所示。图中黑色部分为珠光体，白色基体为渗碳体。

(5) 亚共晶白口铸铁的结晶过程及组织

图 2.26 中合金Ⅴ为 $w_c=3.0\%$ 的亚共晶白口铸铁。合金在 l 点温度以上为液态，缓冷到 l 点温度时，开始从液体中结晶出奥氏体。随着温度的下降，奥氏体量不断增多，其成分沿 AE 线变化；液体量不断减少，其成分沿 AC 线变化。当温度降到 m 点(1 148 ℃)时，剩余液体碳的质量分数达到 4.3%，发生共晶转变，形成莱氏体。温度继续下降，奥氏体中不断析出二次渗碳体，并在到达 n 点温度(727 ℃)时，奥氏体转变成珠光体。同时，莱氏体在冷却过程中转变成变态莱氏体。因此，亚共晶白口铸铁的室温组织为珠光体、二次渗碳体和变态莱氏体($P+Fe_3C_{II}+Ld'$)。其结晶过程如图 2.34 所示。

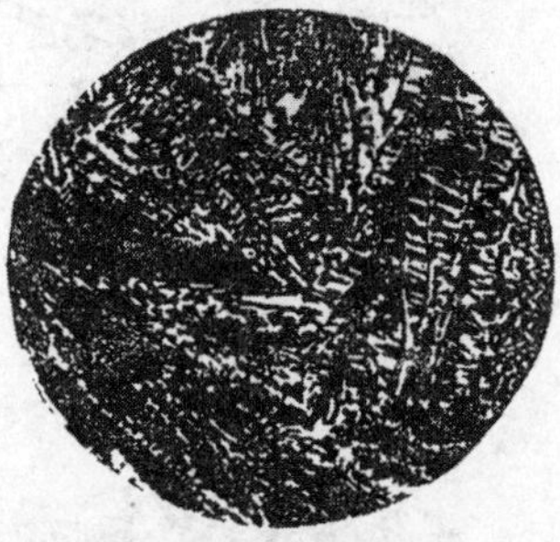

图 2.33　共晶白口铸铁的显微组织

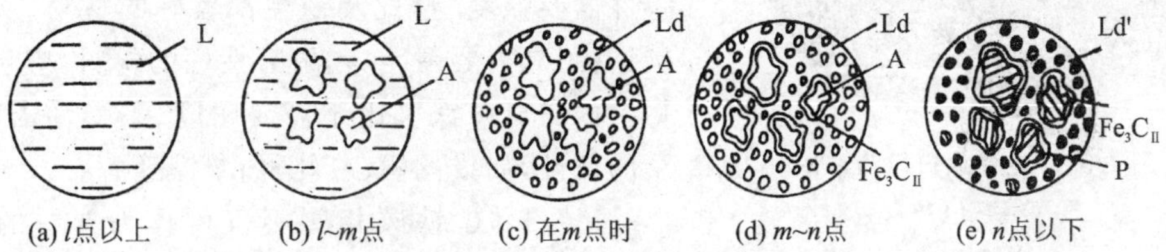

图 2.34　亚共晶白口铁的结晶过程示意图

亚共晶白口铸铁的显微组织如图 2.35 所示。图中黑色块状或呈树枝状分布的为由初生奥氏体转变成的珠光体，基体为变态莱氏体。组织中的二次渗碳体与共晶渗碳体连在一起，难以分辨。

所有亚共晶白口铸铁的室温组织都是由珠光体和变态莱氏体组成。只是随着含碳量的增加，组织中变态莱氏体量增多。

(6) 过共晶白口铸铁的结晶过程及组织

图 2.26 中合金Ⅵ为 $w_c=5.0\%$ 的过共晶白口铸铁。合金在 o 点温度以上为液体，冷却到 o 点温度时，开始从液体中结晶出板条状一次渗碳体。随着温度的下降，一次渗碳体量不断增多，液体量逐渐减少，其成分沿 DC 线变化。当冷却到 p 点温度时，剩余液体的碳的质量分数达到 4.3%，发生共晶转变，形成莱氏体。在随后的冷却中，莱氏体变成变态莱氏体，一次渗碳体不再发生变化，仍为板条状。因此，过共晶白口铸铁的室温组织为一次渗碳体和变态莱氏体($Ld'+Fe_3C_I$)。其结晶过程如图 2.36 所示。

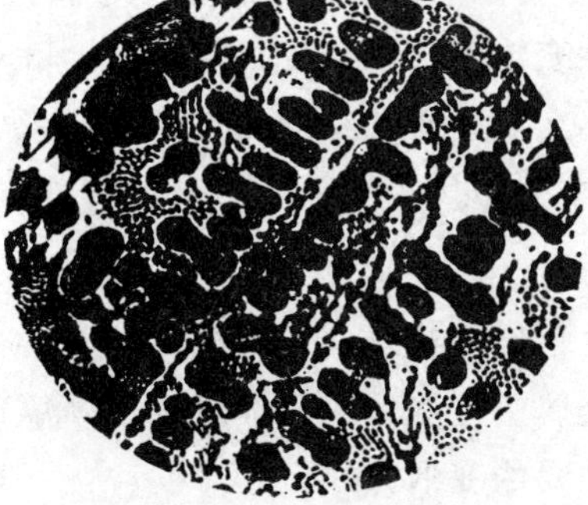

图 2.35　亚共晶白口铁的显微组织(125×)

所有过共晶白口铸铁室温组织都是由一次渗碳体和变态莱氏体组成。只是随着含碳量的增加，组织中一次渗碳体量增多。过共晶白口铸铁的显微组织如图 2.37 所示，白色板条状为一次渗碳体，基体为变态莱氏体。

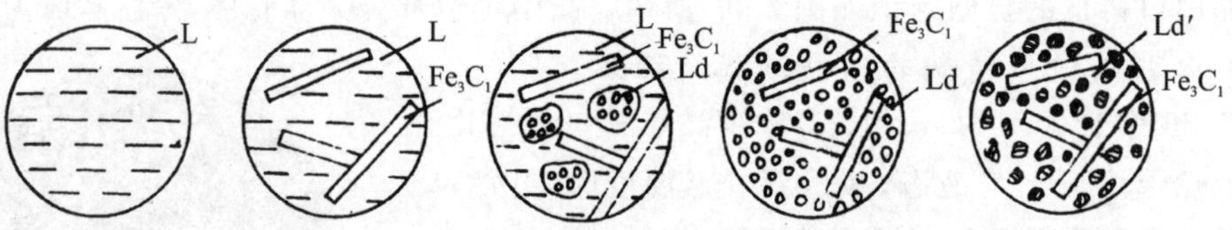

(a) o点以上　(b) o~p点　(c) 在p点时　(d) p~q点　(e) q点以下

图 2.36　过共晶白口铁的结晶过程示意图

图 2.37　过共晶白口铸铁的显微组织(125×)

5. 铁-渗碳体相图的应用

$Fe-Fe_3C$ 相图揭示了铁碳合金的组织随成分变化的规律,根据组织可以大致判断出力学性能,便于合理地选择材料。例如,建筑结构和型钢需要塑性、韧性好的材料,应选用低碳钢($w_c \leqslant 0.25\%$);机械零件需要强度、塑性及韧性都较好的材料,应选用中碳钢;工具需要硬度高、耐磨性好的材料,应选用高碳钢。而白口铸铁可用于需要耐磨、不受冲击、形状复杂的铸件,如拔丝模、冷轧辊、犁铧等。

$Fe-Fe_3C$ 铁碳相图不仅可作为选材的重要依据,还可作为制定铸造、锻造、焊接、热处理等热加工工艺的重要依据,如确定浇注温度、确定锻造温度范围及热处理的加热温度等。

必须指出,铁碳相图是在极缓慢的加热或冷却条件下得到的,而实际生产中冷却速度较快,合金的相变温度与冷却后的组织都将与相图中不同。另外,通常使用的铁碳合金,除铁、碳两元素外,往往还含有多种杂质或合金元素,这些元素对相图将有影响,应予以考虑。

2.4　金属的塑性变形与再结晶

2.4.1　金属的塑性变形

塑性变形是金属的一项重要特性。工业生产中,广泛采用的锻造、轧制、挤压、拉拔等压力加工方法成形各种型材、管材、线材及零件毛坯或零件。各种压力加工方法都会使金属材料按预定的要求进行塑性变形,从而获得成品或半成品。塑性变形不仅能改变工件的形状和尺寸,更重要的是能使金属材料的组织和性能得到改善。因此,分析和研究金属塑性变形的特点及其规律,对控制和改进材料加工工艺、提高产品质量等有重要意义。

1. 单晶体的塑性变形

实际工程应用的金属材料大多为多晶体。多晶体的塑性变形与各个晶粒的变形密切相关。为了便于分析,首先通过单晶体的塑性变形来了解金属塑性变形的基本规律。常温下,单晶体金属塑性变形方式有滑移和孪生两种,其中滑移是主要的变形方式。

大量的理论与实验证明,滑移是切应力作用下位错沿滑移面运动的结果,如图2.38所示。当滑移由于某种原因难以进行时,晶体可能以孪生的方式变形。孪生是在切应力的作用下,晶体一部分相对于另一部分沿一定晶面（孪晶面）和晶向（孪生晶向）产生的剪切变形，如图 2.39 所示。

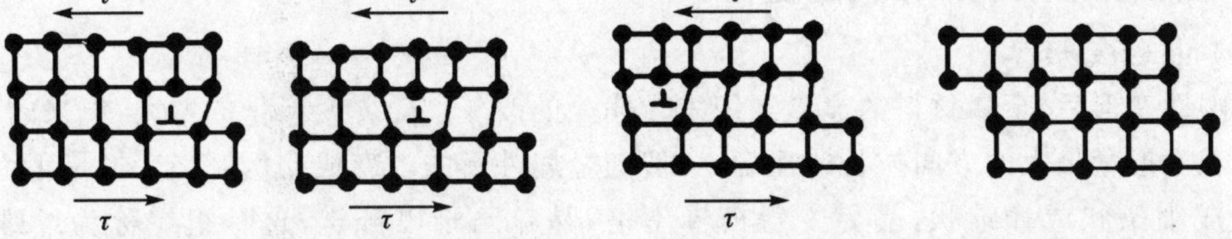

(a) 原始状态　(b) 位错滑移中间阶段1　(c) 位错滑移中间阶段2　(d) 位错滑移出晶体表面，形成一个台阶

图 2.38　刃型位错滑移导致晶体塑性变形的过程

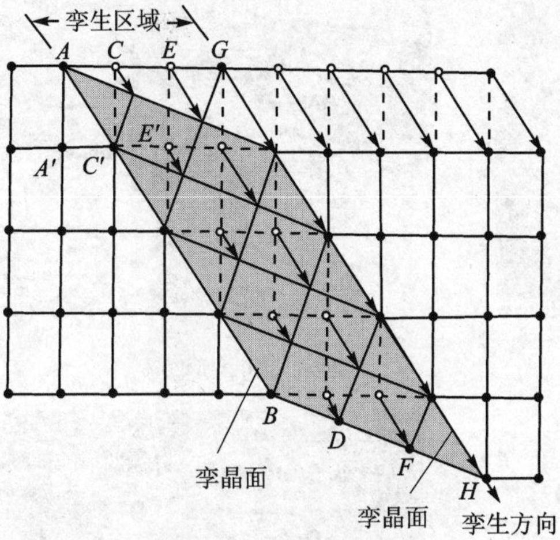

图 2.39　孪生示意图

滑　移

孪　生

2. 多晶体的塑性变形

多晶体是由许多微小的单个晶粒杂乱组合而成的，其塑性变形过程可以看成是许多单个晶粒塑性变形的总和；另外，多晶体塑性变形还存在着晶粒与晶粒之间的滑移和转动，即晶间变形，如图 2.40 所示。每个晶粒内部存在很多滑移面，因此整块金属的变形量可以比较大。金属的晶粒越细，其强度越高，而且塑性、韧性也越好。一般在生产中都尽量获得细晶组织，以达到强化金属的目的。

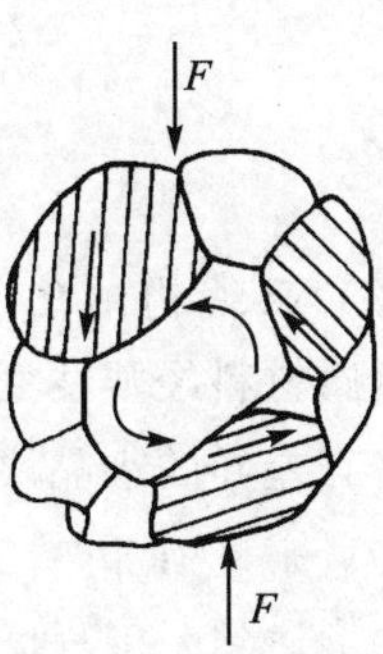

图 2.40　多晶体塑性变形示意图

金属的塑性变形过程实质上是位错沿着滑移面的运动过程。在滑移过程中，一部分旧的位错消失，但又产生大量新的位错，总的位错数量是增加的。

2.4.2 冷塑性变形对金属组织和性能的影响

1. 塑性变形后组织结构的变化

(1) 晶粒变形

经塑性变形后,金属材料的显微组织发生明显的改变。随着变形量的增大,原来的等轴晶粒会沿着变形量最大的方向拉长或压扁,一般与金属外形的改变成比例。当变形量很大时,各晶粒形成细条状或纤维状,晶界变得模糊不清,晶粒已难以分辨,这种组织称为纤维组织。图2.41所示为工业纯铁不同变形程度的显微组织。形成纤维组织后,金属材料的性能会具有明显的各向异性,如沿纤维方向的力学性能远高于垂直纤维方向等。

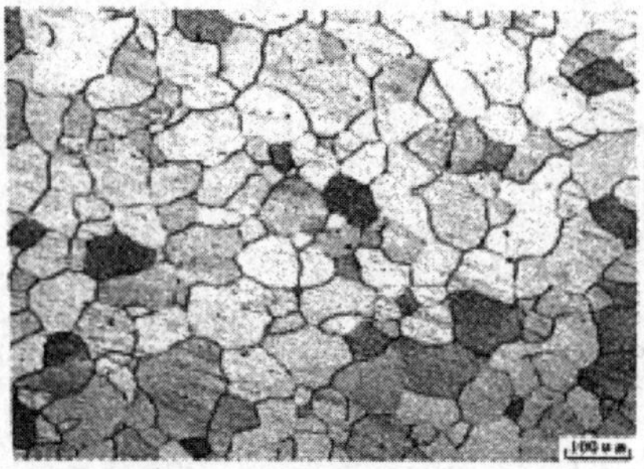

(a) 未变形

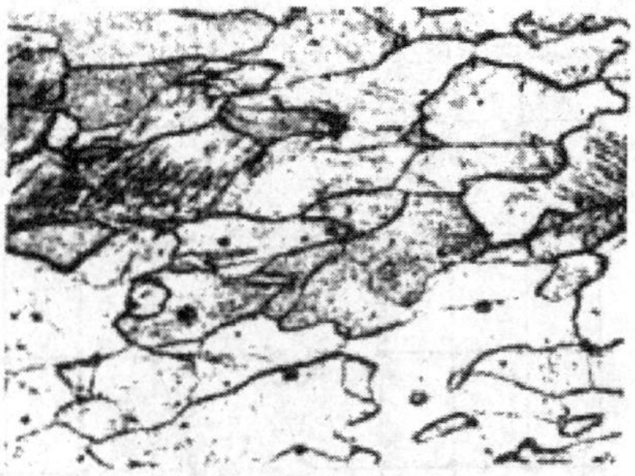

(b) 变形20%

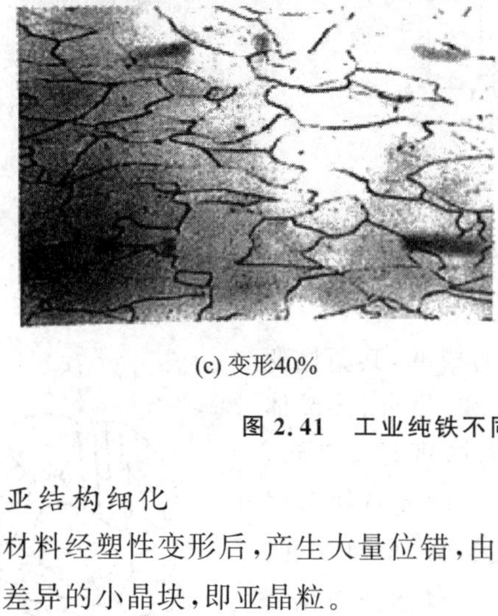

(c) 变形40%

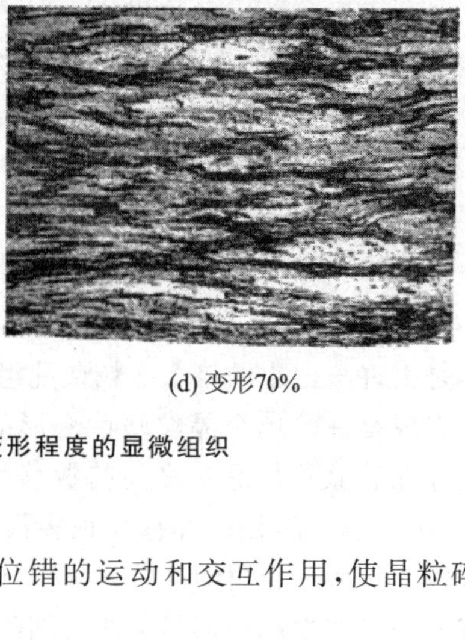

(d) 变形70%

图2.41 工业纯铁不同变形程度的显微组织

(2) 亚结构细化

金属材料经塑性变形后,产生大量位错,由于位错的运动和交互作用,使晶粒碎化成许多位向略有差异的小晶块,即亚晶粒。

(3) 形变织构

变形达到一定程度后,各晶粒的取向基本一致,该过程称为择优取向,而变形金属产生择优取向的结构,称为形变织构。随变形方式和变形程度不同,形变织构的性质和强弱程度也不同拉拔变形时,每个晶粒的某一晶向大致与变形方向平行,形成丝织构;轧板时形成板织构,即各晶粒的某一晶面和晶向分别趋于同轧面与轧向平行。形变织构示意图如图2.42所示。

形变织构使金属材料性能呈现各向异性,这给金属材料的加工和使用性能带来不利影响。例如,在深冲零件时,易产生“制耳”现象,如图2.43所示。各向异性导致各方向变形能力不同，使零件边缘不齐，厚薄不匀。但在某些情况下，织构的存在也是有利的。例如，织构提高硅钢片的导磁率。

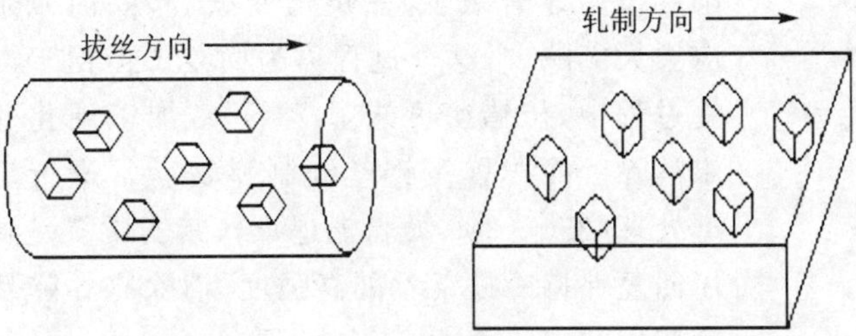

图 2.42　面心立方晶格金属形变织构示意图

图 2.43　形变织构导致的“制耳”

2. 塑性变形对性能的影响

随着金属冷变形程度的增加，金属材料的强度和硬度都有所提高，但塑性有所下降，这种现象称为加工硬化，也称冷变形强化。冷变形强化是金属强化的重要途径之一，特别是对那些不易通过热处理强化的金属材料，如非铁金属及其合金、奥氏体合金钢等。另外，冷变形强化现象也常常在零件短时过载时提供一定程度的安全保证。但是，冷变形强化对进一步变形和以后的切削加工带来困难。为了消除冷变形强化带来的不良影响，可采用热处理。

经冷塑性变形的金属材料，由于空位和位错等缺陷增加，晶格畸变加剧，使得金属的电阻率增加，热导率略有下降，磁导率下降，密度减小。此外，缺陷的增加使原子活动能力增大，容易扩散，化学活性增加，腐蚀速度加快，耐蚀性下降。

3. 残余内应力

残余内应力是指外力去除之后，残留于金属内部且平衡于金属内部的应力，它主要是金属在外力作用下，内部变形不均匀造成的，通常可将其分为三种：

第一类内应力，又称宏观残余应力。这类残余应力所对应的畸变能不大，仅占总储存能的0.1%左右。

第二类内应力(晶间内应力)，又称微观残余应力。它是由晶粒或亚晶粒之间的变形不均匀性产生的。这种内应力有时可达到很大的数值，甚至可能造成显微裂纹并导致工件破坏。

第三类内应力(晶格畸变内应力)，又称点阵畸变。其作用范围是几十至几百纳米。它是由于工件在塑性变形中形成的大量点阵缺陷(如空位、间隙原子、位错等)引起的。变形金属中储存能的绝大部分(80%～90%)用于形成点阵畸变。

三类残余内应力之比约为 1∶10∶100。总体说来，残余内应力是有害的，其将导致材料及工件的变形、开裂和产生应力腐蚀；但当表面存在一薄层压应力时，反而对使用寿命有利。

2.4.3　塑性变形后的金属在加热时组织和性能的变化

对冷变形强化组织进行加热，变形金属将相继发生回复、再结晶、晶粒长大三个阶段的变化，如图 2.44 所示。

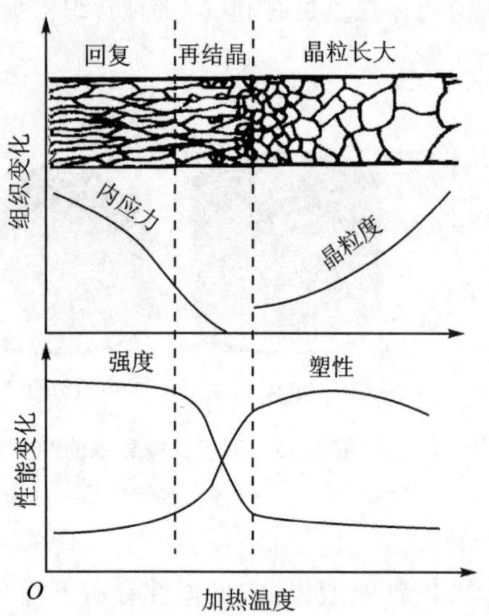

图 2.44 变形金属加热时组织与性能变化示意图

1. 回　复

将冷变形后的金属加热到较低温度,点缺陷和位错显著减少,晶格畸变减轻,晶内残余应力大大减少,这个过程称为回复。但由于回复过程中,位错密度未显著下降,加工硬化并未消除。冷拔弹簧钢丝绕制弹簧后常进行定型处理(250～300 ℃低温退火),其实质就是利用回复保持冷拔钢丝的高强度,消除冷卷弹簧时产生的内应力。

2. 再结晶

当加热温度较高时,塑性变形后的显微组织发生了显著的变化,破碎的、被拉长了的晶粒重新形核、长大,变为细小、均匀的等轴晶粒,消除了全部冷变形强化的现象,这个过程称为再结晶。

再结晶是在一定的温度范围内进行的,开始产生再结晶现象的最低温度称为再结晶温度($T_{再}$)。实验证明,各种纯金属的再结晶温度为 $T_{再}\approx(0.35\sim0.4)T_{熔}$(K),这里用热力学温度计算。合金中的杂质元素及合金元素会使再结晶温度显著提高。

在常温下经过塑性变形的金属,加热到再结晶温度以上,使其发生再结晶的处理称为再结晶退火。实际再结晶退火温度通常比 $T_{再}$ 高 100～200 ℃。再结晶退火可以消除金属材料的冷变形强化,提高其塑性,便于其继续锻压加工。如冷轧、冷拉、冷冲压过程中,需在各工序中穿插再结晶退火。

3. 晶粒长大

冷塑性变形金属经再结晶后,一般得到细小均匀的等轴晶粒。如果继续升高温度或延长保温时间,则再结晶后形成的新晶粒会逐渐长大,导致晶粒变粗。这种晶粒长大是通过晶界迁移,逐渐“吞并”小晶粒来完成的。当金属原来变形不均匀,产生织构或含有较多杂质时,大多数的晶界迁移受到阻碍,只有少数晶粒获得优先长大的机会,使得再结晶后得到晶粒不均匀。这种晶粒不均匀长大现象称为二次再结晶。

2.4.4　金属材料的热加工与冷加工

从金属学的观点看,金属的热加工和冷加工是以再结晶温度划分的。金属材料在其再结晶温度以上的加工过程称为热加工,在其再结晶温度以下的加工过程则称为冷加工。显然,冷加工与热加工并不是以具体加工温度的高低来区分的。例如,钨的最低再结晶温度约为1 200 ℃,因此钨即使在稍低于 1 200 ℃高温下的塑性变形仍属于冷加工;而锡的最低再结晶温度约为 −71 ℃,因此锡即使在室温下塑性变形却仍属于热加工。在冷加工过程中,冷变形强化能使金属的可锻性变差。在热加工过程中,由于同时进行着再结晶软化过程,因此可锻性较好,能够使金属顺利进行大量的塑性变形,从而实现各种成形加工。

本章小结

本章学习的重点是航空工程材料中金属的基础知识。主要包括：

1. 金属材料的三种典型晶体结构的特点及常见金属，实际金属点、线、面缺陷的特别及其对材料性能的影响，固溶体和金属化合物的性能及其对材料性能的影响。

2. 金属结晶的条件是要有一定的过冷度，结晶由形核和长大两个过程组成。某些金属会发生同素异构转变。生产中可以采取措施细化铸态金属的晶粒来提高强度。

3. 合金的结晶可以用相图来分析。常用的有匀晶相图和共晶相图。铁碳相图中包含五种相，铁碳合金的平衡结晶过程用铁碳相图来分析。

4. 金属的塑性变形机理有滑移和孪生两种。塑性变形使金属晶粒变形(拉长或压扁)，位错密度增加，产生残余内应力，大的变形量可产生形变织构。冷塑性变形使金属产生加工硬化现象(形变强化)。再结晶形成新的等轴晶，可以消除加工硬化。$T_{再} \approx (0.35 \sim 0.4) T_{熔}$。

习题与思考题

一、名词解释

晶体	晶格	晶胞	空位	间隙原子	置换原子	位错
晶界	单晶体	多晶体	合金	组元	相	固溶体
固溶强化	结晶	过冷度	细晶强化	相图	枝晶偏析	共晶反应
同素异构转变	铁素体	奥氏体	渗碳体	珠光体	共析钢	共晶白口铸铁
滑移	孪生	回复	再结晶	晶粒长大	内应力	热加工

二、填空题

1. 金属晶体常见晶格结构类型有________、________、________。

2. 面心立方晶格结构的致密度为________，配位数为________，晶胞中有________个原子。

3. 体心立方晶格结构的致密度为________，配位数为________，晶胞中有________个原子。

4. 晶体中的缺陷按其几何形态分为________、________、________三种。

5. 实际金属晶体中的点缺陷主要有________、________、________三种。

6. 合金的相结构有________和________两大类。

7. 金属晶核的形成方式有________和________两种。

8. 金属晶核的长大方式有________和________两种，一般以________方式长大。

9. 二元匀晶相图代表的有________合金相图，二元共晶相图代表的有________合金相图。

10. 铸造合金一般选用________成分的合金。

11. 细化晶粒可以提高金属材料的力学性能，不仅可以提高________和________，还可以提高________和________。

12. 一个晶粒内部化学成分不均匀的现象称为________，可通过________来消除。

13. 纯铁的三种同素异构转变晶格类型为________、________、________。

14. 铁素体根据温度的不同可分为________和________，分别用符号________和________表示。

15. 由铁素体和渗碳体构成的机械混合物称为________，用符号________表示。

16. 由奥氏体与渗碳体组成的机械混合物称为________，用符号________表示。

17. 铁和渗碳体相图中，根据含碳量不同，碳钢可分为________、________和________；白口铸铁可分为________、________和________。

18. 细化金属结晶后晶粒的方法主要有________、________和________。

19. 钢在常温下的变形加工称为________加工；而铅在常温下的变形加工称为________加工。

20. 影响再结晶开始温度的因素有________、________、________、________及________。

21. 再结晶后晶粒的大小主要取决于________、________和________。

22. ________指冷塑性变形的金属在加热时，在显微组织发生改变前，即在再结晶晶粒形成前所产生的某些亚结构和性能的变化过程。

三、选择题

1. 晶体中的位错属于(　　)。

A. 体缺陷　　B. 面缺陷　　C. 线缺陷　　D. 点缺陷

2. 固溶体的晶体结构(　　)。

A. 与溶剂相同　　B. 与溶质相同

C. 与溶剂溶质都不同　　D. 是两组元各自结构的混合

3. 晶体与非晶体的主要区别是(　　)。

A. 晶体中原子的有序排列　　B. 晶体中的原子依靠金属键结合

C. 晶体具有各向异性　　D. 晶体具有简单晶格

4. 金属化合物的性能特点是(　　)。

A. 脆性大、硬度高　B. 强度低、塑性好　C. 硬度小、脆性大　D. 塑性、韧性好

5. 以下哪种方法不能细化晶粒(　　)。

A. 增加过冷度　　B. 进行变质处理

C. 附加振动　　D. 减小形核速率，增加长大速率

6. 恒定温度下，已结晶的一定成分的固相发生反应转变生成另外两种成分的固相的过程称为(　　)反应。

A. 匀晶　　B. 共晶　　C. 包晶　　D. 共析

7. 亚共析钢中，随着含碳量的增加而增加的力学性能指标是(　　)。

A. 强度和硬度　　B. 韧性和塑性　　C. 塑性　　D. 韧性

8. 变形金属再加热时发生的再结晶过程是一个新晶粒代替旧晶粒的过程，这种新晶粒的晶格类型是(　　)。

A. 与变形前的金属相同　　B. 与变形后的金属相同

C. 形成新的晶格类型　　D. 以上都不是

9. 再结晶后(　　)。

A. 形成等轴晶，强度增大　　B. 形成柱状晶，塑性下降

C. 形成柱状晶，强度升高　　D. 形成等轴晶，塑性升高

10. 具有面心立方晶格的金属塑性变形能力比体心立方晶格的大，其原因是(　　)。

A. 滑移系多　　B. 滑移面多　　C. 滑移方向多　　D. 滑移面和方向都多

11. 用金属板冲压杯状零件，出现明显的制耳现象，这说明金属板中存在着(　　)。

A. 形变织构　　B. 位错密度太高　　C. 过多的亚晶粒　　D. 流线(纤维组织)

四、判断题

1. 金属多晶体是由许多位向相同的单晶体所构成的。(　　)
2. 金属单晶体是由一个晶粒构成的。(　　)
3. 置换固溶体总是引起晶格的正畸变。(　　)
4. 非晶体中的原子在三维空间中呈周期性排列。(　　)
5. 固溶体的强度和硬度比溶剂金属的强度和硬度要高。(　　)
6. 铜和铝都属于体心立方晶格结构。(　　)
7. 间隙固溶体和置换固溶体均可形成无限固溶体。(　　)
8. 金属液的冷却速度越大，则过冷度越大。(　　)
9. 金属的晶粒越细，则金属的强度越高，塑性和韧性也越好。(　　)
10. 相图是在较大冷却速度条件下获得的。(　　)
11. 实际金属的晶粒内部和晶界的化学成分是相同的。(　　)
12. 共晶合金的组元在固态下是无限互溶的。(　　)
13. 锻造常选择在单相固溶体内的合金。(　　)
14. 晶粒度等级越大，晶粒尺寸越大。(　　)
15. F 就是完全意义上的理论纯铁。(　　)
16. 车床主轴也可以用白口铸铁来制造。(　　)
17. 锯条也可以用低碳钢来制造。(　　)
18. 无论多大的过冷度都可以使金属晶粒细化。(　　)
19. 金属的预先变形度越大，其开始再结晶的温度越高。(　　)
20. 其他条件相同，变形金属的再结晶退火温度越高，退火后得到的晶粒越粗大。(　　)
21. 金属铸件可以通过再结晶退火来细化晶粒。(　　)
22. 热加工是指在室温以上的塑性变形加工。(　　)
23. 再结晶能够消除加工硬化效果，是一种软化过程。(　　)

五、综合题

1. 什么是固溶体？什么是金属化合物？它们各有什么应用？
2. 实际金属中有哪些晶体缺陷？晶体缺陷对金属的性能有何影响？
3. 什么叫过冷现象、过冷度？过冷度与冷却速度有何关系？
4. 金属的晶粒大小对力学性能有何影响？控制金属晶粒大小的方法有哪些？
5. 如果其他条件相同，试比较下列铸造条件下铸件晶粒的大小：

(1) 金属型浇注与砂型浇注；

(2) 变质处理与不变质处理；

(3) 铸成薄壁件与铸成厚壁件；

(4) 浇注时采用振动与不采用振动。

6. 何谓金属的同素异晶转变？试以纯铁为例说明金属的同素异晶转变。

7. 何谓共晶反应和共析反应？以铁碳合金为例写出反应表达式。

8. 为什么铸造合金常选用靠近共晶成分的合金？而压力加工合金则选用单相固溶体成分的合金？

9. 铁碳合金的基本相有哪些？各用什么符号表示？

10. 绘出 $Fe-Fe_3C$ 相图，并叙述各特性点、线的名称及含义。

11. 分析亚共析钢、共析钢、过共析钢的平衡结晶过程。

12. 含碳量对铁碳合金的机械性能和工艺性能有何影响？

13. 根据 $Fe-Fe_3C$ 相图，确定下表中的三种钢在指定温度下的显微组织名称。

钢　号	温度/℃	显微组织	温度/℃	显微组织
20	770		900	
T8	680		770	
T12	700		770	

14. 有形状和大小一样的两块铁碳合金，一块是低碳钢，一块是白口铁。问用什么简便的方法可迅速将它们区分开来？

15. 下列说法是否正确？为什么？

(1) 钢的含碳量越高，质量越好；

(2) 共析钢在727 ℃发生共析转变形成单相珠光体；

(3) w_c=4.3%的钢在1 148 ℃发生共晶转变形成莱氏体；

(4) 钢的含碳量越高，其强度和塑性也越高。

16. 滑移和孪生有何区别？试比较它们在塑性变形过程中的作用。

17. 有一块低碳钢钢板，被炮弹射穿一孔，试问孔周围金属的组织和性能有何变化？为什么？

第 3 章　钢的热处理

热处理是指将固态金属或合金采用适当的方式进行加热、保温和冷却，以获得所需要的组织与性能的工艺。热处理的目的是消除铸造、锻造、焊接等毛坯中的组织缺陷，改善其切削加工性能或其他工艺性能，为后续工序做好组织准备，更重要的是能提高力学性能，提高工件的使用寿命。在航空产品中，重要的受力零件仍然由钢制作，所以学习和掌握钢的热处理基本规律，为以后正确的使用钢铁材料打下良好的基础。

根据加热和冷却的方法的不同，热处理工艺大致分类如下：

① 整体热处理，是指对工件进行穿透性加热，以改善整体的组织和性能的热处理工艺。分为退火、正火、淬火和回火等。

② 表面热处理，是指仅对工件表层进行热处理，以改变表层组织和性能的工艺。一般指钢的表面淬火，主要包括感应加热表面淬火、火焰加热表面淬火、激光加热表面淬火等。

③ 化学热处理，是指将工件置于一定温度的活性介质中保温，使一种或几种元素渗入零件的表层，以改变其表层化学成分、组织和性能的热处理工艺。根据渗入成分的不同，分为渗碳、渗氮、碳氮共渗、渗其他非金属、渗金属、多元共渗、熔渗等。

热处理的种类虽然很多，但通常由加热、保温和冷却三个阶段组成。要了解各种热处理的工艺方法，首先必须研究钢在加热和冷却过程中的组织变化规律。

3.1　钢的热处理原理

3.1.1　钢在加热时的组织转变

加热是热处理的第一道工序，大多数情况下是要将钢加热到相变点以上，获得奥氏体组织。相变点也称临界点（或临界温度），在热处理中，通常将铁碳相图中的 PSK 线称为 A_1 线，将 GS 线称为 A_3 线、将 ES 线称为 A_{cm} 线。这些线上每一合金的相变点，也称 A_1 点、A_3 点、A_{cm} 点。

实际热处理生产中，加热和冷却都是在非平衡状态下进行的，因此组织转变温度都偏离平衡相变点，此时分别用 Ac_1、Ac_3、Ac_{cm} 和 Ar_1、Ar_3、Ar_{cm} 表示加热和冷却时的临界温度。图 3.1 为以上临界温度在铁碳相图上的位置示意。

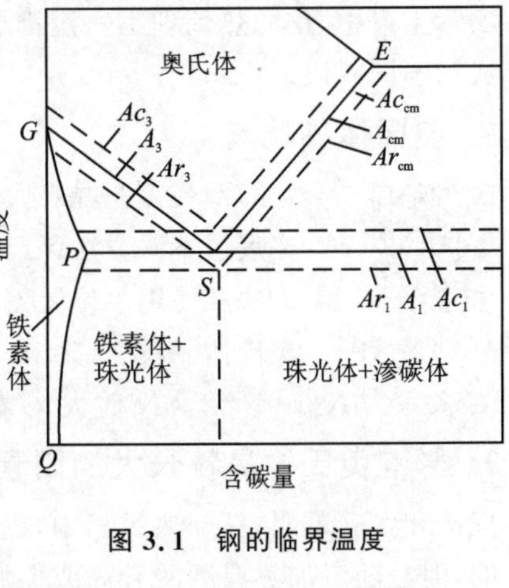

图 3.1　钢的临界温度

1. 奥氏体的形成过程

下面以共析钢为例，简要说明奥氏体的形成过程及影响奥氏体晶粒长大的因素。

共析钢在室温时的平衡组织全部为珠光体，

当加热到 Ac_1 线以上温度时转变为奥氏体晶粒。这一组织转变的过程可表示为:生成的奥氏体相不仅晶格类型与铁素体相和渗碳体相不同,而且含碳量也有很大的差别。由此可见,奥氏体化的过程必然进行着铁原子的晶格改组和铁、碳原子的扩散,其转变过程也是遵循形核和长大基本规律,并通过下列 4 个阶段来完成(如图 3.2 所示)。

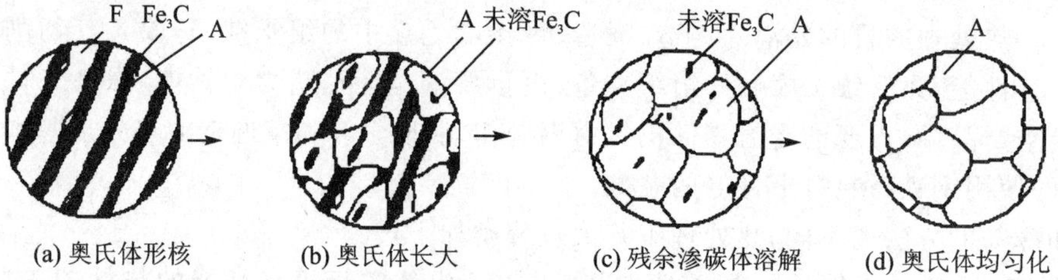

奥氏体形成

图 3.2　奥氏体形成过程示意图

① 奥氏体晶核的形成　奥氏体的晶核优先在铁素体与渗碳体的相界面处形成,如图 3.2(a)所示。这是由于相界面处的碳浓度处于中间值而接近奥氏体成分,同时相界面处的原子排列混乱,位错密度也高,有利于奥氏体晶格的形成。这就为形核提供了成分上和结构上的有利条件。

② 奥氏体的长大　奥氏体形核后,由于奥氏体与铁素体相接处含碳量低,而与渗碳体相接处含碳量高,这引起碳在奥氏体中从高含量处向低含量处扩散,促使铁素体向奥氏体转变及渗碳体的溶解,奥氏体向铁素体和渗碳体两个方向长大,如图 3.2(b)所示。

③ 残余渗碳体的溶解　由于奥氏体在化学成分和晶格类型上与铁素体差别小,而与渗碳体差别大,因此奥氏体向铁素体的长大速度大于向渗碳体的长大速度。这使得珠光体中的铁素体完全转变为奥氏体后,仍有部分渗碳体尚未转变,在随后的保温过程中逐渐溶解入奥氏体中,直至全部消失,如图 3.2(c)所示。

④ 奥氏体成分的均匀化　渗碳体完全溶解后,原先是渗碳体的地方碳浓度高,原先是铁素体的地方碳浓度低,必须继续保温,通过碳的扩散使奥氏体成分均匀化,如图 3.2(d)所示。加热温度越高,原子的扩散能力越强,奥氏体转变所需的时间也越短。

亚共析钢和过共析钢的奥氏体形成需要加热到 Ac_3 或 Ac_{cm} 以上,才能获得单一的奥氏体组织。

实际生产中,钢的热处理不一定都要加热到奥氏体均匀化,要根据不同的目的,控制奥氏体形成的不同阶段。

2. 奥氏体晶粒度

GB/T 6394—2017

晶粒度是晶粒大小的量度。通常使用长度、面积、体积或晶粒度级别数来表示不同方法评定的晶粒大小,而使用晶粒度级别数表示的晶粒度与测量方法和使用单位无关。根据 GB/T 6394—2017,用显微晶粒度级别数 G 表示奥氏体晶粒度,共 10 个级别数。在 100 倍下 645.16 mm^2(1 in^2)内晶粒个数 N 与 G 关系为 $N_{100}=2^{G-1}$。N 越大,G 越小,奥氏体晶粒越细小。

3. 影响奥氏体晶粒长大的因素

理论和实验证明,在加热过程中,当钢的组织刚刚全部转变为奥氏体时,它的晶粒是非常细小的,但是随着加热温度的升高或保温时间的延长,奥氏体晶粒会长大。而加热温度越高,保温时间越长，奥氏体晶粒的长大就越明显。

奥氏体晶粒的大小将影响冷却转变后钢的组织和性能。奥氏体晶粒越细小，冷却转变后钢组织的晶粒也越细小，其力学性能也越高；奥氏体晶粒粗大，冷却转变后钢组织的晶粒也越粗大，力学性能变差，特别是冲击韧性下降较多。因此，钢在热处理加热过程中，加热温度和保温时间必须限制在一定的范围内，以便获得细小而均匀的奥氏体晶粒。

影响奥氏体晶粒大小的因素有加热温度、保温时间、加热速度、含碳量和合金元素等。

① 加热温度和保温时间　加热温度越高，晶粒长大速度越快，奥氏体晶粒越容易粗化。延长保温时间也会引起晶粒长大，但后者的影响要比前者小得多。为了获得细小的奥氏体晶粒，应合理地选择加热温度与保温时间。

② 加热速度　加热速度越快，实际奥氏体化温度越高，形核率越大，晶粒越小。快速加热和短时间保温的工艺在生产上常用来细化晶粒，例如高频淬火就是利用这一原理来获得细晶粒的。

③ 含碳量　一般钢中的含碳量越高，奥氏体晶粒的长大倾向增大。

④ 合金元素　在钢中加入钛、铌、钒、锆等合金元素（能生成碳化物或氮化物等）均可起到阻碍奥氏体晶粒长大的作用，而锰和磷是促进奥氏体晶粒长大的元素。

3.1.2　钢在冷却时的组织转变

冷却过程对热处理后的组织与性能起着极其重要的作用。采用不同的冷却速度或冷却方式，可以获得不同的组织和性能。例如，两块 45 钢小试样，同时加热到 840 ℃奥氏体化，经保温后，一块从炉中取出后立即放入盐水中冷却，即淬火；另一块随炉冷却，即退火，结果 45 钢淬火后硬度大于 53 HRC，而退火后的硬度约为 160 HBW。这是由于冷却速度不同，得到的组织不同。

钢奥氏体化后的冷却方式有两种，如图 3.3 所示。

一种是等温冷却：把已奥氏体化的钢快速冷却到 A_1 以下某一温度，并在此温度下保温，使奥氏体在一定的过冷度下向稳定的组织转变，转变结束后，再空冷到室温。

另一种是连续冷却：将奥氏体化的钢以一定的速度连续地冷却到室温，使奥氏体在一个温度范围内发生连续转变。

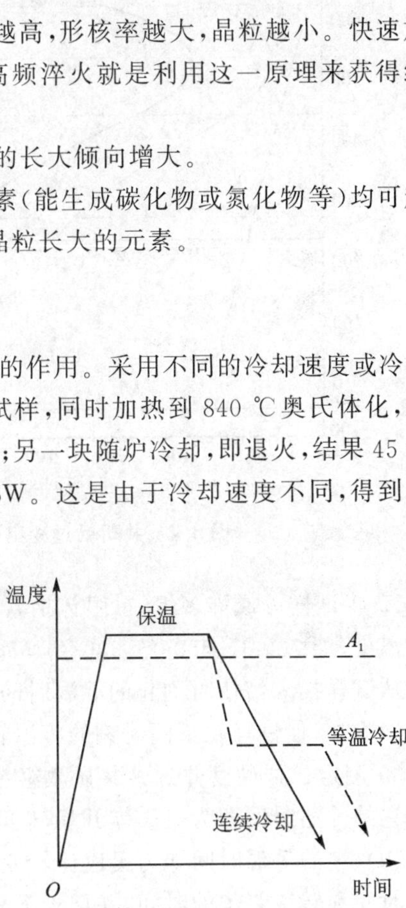

图 3.3　热处理的两种冷却方式

1. 钢的等温转变曲线

(1) 过冷奥氏体的等温转变曲线

由铁碳相图可知，当温度在 A_1 以上时，奥氏体是稳定的。在温度降到 A_1 以下后，奥氏体即处于过冷状态，这种奥氏体称为过冷奥氏体。过冷奥氏体是不稳定的，它会转变为其他组织。钢在冷却时的转变，实质上就是过冷奥氏体的转变。经奥氏体化后冷却到 A_1 以下的温度区间内等温时，过冷奥氏体所发生的转变称为等温转变。在等温过程中，转变温度、转变时间与转变产物的关系曲线图称为过冷奥氏体等温转变图，简称 TTT 图。

共析钢的过冷奥氏体等温转变曲线如图 3.4 所示。由于在过冷奥氏体转变过程中，钢的组织和性能均会发生变化,因此可采用相应的方法来测定其转变图。常用的方法有金相测定法、硬度测定法、膨胀测定法、磁性测定法以及 X 射线结构分析测定法等。

下面以共析钢为例,用金相硬度法简要说明其建立过程:

① 成若干小的薄片共析钢试样(ϕ10 mm×1.5 mm),将其加热至 Ac_1 以上温度,得到均匀奥氏体。

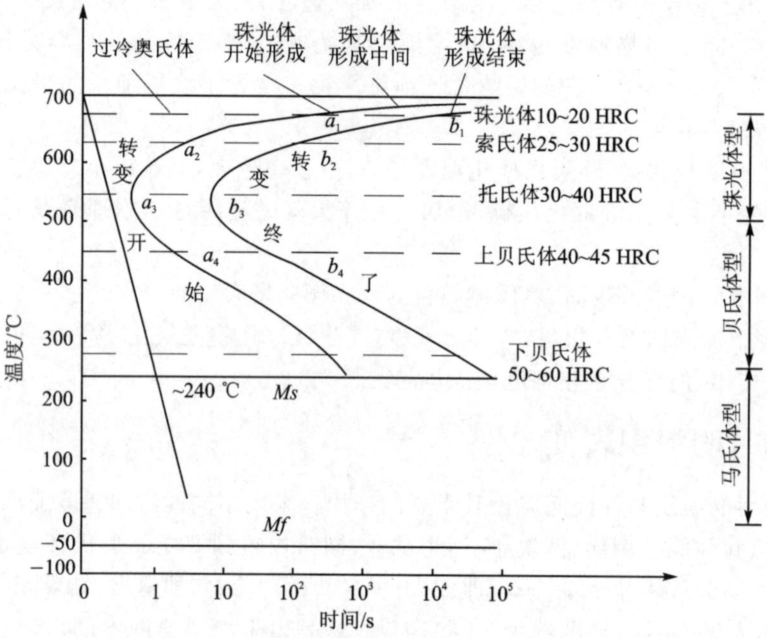

共析钢 TTT 曲线

图 3.4　共析钢过冷奥氏体等温转变曲线

② 将试样分成许多组,每组包括若干个试样。将每组试样分别迅速放入 A_1 以下一系列不同温度(如 700 ℃、650 ℃、600 ℃、550 ℃……)的恒温浴槽中,使过冷奥氏体进行等温转变。记录从试样投入浴槽时刻起的等温时间,然后每隔一定时间,在每组中取出一个试样,迅速放入水中冷却,使试样在不同时刻的等温转变状态固定下来。

③ 测定试样硬度并观察共显微组织。当发现某试样刚有转变产物时(约有 5%的转变产物),它的等温时间即为奥氏体开始转变的时间,而发现某试样没有奥氏体时(约为 95%的转变产物),它的等温时间即为奥氏体转变终了时间。由此找出过冷奥氏体在不同温度下开始转变的时间和转变终了的时间,并记录下来。

④ 将所有的转变开始点和终了点标记在时间温度坐标系中,将转变开始点和终了点分别用光滑曲线连接起来,即得共析钢过冷奥氏体的等温转变曲线,如图 3.4 所示。

(2) 共析钢过冷奥氏体等温转变 C 曲线分析

① 特性线和区域。在图 3.4 中,A_1 线以上是奥氏体稳定区,A_1 线与 M_s 线之间为过冷奥氏体区。其中,C 曲线左边的线是过冷奥氏体开始转变点的连线,称过冷奥氏体等温转变开始线;C 曲线右边的线是过冷奥氏体转变终了点的连线,称过冷奥氏体等温转变终了线。等温转变开始线的左边区域为过冷奥氏体区,C 曲线之间区域称为过冷奥氏体与产物的共存区,过冷奥氏体转变终了曲线的右边区域为产物区。

最下面 M_s 线与 M_f 线之间为马氏体转变区。马氏体用符号 M 表示，它是奥氏体连续冷却的转变一种组织，而不是等温转变的产物。M_s 与 M_f 的意义如下：将奥氏体化的共析钢，快速冷却到 M_s 温度以下产生马氏体组织，到 M_f 马氏体转变终止。

② 孕育期和“鼻尖”。过冷奥氏体开始发生转变前所经历的时间称为孕育期。孕育期越短，说明过冷奥氏体转变时形核所需要的时间越短，过冷奥氏体越不稳定。如图 3.4 所示，随着等温转变的温度下降、孕育期逐渐缩短，随后又逐渐变长，在 550 ℃左右等温转变时的孕育期最短，过冷奥氏体最不稳定，转变速度最快，C 曲线上的该处位置称为“鼻尖”。

③ C 曲线三个转变区。共析钢的过冷奥氏体在三个不同的温度区间，可发生三种不同的组织转变。从 A_1 到“鼻尖”温度（约 550 ℃）为高温转变区，其转变产物为珠光体，故又称为珠光体转变区；从“鼻尖”温度至 M_s 为中温转变区，其转变产物为贝氏体，故又称为贝氏体转变区；从 M_s 到 M_f 为低温转变区，共转变产物为马氏体，故又称为马氏体转变区。

(3) 亚共析钢和过共析钢的过冷奥氏体等温转变曲线

图 3.5(a)和(b)所示为亚共析钢和过共析钢的过冷奥氏体等温转变曲线。亚共析钢和过共析钢的过冷奥氏体等温转变曲线与共析钢的 C 曲线相似，都具有过冷奥氏体转变开始线与转变终了线，但多一条先共析铁素体或先共析渗碳体（二次渗碳体）的析出线。这是由于过冷奥氏体向珠光体转变之前，对于亚共析钢有先共析相铁素体析出，而对于过共析钢则有先共析相渗碳体（二次渗碳体）析出，使转变的珠光体型组织为铁素体和珠光体或二次渗碳体和珠光体。这里我们应注意：随着等温温度的下降，亚共析钢和过共析钢先析出的铁素体或二次渗碳体越来越少，过冷奥氏体甚至全部转变为珠光体，这种由非共析成分所获得的共析体称为伪共析体。

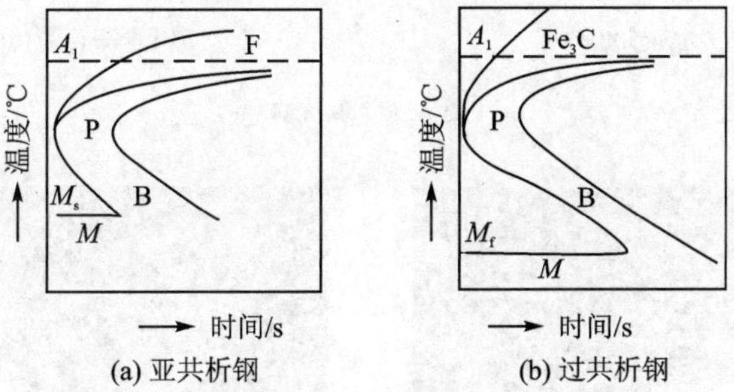

(a) 亚共析钢　　(b) 过共析钢

图 3.5　亚共析钢和过共析钢的等温转变曲线

2. 等温转变产物的组织与性能

(1) 珠光体型转变

1) 珠光体的形成

共析成分的过冷奥氏体在 A_1 至 550 ℃之间的高温区等温转变的产物为片层状的珠光体，即渗碳体片与铁素体片组成的共析体。由于转变的温度高，这个转变是一个扩散型相变，它通过铁、碳原子的扩散和奥氏体晶格的改组来实现奥氏体转变为铁素体和渗碳体。

珠光体的形成

实验证明，首先在奥氏体晶界或其他缺陷处渗碳体形核，随后依靠渗碳体的不断分枝，向奥氏体晶粒内部平行长大。同时，渗碳体周围的奥氏体的含碳量逐渐减小,最终使这部分奥氏体转变为铁素体。这样,即形成了渗碳体与铁素体片层相间的珠光体组织。由一个晶核发展起来的珠光体组织称为一个珠光体领域。

由于随着温度的下降,形核率比长大速度增长得快,特别是在600 ℃以下时,原子的扩散能力很低,长大速度不再增加甚至减小,因此珠光体中的铁素体和渗碳体片随温度降低而变薄、变短,即更细。

2) 珠光体的组织形态和力学性能

珠光体的组织形态见图3.6。随着等温转变温度的下降,珠光体的片层间距离变小,常把珠光体分为三种:A_1 至650 ℃之间等温转变所获得的粗片层状的渗碳体与铁素体构成的共析体,仍称为珠光体,符号为P,在光学显微镜下就能分辨出片层状的形态。650～600 ℃之间等温转变所得的较薄片层状珠光体称为索氏体,用符号S表示,在1 000倍以上的光学显微镜下才能分辨出其片层状的形态,如图3.7(a)所示。600～550 ℃温度范围内等温转变所获得的更细的片层状珠光体称为托氏体(屈氏体),用符号T表示,要在2 000倍以上的电子显微镜下才能分辨出其片层状的形态,如图3.7(b)所示。

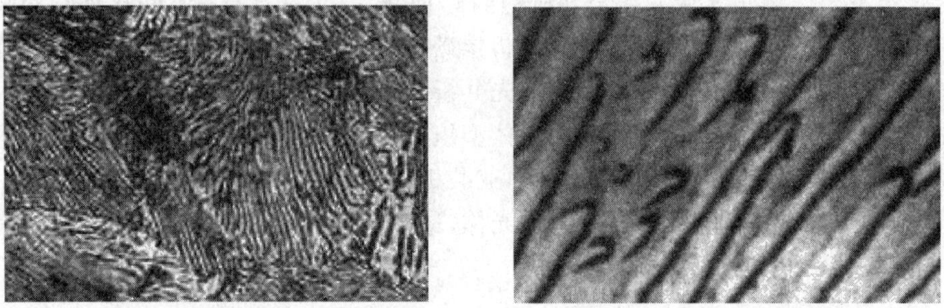

(a) 光学显微镜(500×)　　(b) 电子显微镜(3 800×)

图3.6　珠光体

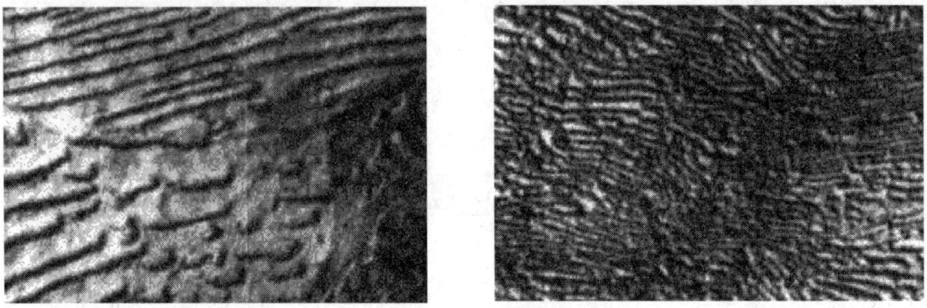

(a) 索氏体　　(b) 托氏体

图3.7　索氏体和托氏体(8 000×)

珠光体的性能主要取决于其片层大小,其层间距离越小,则相界面越多,塑性变形的抗力越大,即强度、硬度越高。同时,塑性和韧性也有所改善。随着转变温度下降,引起的层间距离下降,使转变产物依次为:珠光体→索氏体→托氏体,与其产物相应的抗拉强度依次变为800 MPa、1 100 MPa、1 300 MPa,而断面收缩率依次变为30%、45%、43%,硬度依次为170～230 HBW、230～320 HBW、330～400 HBW。

（2）贝氏体型转变

1）贝氏体的形成及分类

共析钢的贝氏体型等温转变发生在 550 ℃至 M_s 之间的中温区。由于转变温度较低，因此转变过程中铁原子不发生扩散，而只进行晶格改组。碳原子虽然发生扩散，但是扩散速度较慢。结果形成在含碳量过饱和的 α 相基体上弥散分布着细小的碳化物亚稳组织，即贝氏体，符号为 B。贝氏体主要有上贝氏体（$B_上$）和下贝氏体（$B_下$）。共析钢在 550～350 ℃温度范围形成上贝氏体 $B_上$，在 350 ℃～M_s 温度范围以内形成下贝氏体 $B_下$。

贝氏体的形成过程与珠光体不同，首先在过冷奥氏体的晶界或晶内缺陷较密集处，通过形核和长大的方式形成含碳量过饱和的铁素体（α 相），随着铁素体长大，碳原子在铁素体内通过扩散陆续形成细小的碳化物。若转变温度较高（对于共析钢和中、高碳钢，550～350 ℃；对于低碳钢转变温度还要高），碳原子的扩散能力相对较大，则碳原子从铁素体体内扩散到其体外形成碳化物，这种转变产物称为上贝氏体（$B_上$）；反之若转变温度较低（350 ℃～M_s），则碳化物在铁素体内析出，这种贝氏体称为下贝氏体（$B_下$）。

上贝氏体

下贝氏体

2）贝氏体的组织形态和力学性能

光学显微镜观察到上贝氏体（$B_上$）的组织呈羽毛状的铁素体条（α 相），如图 3.8(a)所示，在电子显微镜下可观察到其组织形态为较宽大的铁素体（α 相）板条，这些铁素体板条成束平行地由原奥氏体晶界伸向晶内，而铁素体板条间分布着粒状或短杆状的渗碳体。在光学显微镜下，下贝氏体（$B_下$）组织呈不规则排列的细黑针状，如图 3.8(b)所示；而在电子显微镜下，其组织为在含碳量过饱和的针状铁素体内的一定晶面上分布着大量细小的碳化物颗粒或薄片。

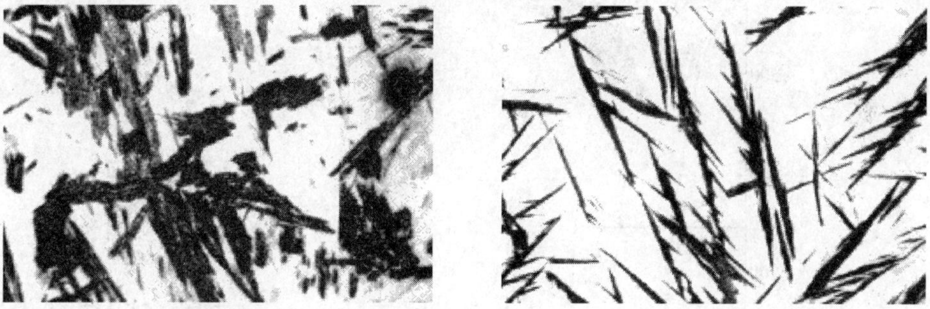

(a) 上贝氏体(500×)　　(b) 下贝氏体(200×)

图 3.8　贝氏体

上贝氏体的强度、硬度虽然较高，但由于渗碳体分布于大致平行的较宽铁素体（α 相）板条之间，容易引起脆断，因此基本上无实用价值。下贝氏体的片状铁素体（α 相）晶粒细小，碳的过饱和度大，位错密度大，并且其细小碳化物在铁素体（α 相）内呈均匀的弥散分布，因此其强度、硬度、塑性和韧性均高于上贝氏体，具有良好的综合力学性能。

下贝氏体是一种实用价值很高的组织，生产中某些强韧性要求较高而且形状复杂的零件，常用等温淬火的方法来获得下贝氏体组织。

3. 影响C曲线的因素

影响C曲线的主要因素是奥氏体的成分和加热时的组织状态。

① 含碳量　在正常热处理条件下,亚共析钢的等温转变曲线随含碳量的增加向右移动;过共析钢的等温转变曲线随含碳量的增加向左移动。故碳在共析钢中的等温转变曲线最靠右,过冷奥氏体最稳定。奥氏体中含碳量越高,则马氏体转变的 M_s 点越低,贝氏体转变的孕育期越长,贝氏体转变速度越慢。

② 合金元素　除了钴以外的大多数合金元素溶入奥氏体后,都会使C曲线右移,增加了奥氏体的稳定性,当加入的碳化物形成元素Cr、W、Mo、V、Ti等较多时,不仅会使C曲线右移,而且使C曲线的形状发生变化。合金元素对C曲线的影响较大。

③ 加热温度和保温时间　加热温度越高,保温时间越长,则奥氏体的成分越均匀,奥氏体的晶粒越粗大,其晶界面积越小。这些不利于奥氏体转变时的形核,故使孕育期变长,C曲线右移。

4. 过冷奥氏体的连续冷却转变

(1) 过冷奥氏体的连续冷却转变曲线(CCT曲线)

前面学习了等温冷却曲线,但在热处理生产中却更多采用连续冷却,所以钢的连续冷却转变曲线具有实际意义。连续冷却转变曲线是将钢加热到奥氏体状态后,在不同冷却速度下测出奥氏体转变开始点和终了点的温度、时间,并标在温度-时间坐标系中,分别连接开始点和终了点而得到的。图3.9就是共析钢冷奥氏体的连续冷却转变曲线。

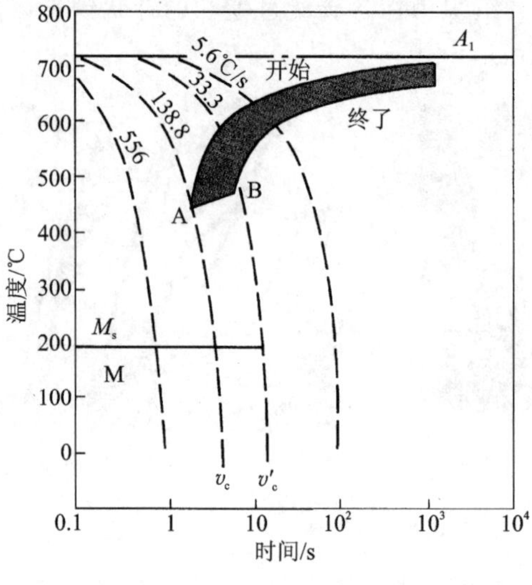

共析钢CCT曲线

图3.9　共析钢过冷奥氏体的连续冷却转变曲线

由图3.9可知,共析钢连续冷却区线上部是珠光体转变区,中间没有贝氏体转变区。奥氏体以大于 v_c 的速度冷却时,过冷奥氏体直接冷却到 M_s 线以下,奥氏体就转变为马氏体。奥氏体的冷却速度小于 v_c' 时,只发生珠光体转变。

图中 v_c 称为马氏体临界冷却速度。v_c 越大,获得马氏体需要的冷却速度越大;v_c 越小,则获得马氏体需要的冷却速度越小,即越容易得到马氏体。

（2）马氏体转变

1）马氏体的晶体结构

当冷却速度大于 v_c 时，过冷奥氏体很快过冷到 M_s 点温度以下，开始发生马氏体转变。由于马氏体转变的温度很低，铁、碳原子不发生扩散，只能发生 γ－Fe 向 α－Fe 晶格改变，而碳原子全部保留在 α－Fe 晶格中。因此，马氏体是一种碳在 α－Fe 中过饱和的固溶体组织，它的含碳量与原奥氏体的含碳量相同。由于过饱和的碳原子使马氏体的体心立方晶格发生畸变，因此形成体心正方晶格，如图 3.10 所示。

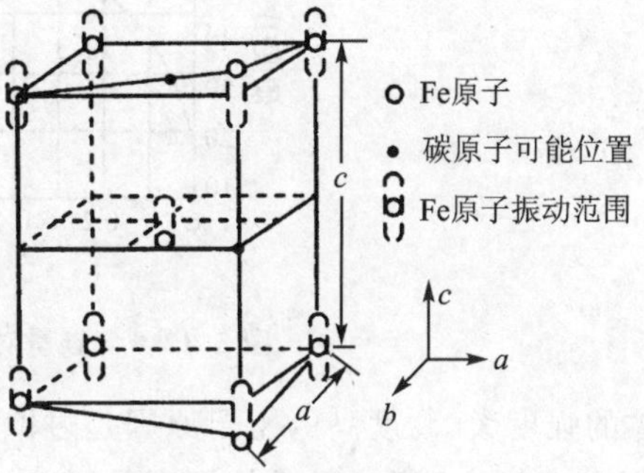

图 3.10　马氏体晶格结构

2）马氏体的组织形态及力学性能

马氏体的组织形态主要有板条马氏体和片状马氏体两种。影响马氏体组织形态的主要因素是原奥氏体的含碳量。

当奥氏体的含碳量小于 0.20％时，马氏体的形态基本上为板条马氏体，故板条马氏体又称为低碳马氏体。在光学显微镜下，可观察到许多平行排列的细长条，如图 3.11(a)所示。每一细长条实际上是由多个马氏体板条组成。板条马氏体内存在许多位错密度较高（约为 $10^{11}/cm^2$）的区域，因此板条马氏体也称为位错马氏体。当原奥氏体的含碳量大于 1％时，马氏体的形态为双凸透镜状（或针状），故片状马氏体又称为高碳马氏体。在光学显微镜下可以观察到许多长短不一、互成一定角度的马氏体片，如图 3.11(b)所示。片状马氏体的亚结构主要是孪晶，即马氏体片中存在大量细密而平行的孪晶带，因此片状马氏体也称为孪晶马氏体。当原奥氏体的含碳量在 0.2％～1.0％范围内时为板条马氏体和片状马氏体的混合组织。

片状马氏体的形成

马氏体具有很高的强度和硬度，其数值大小主要取决于马氏体中的含碳量，并且随着含碳量的增加而增加。但是在含碳量大于 0.6％以后，其数值的增大趋于平缓，如图 3.12 所示。

(a) 板条马氏体(500×)　　(b) 片状马氏体(200×)

图 3.11　马氏体的形态

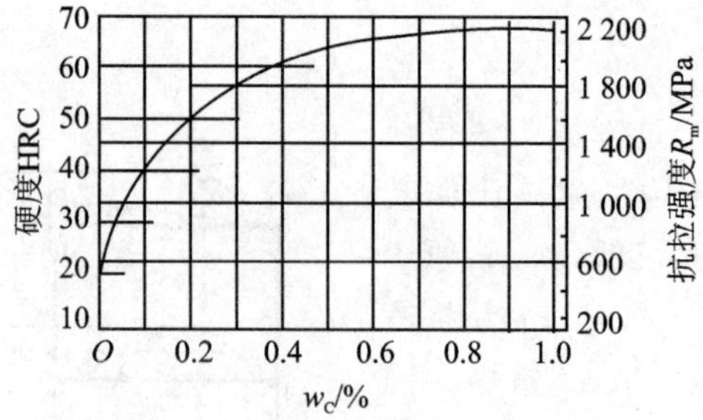

图 3.12 含碳量对马氏体强度与硬度的影响

马氏体的强度大、硬度高的主要原因是过饱和的碳原子使晶格产生正方转变，引起强烈的固溶强化效应。合金元素对马氏体硬度的影响很小。此外，片状马氏体组织中的大量孪晶、板条马氏体组织中的高密度位错均会阻碍位错运动，进一步强化了马氏体组织。由于片状马氏体的含碳量比板条马氏体高，碳的固溶强化作用强，加之存在使塑性变形极难进行的孪晶亚结构，因此片状马氏体的强度和硬度比板条马氏体大。

马氏体的塑性和韧性也与含碳量有关。高碳片状马氏体的塑性和韧性差，脆性大。其原因是马氏体过饱和程度大，内应力高，存在塑性变形极为困难的孪晶亚结构，以及较为粗大的马氏体片形成时相互间撞击而产生的显微裂纹等。低碳板条马氏体不仅有较高的强度，而且塑性和韧性也相当好。其原因是板条内不仅存在大量高密度位错区，还存在大量低密度位错区，为位错运动提供了活动的余地，此外其含碳量的过饱和度小，淬火内应力低，由于板条间相互平行一般不会形成显微裂纹。低碳马氏体的这种极好的综合力学性能，使它在生产上得到了广泛应用。

3）马氏体转变的特点

① 马氏体转变是非扩散型转变。马氏体的形成时间极短，形核后立即迅速长大(片状马氏体的长大速度可达 10^5 cm/s，板条马氏体长大速度约为 100 cm/s)。马氏体的成分与原奥氏体相同。

② 马氏体在 $M_s \sim M_f$ 内变温形成。当奥氏体过冷到 M_s 时，开始转变为马氏体，随着温度的连续下降，不断形成新的马氏体，但若停止冷却，则马氏体的数量不会随时间的延长而增加。当冷到 M_f 时，马氏体转变终止。M_s 和 M_f 与冷却速度无关，只取决于奥氏体的化学成分，如图 3.13 所示。

③ 马氏体转变的不彻底性。奥氏体向马氏体的转变时，即使冷至 M_f 温度以下，也总有一部分奥氏体未能转变而保留下来，这部分奥氏体称为残余奥氏体，用 A_r 表示。由于在通常条件下淬火只冷却到室温，当奥氏体的含碳量大于 0.5%时，M_f 已低于室温，并随着奥氏体含碳量的增加，M_s 和 M_f 温度降低，如图 3.13 所示。一般中、低碳钢淬火到室温有 1%～2%的 A_r，高碳钢淬火到室温有 10%～15%的 A_r。

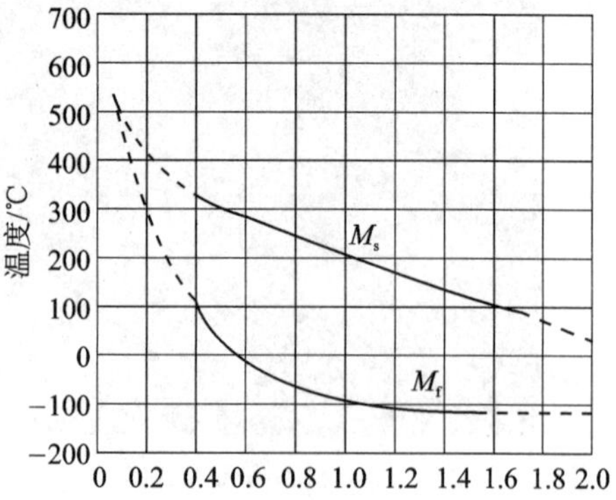

图 3.13 含碳量对碳钢 M_s 和 M_f 点的影响

④ 当淬火钢的残余奥氏体数量较多时，不仅会明显降低钢的强度、硬度和耐磨性，而且零件在后期使用过程中，残余奥氏体会向稳定的马氏体转变，使零件的尺寸和形状发生变化，从而降低了零件的精度。为了减少残余奥氏体的数量，将工件淬火至室温后，又立即放入室温以下的介质（如温度为－78 ℃的干冰酒精或－183 ℃的液态氮）中继续冷却，以增加马氏体的转变量，这种方法称为冷处理。在生产中，冷处理常用于一些高精度的零件，如精密量具，精密丝杠等。但是，通常认为，当淬火钢中的马氏体之间存在少量残余奥氏体时，可以增加钢的韧性，阻止微裂纹的扩展，此外还可减小零件淬火时的变形。

5. 用 C 曲线近似地分析连续转变的产物

由于连续冷却转变曲线的测定较为困难，故常用等温转变曲线近似地分析连续转变的产物。在用 C 曲线近似分析连续转变时，应该注意以下两个问题：①连续冷却过程中贝氏体转变的条件。共析钢和过共析钢的过冷奥氏体在连续冷却过程中不会发生贝氏体转变，而亚共析钢过冷奥氏体在连续冷却过程中有可能发生贝氏体转变。②冷却速度对奥氏体转变产物的影响。下面以共析钢为例，说明冷却速度对奥氏体转变产物的影响。

图 3.14 是共析钢的 C 曲线。我们应用共析钢等温转变曲线分析过冷奥氏体在连续冷却中的转变。图中的冷却速度 v_1 相当于炉冷，它与 C 曲线相交于 A_1～650 ℃温度范围内，故可以判断其转变产物为珠光体，其硬度测定为 170～220 HBW；冷却速度 v_2 相当于空冷，它与 C 曲线相交于 650～600 ℃温度范围内，故可以判断其转变产物为索氏体，其硬度测定为 25～35 HRC；v_3 相当于油冷，根据它与 C 曲线开始转变线相交的情况，可以判断有一部分过冷奥氏体转变为托氏体，但 v_3 没有与曲线转变的终了线相交，而是穿过贝氏体转变区（注意：共析钢的过冷奥氏体在连续冷却过程中不发生贝氏体转变），故另一部分过冷奥氏体来不及分解就被过冷到 M_s 温度以下，转变为马氏体和少量残余奥氏体，最终获得托氏体＋马氏体＋少量残余奥氏体的混合组织，其硬度测定为 45～55 HRC；v_4 冷却速度相当于水冷，冷速很快，不与 C 曲线相交，因此过冷奥氏体来不及分解，被过冷到 M_s 温度以下，其产物为马氏体和少量残余奥氏体，其硬度测定为 60～65 HRC。

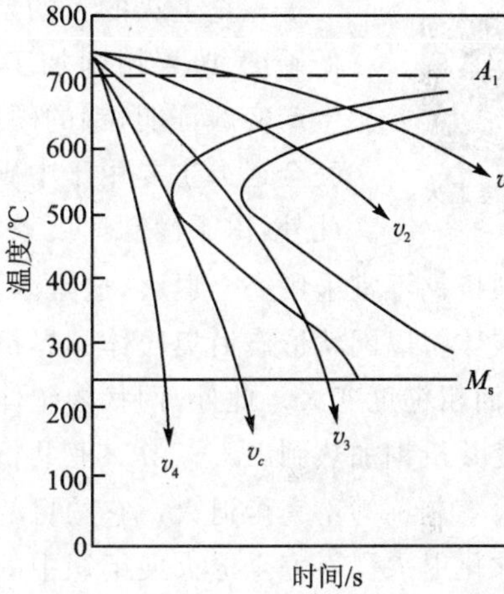

图 3.14　应用等温转变曲线分析

3.2　钢的整体热处理

在机械（航空）零件的加工过程中，经常需要安排各种热处理工序。按照热处理在机械加工过程中的作用，生产上常把热处理分为预先热处理和最终热处理。预先热处理是为随后的加工和最终热处理做准备；最终热处理是为了使零件获得所需要的使用性能。退火和正火通常用于钢的预先热处理，安排在机械加工之前，以消除和改善前一道工序（如铸、锻、焊等）所造成的某些组织缺陷（如晶粒粗大、粗细不均匀、枝晶偏析等），消除残余内应力，也为随后的加工及热处理做好组织和性能上的准备。对于一些性能要求不高的零件，退火和正火也可以作为最终热处理。例如,一些普通铸件及焊接件,往往仅进行退火处理,这种退火也属于最终热处理。

3.2.1 钢的退火与正火

1. 退　火

将钢加热到适当的温度后,保温一定的时间,然后缓慢冷却,以获得近似平衡组织的热处理工艺称为退火。根据钢的化学成分、目的和要求的不同,退火工艺可分为完全退火、等温退火、球化退火、扩散退火和去应力退火等。

(1) 完全退火和不完全退火

完全退火

完全退火是将钢加热到 Ac_3 以上 30～50 ℃,保温一定的时间,获得均匀的单相奥氏体组织,然后缓慢冷却(炉冷为 30～120 ℃/h),以获得接近平衡组织的热处理工艺。完全退火主要用于亚共析成分的碳钢和合金钢的铸件、锻件和热轧型材以及焊接结构件。

不完全退火

完全退火的目的是细化晶粒、均匀组织、消除内应力和热加工缺陷、降低硬度、改善切削加工性能和冷塑性变形性能,并为淬火做好组织准备。生产实践证明,钢的硬度在 160～230 HBW 范围时切削加工性最佳,因此,完全退火主要用于中碳及以上亚共析成分的碳钢和合金钢的预先热处理。此外,由于冷却速度较慢,完全退火还可以消除内应力。

过共析钢不宜采用完全退火,这是因为过共析钢加热到 Ac_{cm} 以上完全奥氏体化后缓冷,二次渗碳体将以网状形态沿奥氏体晶界析出,不仅使钢的韧性大大下降,而且切削加工性能变差,使表面粗糙度变大。此外,网状渗碳体有可能在以后的热处理中引起开裂。

将亚共析钢加热到 Ac_1～Ac_3(亚共析钢)或 Ac_1～Ac_{cm}(过共析钢)之间保温,随后缓慢冷却的退火工艺称为不完全退火。它的目的主要是使亚共析钢锻件软化并消除内应力,这种工艺也称软化退火。不完全退火使组织中的珠光体部分进行重结晶,基本不改变先析铁素体的分布与形态。退火后珠光体的片间距增大,硬度也因此下降,此外内应力也有所下降。

(2) 等温退火

等温退火指钢加热到高于 Ac_3 或 Ac_1 的温度,保持适当的时间后,以较快的速度冷却到珠光体转变温度区的适当温度并等温保持,使奥氏体转变为珠光体类组织后在空气中冷却的退火。

等温退火的优点是工艺时间短,表层与心部组织、性能均匀。等温退火主要用于等温转变曲线较靠右的合金钢较大件,但尺寸及装炉量不宜过大,否则心部难以达到等温退火的效果。用等温退火切断组织遗传效果优于完全退火。

(3) 球化退火

球化退火是使钢中的碳化物球状化的热处理工艺。主要用于共析钢和过共析钢。包括含碳量大于 0.60%的各种高碳工具钢、模具钢、轴承钢等。

球化退火的工艺有好几种,一次球化退火是将钢加热至 Ac_1 以上 20～30 ℃(使它不完全奥氏体化),保温一定时间后缓冷到 500 ℃出炉空冷。等温球化退火法同样加热到 Ac_1 以上 20～30 ℃后,快冷到稍低于 Ar_1 以下 20～30 ℃并在此温度下等温较长时间,最后随出炉空冷，工艺曲线如图 3.15(a)所示。等温球化退火操作简单，生产周期较短。循环球化退火是将钢在 Ac_1 以上 10～20 ℃和 Ar_1 以下 20～30 ℃循环加热、冷却并短时间保温的球化退火工艺。球化退火后的组织为铁素体基体＋球状碳化物，如图 3.15(b)所示。

球化退火

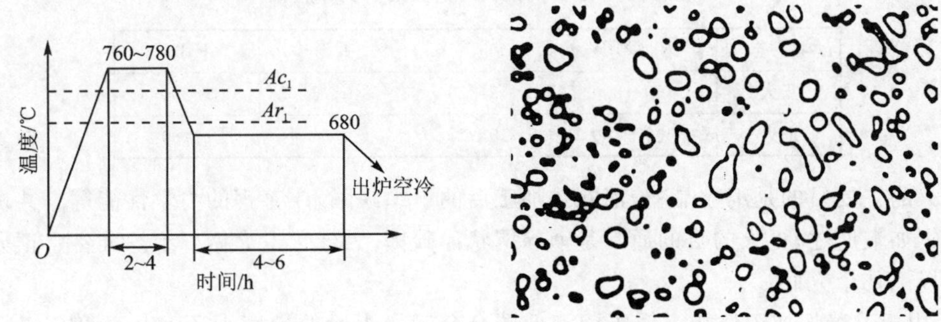

(a) 等温球化退火　　(b) T12钢球化退火组织(1 200×)

图 3.15　钢的球化退火及球化退火后的组织

球化退火的目的是使渗碳体(或其他碳化物)球化，从而降低硬度，提高塑性，改善切削加工性能，并为淬火做好组织准备。另外，有时球化退火也用于低、中碳钢，以改善钢的冷变形工艺性。

若钢的原始组织中存在较严重的网状二次渗碳体，则应在球化退火之前进行一次正火处理，消除网状渗碳体，以获得良好的球化效果。

(4) 扩散退火

扩散退火又称均匀化退火，主要用于合金钢铸锭和铸件，以消除铸造产生的枝晶偏析，使成分均匀化。扩散退火工艺是把钢加热到以 Ac_3 或 Ac_{cm} 以上 150～200 ℃，长时间(10～15 h)保温，使原子扩散，达到成分的均匀化，然后随炉缓慢冷却的热处理工艺。扩散退火的温度高、时间长，退火后钢的晶粒非常粗大(称过热)，还须进行一次完全退火或正火来消除过热缺陷。

(5) 去应力退火

为去除工件塑性变形加工、切削加工或焊接等造成的内应力及铸件内存在的残余应力而进行的退火称为去应力退火。由于只是去除内应力，故不必加热至相变温度，只须加热到 Ac_1 以下 100～200 ℃即可。一般，碳钢、低合金钢为 550～650 ℃，铸铁为500～600 ℃，热作模具钢、高合金钢为 650～750 ℃。加热速度应较慢，保温时间与加热温度有关，加热温度越高，保温时间越短，一般为 1～3 h。保温后缓冷至 500 ℃以下出炉空冷，大件、易畸变件应冷至 200～300 ℃出炉空冷，以避免产生新的内应力。

去应力退火

2. 正　火

正火是将钢加热到 Ac_3(亚共析钢)或 Ac_{cm}(共析钢和过共析钢)以上 30～50 ℃，保温一定时间后出炉，在空气中冷却的热处理工艺。

正火比退火的冷却速度快，过冷度大，不仅获得片层比较小的索氏体，而且发生伪共析转变，使组织中的索氏体的数量增多。含碳量在 0.6%～

正　火

1.4%的碳钢正火后的组织通常全部为索氏体,而不出现先析相。此外中、低碳钢正火后组织中的先析铁素体晶粒也比退火要细。由于这些组织上的差异,使得中、低碳钢正火后的强度、硬度、韧性均比退火后高,而且塑性也不降低。表3.1给出了45钢的正火与退火后的力学性能。

表3.1　45钢的正火与退火后的力学性能

状　态	R_m/MPa	A/%	K/J	HBW
正火	700～800	15～20	40～64	≈220
退火	650～700	15～20	32～48	≈180

正火的主要目的是细化晶粒,消除热加工后的组织缺陷,改善钢的力学性能等。共析钢和过共析钢如上所述,正火的目的通常是消除网状渗碳体,为球化退火做好组织准备。正火主要应用在以下几个方面:

① 用于改善切加工性能。低碳钢和低碳合金钢退火后的硬度小于150 HBW,切削加工时易黏刀,同时零件的表面质量也差。正火后,硬度调整在160～230 HBW范围内,从而改善了切削加工性能,中碳钢正火和退火后的硬度均在160～230 HBW范围内。虽然正火后的硬度比退火略高一些,但是考虑到退火比正火的生产周期长,成本高,因此一般含碳量小于0.5%的碳钢应选择正火。这里顺便指出,由于高碳钢和高碳合金钢正火后的硬度较高,所以根据切削加工件能的要求,它们一般以退火为主。

② 用于普通结构零件、大型结构零件和结构复杂零件的最终热处理。正火可以消除铸造或锻造过程中产生的过热缺陷,提高力学性能,因此可以满足普通结构零件的使用性能要求。通常含碳量为0.4%～0.7%的普通结构零件可在正火状态下使用,对于大型结构零件和结构复杂零件,往往用正火代替淬火加回火处理,作为这类零件的最终热处理,其主要目的是避免开裂。此外,若普通碳钢的大型结构零件的截面尺寸较大,则淬火加热后即使冷速较快,零件心部也往往得不到马氏体组织,淬火工艺所获得的组织和性能与正火差不多。这里顺便指出,若正火也引起结构复杂零件的开裂,则用退火代替正火。

③ 用于比较重要的低、中碳结构钢零件(或工件)的预先热处理。由于正火可以消除热加工所造成的组织缺陷,获得细小均匀的正常组织,因此正火可以减少零件在随后的热处理淬火时引起的变形和开裂现象,提高淬火质量。例如,当零件心部的性能要求不太高时,正火可以作为高频淬火前的预先热处理;淬火不合格的返修件,在重新淬火之前必须进行一次正火,以避免重新淬火时容易产生的开裂现象。由于正火比退火的生产周期短,热能消耗少,因此在条件许可的情况下尽可能采用正火。图3.16描述了各种退火和正火的加热温度与工艺曲线示意图。

3.2.2　钢的淬火与回火

将钢加热到临界温度以上的适当温度,经保温后,以大于该钢的淬火临界冷却速度进行快速冷却,以获得马氏体或贝氏体组织的热处理工艺,称为淬火。淬火是强化钢材的最重要的热处理方法,淬火通常获得马氏体组织。由于各种零件的工作条件不同,对性能的要求也有很大的差别,因此淬火之后必须有适当的回火。

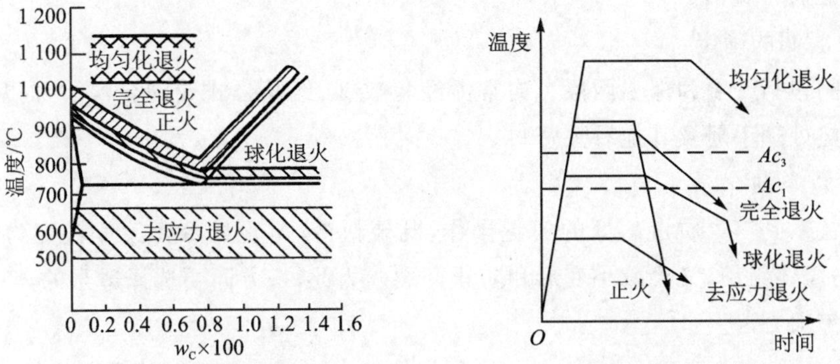

(a) 加热温度范围　　(b) 热处理工艺曲线

图 3.16　各种退火和正火加热温度与工艺示意图

1. 钢的淬火

(1) 淬火加热工艺参数

1) 淬火加热温度

碳钢的淬火加热温度可根据铁碳相图来选择，如图 3.17 所示。在一般情况下，亚共析碳钢的淬火温度为 Ac_3 以上 30～50 ℃；共析钢和过共析钢的淬火温度在 Ac_1 以上 30～50 ℃。

亚共析碳钢加热到 Ac_3 以上 30～50 ℃，是为了获得细小晶粒的奥氏体，经淬火后获得细小的马氏体组织。若加热温度过高，则引起奥氏体晶粒粗化，淬火后马氏体组织也粗大，使钢的性能严重脆化。若加热温度过低，如在 Ac_1 和 Ac_3 之间，则加热时组织为奥氏体＋铁素体。淬火后，奥氏体转变为马氏体，而铁素体保留下来了。淬火组织为 M＋F＋A_r，这样就造成了淬火硬度不足。

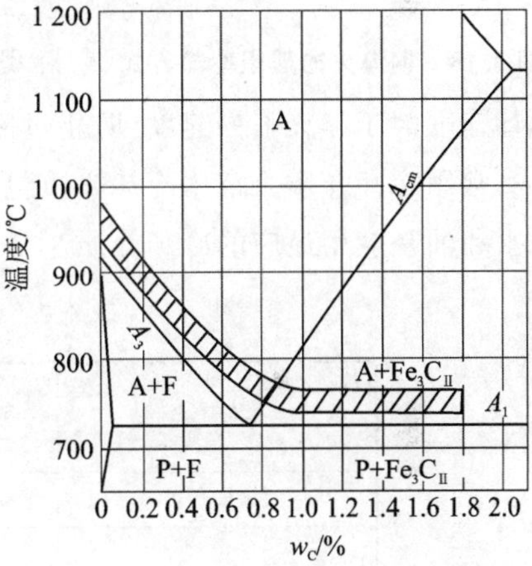

图 3.17　钢淬火加热温度的选择

共析钢和过共析钢在淬火加热之前，已经过球化退火。加热到 Ac_1 以上 30～50 ℃不完全奥氏体化后，其组织为奥氏体和部分未溶的细粒状渗碳体颗粒。淬火后，奥氏体转变为马氏体，未溶渗碳体颗粒被保留下来了。由于渗碳体硬度高，因此它不会降低淬火钢的硬度，而且还可以提高它的耐磨性。若加热温度过高，达到 Ac_{cm} 以上，则渗碳体溶入奥氏体中，奥氏体的含碳量增加。这使未溶渗碳体颗粒减少，并且使 M_s 点下降，淬火后残余奥氏体量增多，降低了钢的硬度与耐磨性。同时，加热温度过高，会引起奥氏体晶粒粗大，使淬火后的组织为粗大的片状马氏体，使淬火内应力增加，粗大的片状马氏体显微裂纹增多，钢的脆性大为增加，极易引起工件的淬火变形和开裂。因此，这种加热温度是不适宜的。过共析钢的正常淬火组织为隐晶(即细小片状)M 基体上均匀分布着细小颗粒状渗碳体以及少量残余奥氏体。这种组织具有较高的强度和耐磨性，同时又具有一定的韧性，符合高碳工具钢零件的使用要求。

合金钢的淬火加热温度也可以根据其相变点来确定。但是由于合金元素的作用，其淬火加热温度一般高于碳钢。

2) 加热时间的确定

加热时间包括升温和保温两段。通常由经验数据、经验公式或配合实验加以确定。具体时间可参考热处理手册及其他有关资料。

(2) 淬火冷却介质

冷却是关系到淬火质量高低的关键操作,既要快冷,防止过冷奥氏体转变为非马氏体组织,以获得马氏体组织,又要减小变形和防止开裂。为此,一方面要选择适当的淬火介质,另一方面要改进淬火方法。

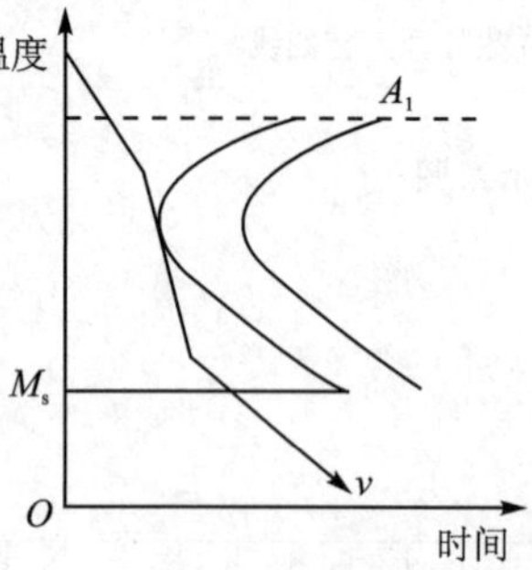

图3.18 钢淬火的理想冷却方式

①理想的淬火冷却方式。以共析钢为例,根据其C曲线,理想的淬火冷却方式(如图3.18所示)是:在C曲线鼻尖上部(特别是650 ℃以上)和400 ℃以下的过冷奥氏体比较稳定,为了减小淬火冷却过程中工件截面上内外温差引起的热应力,以防止变形和开裂,这两个温度范围内的冷却速度该缓慢,特别是在 M_s 温度以下冷却速度更应该缓慢(发生马氏体转变,体积膨胀,易产生组织应力);在过冷奥氏体最不稳定的C曲线鼻尖附近区域必须快速冷却,使冷却速度大于淬火临界速度,防止过冷奥氏体中途分解成部分非马氏体组织。

②常用冷却介质。常用冷却介质包括油、水、盐水和碱水等。它们的冷却能力依次增加。其中水和油是应用最广的冷却介质。常用冷却介质的冷却能力如表3.2所列。

表3.2 常用冷却介质的冷却能力

冷却介质名称	冷却速度/(℃/s)	
	在650～550 ℃区间	在300～200 ℃区间
水(18 ℃)	600	270
水(50 ℃)	100	270
水(74 ℃)	30	200
10%NaOH(18 ℃)	1 200	300
10%NaCl(18 ℃)	1 100	300
矿物油(50 ℃)	100	20

水在650～500 ℃冷却速度小,而在300～200 ℃冷却速度大,因此水的冷却能力不理想;碱水在650～500 ℃温度范围内的冷却速度大,但在300～200 ℃温度范围内的冷却速度也大,易使淬火零件变形与开裂。水常用于尺寸不大、外形简单的碳钢零件的淬火。在水中加入一定量的盐、碱的水溶液,虽然可以成倍加快在650～550 ℃温度范围内的冷却速度,但在300～200 ℃温度范围内的冷却速度也增大,使淬火工件变形与开裂的倾向增大,故常用于尺寸较大、外形简单、硬度要求较高、对淬火变形要求不高的碳钢零件。

生产中用作淬火的油主要是各种矿物油。一般来讲,各种矿物油在300～200 ℃温度范围内冷却速度远小于水,有利于减小零件的变形开裂,但是在650～550 ℃温度范围内冷却速度比水小得多，这不利于钢的淬火。因此，油一般作为形状复杂的中小型合金钢零件的淬火介质。为了改善油的冷却能力，可采用加强搅拌及加入添加剂等方法。

除了水和矿物油外，还有碱浴、硝盐浴等作为淬火冷却介质，它们的冷却能力介于油和水之间，对工件的冷却比较均匀，故可减小变形和开裂的倾向。这些介质主要用于分级淬火和等温淬火，常用于形状复杂、尺寸较小和变形要求小的零件。

(3) 淬火方法

虽然淬火介质不能符合理想的冷却方式，但是人们可在淬火方法上想办法，生产中常用的淬火方法有以下 4 种：

① 单液淬火法　这是将加热奥氏体化后的零件放入一种淬火介质中连续冷却到室温的一种淬火方法，如图 3.19(a)所示。例如，碳钢在水中的淬火，合金钢在油中淬火。这种淬火方法的优点是操作简单、容易实现机械化和自动化，缺点是水淬火应力大，易产生变形与开裂，而油淬不易淬硬，常产生软点。因此，这种淬火方法适合形状简单的零件。

② 双液淬火法　将加热好的零件先浸入一种冷却能力强的介质，冷却到鼻尖以下，取出后立即放入另一种冷却能力较弱的介质中，使马氏体转变在较缓慢的冷却速度下进行，以降低组织应力，从而减小淬火变形与开裂的倾向，这种淬火方法称为双液淬火法，如图 3.19(b)所示。双液淬火既能保证获得马氏体，又减小了淬火应力。通常碳钢可以采用先水冷后油冷，合金钢采用先油冷后空冷。双液淬火法的关键是准确地控制零件由一种介质转入另一介质时的温度，这要求有较高的操作技术。

③ 马氏体分级淬火　把加热好的零件先放入温度为 M_s 附近的盐浴或碱浴中冷却，保持一段时间，使零件内外温度达到均匀后，立即取出，并放入空气中或油中继续冷却，使马氏体转变在较缓慢的冷却速度下进行，如图 3.19(c)所示。为了使工件能淬硬，变形又小，分级淬火温度应略低于 M_s 点。这种淬火方法能降低热应力和组织应力，从而有效地减小淬火变形和开裂的倾向。由于盐浴或碱浴的冷却能力有限，故只适于处理截面尺寸较小、形状较复杂的零件。

④ 贝氏体等温淬火　将加热好的零件投入温度稍高 M_s 点的盐浴或碱浴中，保温足够的时间，过冷奥氏体转变为下贝氏体，转变完成后取出空冷，如图 3.19(d)所示。等温淬火法所获得的组织为下贝氏体，不仅淬火应力小，有效地减小了变形和避免了开裂，而且具有相当高的强度、硬度和良好的塑性、韧性相配合的综合力学性能。由于盐浴或碱浴的冷却能力较小，等温淬火一般适用于形状复杂、尺寸较小、精度要求较高而又具有较高硬度和韧性的零件。

(4) 冷处理

冷处理是将钢件淬火冷却到室温后，继续在一般制冷设备或低温介质中冷却至 M_f 以下温度(一般为－60～－80 ℃)的工艺。如在液氮或液氮蒸气中冷却，则称为深冷处理。主要目的是减少残留奥氏体，提高工件硬度、耐磨性等性能，并使组织和尺寸变得更加稳定。冷处理多用于精密工、模、量具或精密零件(如精密轴承、油嘴油泵偶件、精密丝杠等)及某些残留奥氏体较多的渗碳或碳氮共渗件。

(5) 钢的淬透性与淬硬性

淬透性和淬硬性是钢的主要热处理工艺性能，对合理选用材料及正确制定热处理工艺，具有十分重要的意义。

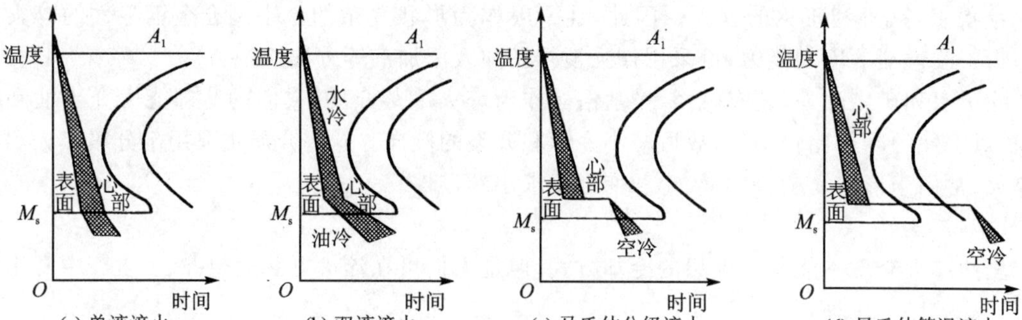

(a) 单液淬火　(b) 双液淬火　(c) 马氏体分级淬火　(d) 贝氏体等温淬火

图 3.19　常用的淬火方法示意图

1）淬透性和淬硬性

淬透性是指钢在淬火时获得淬透深度(也称淬硬深度)的能力,它是钢本身固有的属性。淬透性大小通常以规定条件下淬火获得的淬透深度来表示。规定条件下淬火后钢的淬透层越深,表明其淬透性越好。对于结构钢,一般规定由钢件表面到半马氏体区(即50%马氏体组织)的垂直距离作为淬透层深度。

淬硬性是指钢淬火后获得最高硬度的能力,它主要取决于马氏体的含碳量。淬透性好的钢,它的淬硬性不一定高。

2）影响淬透性的因素

钢的淬透性是由其临界冷却速度来决定。临界冷却速度愈小,奥氏体愈稳定,则钢的淬透性愈好。因此,凡是影响奥氏体稳定性的因素,均影响钢的淬透性。

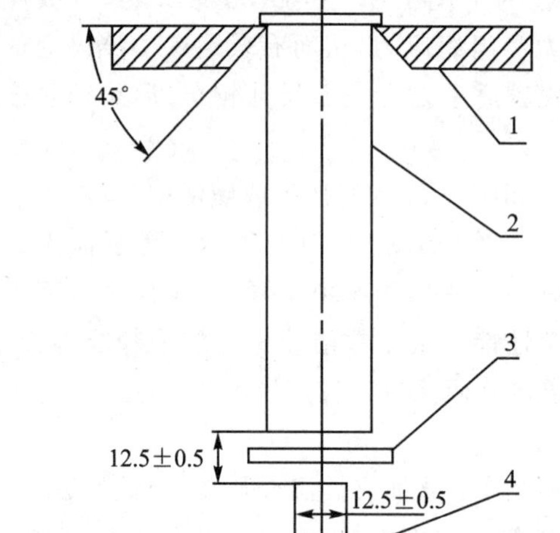

1—试验定位对中装置；2—试样位置；3—圆盘；4—喷水管口；5—快速开关阀门；6—供水管

图 3.20　钢的末端淬透性试验

① 化学成分的影响:除Co外,大多数合金元素溶入奥氏体后,降低临界冷却速度,使C曲线右移,提高钢的淬透性。

② 奥氏体化条件的影响:同样加热条件下,奥氏体晶粒越粗,成分越均匀,则过冷奥氏体越稳定,淬透性越好。

3）淬透性的测定

① 淬透性的末端试验方法(Jominy 试验)。GB/T 225—2006 规定,淬火装置是一组能喷射水流至试样淬火端面的装置。这可以通过诸如一个快速开关阀门和一个调节水流速度的装置,或一个可以使水流被迅速释放或切断的圆盘来实现,如图3.20所示。在整个加热和淬火工程中应防止风吹到试样上。

GB/T 225—2006

将一圆柱形试样加热至奥氏体区内某一规定温度,并按规定保温一定时间,在规定的条件下对其端面喷水淬火,在试样纵向磨制平面上规定位置测量硬度，根据钢的硬度变化值确定其淬透性。在距离 d 处的 Jominy 淬透性指数，以洛氏硬度 HRC－mm 或 HV30－mm 表示。如 J35－15 表示距淬火端 15 mm 处硬度值为 35 HRC；JHV450－10 表示距淬火端 10 mm 处硬度值为 450 HV30。

② 临界直径。钢在某种介质中淬火，心部完全淬透的最大直径就是该钢的临界直径，用 D_c 表示。很显然，在同一介质中，钢的临界直径越大，则钢的淬透性越好。表 3.3 列举了一些钢的临界直径。

表 3.3　常用钢的淬透性

钢　号	半马氏体硬度 HRC	水冷 D_c/mm	矿物油冷 D_c/mm
40	40	10～15	5～9.5
45	42	13～16.5	6～9.5
T10	55	10～15	＜8
20Cr	38	12～19	6～12
40Cr	44	30～38	19～28
35CrMo	43	36～42	20～28
38CrMoAlA	43	100	80

(6) 淬火缺陷

① 氧化与脱碳　钢加热时，炉内氧化气氛与钢材料表面的铁或碳相互作用，引起氧化和脱碳。氧化不仅造成金属的损耗，还影响工件的承载能力和表面质量等。脱碳会降低工件表层的强度、硬度和疲劳强度。对于弹簧、轴承和各种工具、模具等，脱碳是严重的缺陷。为了防止氧化和脱碳，对重要受力零件和精密零件通常应在盐浴炉内加热。要求更高时，可在工件表面涂覆保护剂或在保护气氛及真空中加热。

② 过热和过烧　钢在淬火加热时，由于加热温度过高或高温下停留时间过长而发生奥氏体晶粒显著粗化的现象，称为过热。加热温度达到固相线附近，使晶界氧化并部分熔化的现象称为过烧。工件加热后，晶粒粗大，不仅降低钢的力学性能（尤其是韧性），也容易引起变形和开裂。过热可以用正火处理予以纠正，而过烧后的工件只能报废。为了防止工件的过热和过烧，必须严格控制加热温度和保温时间。

③ 变形与开裂　淬火内应力是造成工件变形和开裂的原因。对变形量小的工件采取某些措施予以校正，而变形量太大或开裂的工件只能报废。为了防止变形和开裂的产生，可采用不同的淬火方法（如分级淬火或等温淬火等）或在设计上采取一些措施（如结构对称、截面均匀、避免尖角等）。

④ 硬度不足　这是由于加热温度过低、保温时间不足、冷却速度过低或表面脱碳等原因造成的。一般情况下，可采用重新淬火消除，但淬火前要进行一次退火或正火处理。

2. 钢的回火

将淬火钢重新加热到 Ac_1 以下某一温度，保温后冷却到室温的热处理工艺称为回火。回火是淬火钢必须进行的一道工序，其目的是：

① 降低或消除淬火的应力和脆性，防止工件进一步变形或开裂。

② 稳定组织，以稳定工件的尺寸和形状。通过回火使淬火组织变为较稳定的组织，从而保证工件在使用过程中不发生尺寸和形状的变化。

③ 获得工件所需的组织和性能。通常淬火组织具有高的强度和硬度,但塑性和韧性较低,为了满足各种工件不同的性能要求,必须配以适当的回火来改变淬火组织,调整和改善淬火钢的性能。因此,淬火钢一般不宜直接使用,必须配以回火。回火决定了钢的最终组织和性能。

(1) 淬火钢回火时的转变

回火的实质是随着温度的升高,组织中不稳定的马氏体和残余奥氏体向稳定的铁素体和碳化物转变。研究表明,淬火钢回火时的组织转变大致可分为以下4个阶段。

1) 马氏体的分解(100～250 ℃)

在100～250 ℃回火时,淬火钢中的马氏体内将弥散析出与马氏体基体保持共格关系的极薄的亚稳定碳化物,由于碳化物析出,使得马氏体中碳的过饱和度减小,正方度(c/a)随之下降,淬火内应力和脆性降低。但这时的马氏体仍为过饱和的固溶体,加上碳化物极为细小,且与母相保持共格关系,因此力学性能变化不大,硬度略有下降。这种过饱和固溶体及与其共格的碳化物所构成的组织称为回火马氏体($M_{回}$)。回火马氏体仍保留原马氏体的片状或条状,易被腐蚀,在显微镜下显黑色针状或条状。回火马氏体基本保留了淬火马氏体的力学性能,其中高碳回火马氏体的强度、硬度高,塑性、韧性差,而低碳回火马氏体的强度、硬度较高,塑性、韧性较好。

2) 残余奥氏体转变(200～300 ℃)

回火温度在200～300 ℃之间时,马氏体继续析出碳化物,使得其比容减小,降低了对残余奥氏体的压力,因而在此温度区间内残余奥氏体转化为下贝氏体。由于碳化物的析出,使正方度进一步下降,淬火应力随之进一步降低。同时由于下贝氏体的形成,钢的强度、硬度下降不大。这个阶段的组织主要仍是回火马氏体。

3) 碳化物的转变(250～400 ℃)

当回火温度上升到250～400 ℃之间时,因碳原子的扩散能力增加,过饱和的固溶体很快析出渗碳体,变为含碳量趋于平衡的铁素体,同时亚稳定的碳化物也逐渐转变为稳定的渗碳体,并与马氏体基体相失去了共格联系。这一方面使得钢的强度、硬度明显下降,另一方面使得晶格畸变大大减少,正方度接近于1,淬火内应力基本消除。这时的固溶体仍保留了马氏体的亚结构,即位错或孪晶,这时的固溶体称为未再结晶的铁素体。此时的钢组织由未再结晶的铁素体与大量弥散分布的很细的粒状渗碳体所构成,称为回火托氏体($T_{回}$)。其金相形态仍保留马氏体的针状或板条状,但在光学显微镜下不能分辨其粒状渗碳体。根据上述的组织分析及实验验证,回火托氏体具有高的屈强比、弹性极限和较高的韧性。

4) 渗碳体的长大和铁素体的再结晶(400 ℃～Ac_1)

当回火温度上升到400 ℃以上时,渗碳体明显地聚集长大,其弥散度降低,因此钢的强度、硬度下降;随着温度的升高,铁素体逐渐发生再结晶,最后形成等轴铁素体。此时,刚的组织为多边形的铁素体与在光学显微镜下可分辨的细粒状渗碳体的混合物,称为回火索氏体($S_{回}$)。回火索氏体具有强度、硬度和塑性、韧性均较高的综合力学性能。温度过高接近(Ac_1),渗碳体会继续聚集长大,组织就会成为球化体。

(2) 回火时的力学性能变化

总的趋势是,随着回火温度的升高,强度和硬度下降,塑性和韧性上升。如图3.21所示,40钢回火温度与其力学性能。

值得注意的是:在某些温度范围内回火时,钢的韧性不仅没有提高,反而显著下降,这种脆化现象称为回火脆性。钢在 250～350 ℃范围回火会出现回火脆性，这个阶段产生的回火脆性称第一类回火脆性，这类回火脆性是不可逆的，因此，钢通常不在这个温度范围内回火；在 400～550 ℃范围回火时，或经更高温度回火后缓冷通过该温度区所产生的脆性称为第二类回火脆性，这类回火脆性是可逆的，可加热到高于脆化温度(400～550 ℃)再次回火并快速冷却予以消除。

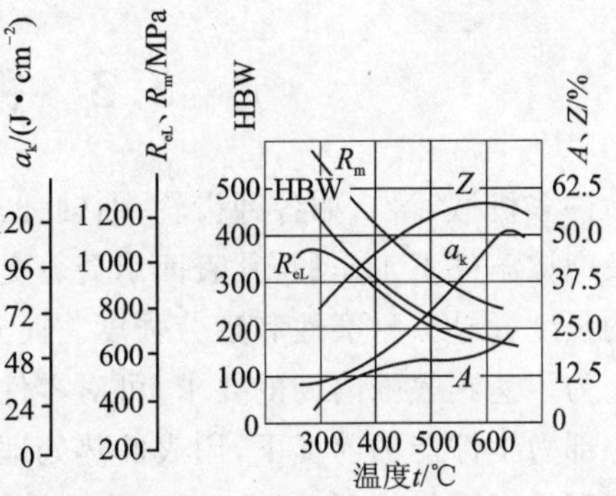

图 3.21　40 钢的力学性能与回火温度的关系

(3) 回火的种类及应用

根据各类工件的性能要求不同，生产上按回火温度范围将淬火钢的回火分为以下几种：

① 低温回火(＜250 ℃)　回火温度一般在 150～250 ℃，低温回火后的组织为回火马氏体，其主要目的是在保持淬火钢的高硬度和高耐磨性前提下，降低其淬火内应力和脆性。主要用于处理各种高碳钢的各种工模具、机械零件等，如切削刃具、量具、冷冲模、滚动轴承以及渗碳、碳氮共渗和表面淬火的零件。回火后的硬度的一般范围为 58～62 HRC。制造刀具和量具用的碳素工具钢淬火后，回火温度常低于 200 ℃，硬度仍为 58～62 HRC。

② 中温回火(350～500 ℃)　中温回火的组织为回火托氏体。其目的是获得高的屈强比、弹性极限和较高的韧性，主要用于弹簧和热作模具的热处理。中温回火后的硬度一般范围为 35～50 HRC。为了避免发生回火脆性，一般中温回火温度不宜低于 350 ℃。某些结构零件淬火后采用中温回火代替传统的调质工艺，能提高这些零件的强度和冲击疲劳强度，因此中温回火的应用范围有所扩大。

③ 高温回火(500～650 ℃)　淬火钢高温回火后所得的组织为回火索氏体。通常把淬火与高温回火相结合的热处理称为调质，其目的是获得一定的强度、硬度及良好的塑性、韧性相配合的综合力学性能。因此，调质处理广泛地应用于各种重要的结构零件，特别是在交变载荷下工作的连接件和传动件，如连杆、螺栓、齿轮及轴等。回火后的硬度一般为 200～330 HBW。此外，调质还可以作为某些精密零件，如丝杠、量具、模具等的预先热处理，这是由于均匀细小的回火索氏体组织能有效地减小淬火变形和开裂倾向。与正火组织相比，调质组织具有更高的综合力学性能。例如，在硬度相同的条件下调质与正火相比，同一种钢的强度、塑性和韧性件明显地提高，因此，承受动载荷的重要零件一般应采用调质处理。

(4) 回火后的稳定化处理

稳定化处理是指为使工件在长期服役的条件下，形状和尺寸的变化能够保持在规定范围内的热处理。

淬火件低温回火后，残留奥氏体(甚至还有部分马氏体)并未充分分解，内应力也未完全消除，处于这种不稳定状态的工件，在服役过程中仍将继续发生缓慢变化，导致工件尺寸变化、精度下降。因此，对于量具、精密主轴及丝杠、油嘴液压泵偶件等精密件，低温回火后还要进行稳定化处理(曾称时效)，以稳定组织(A_r、$M_{回}$)和进一步降低应力，使工件的尺寸精度得到保证。

低温回火后的稳定化处理温度一般比回火温度低 20～50 ℃，常采用(100～160 ℃)，保温时间一般为十几甚至几十个小时。有的工件回火后需进行几次磨削加工，有时需增加相应的稳定化处理。

3.3 钢的表面热处理

许多机械零件,如各种齿轮、曲轴、凸轮、机床导轨等,是在弯曲、扭转等交变载荷、冲击载荷及摩擦条件下工作的,其表面承受着更高的应力,同时又不断地被磨损,因此要求表面具有高的强度、硬度、耐磨性和疲劳强度。而心部为了能承受冲击载荷,要求保持足够的塑性和韧性。为了达到表强内韧的要求,可对零件进行表面热处理,即先选用一定成分的钢,在保证满足心部力学性能的前提下,用表面热处理的方法来强化零件的表面层。

钢的表面热处理的方法可分为表面淬火和化学热处理两大类。

钢的表面淬火是一种不改变钢的表面化学成分,只改变表层组织的局部热处理。它是通过对零件表面的快速加热,使其很快达到淬火温度,在热量尚未充分传至心部时立即进行淬火。这时零件表面获得了硬而耐磨的马氏体组织,而心部仍为原来塑性韧性较好的退火、正火、调质等状态的组织。表面淬火用钢一般为含碳量0.4%~0.5%的中碳钢或中碳合金钢,如45、40Cr、40MnB等。这是因为含碳量过高,会增加淬硬层的脆性和开裂倾向,降低心部的塑性和韧性;而含碳量过低,淬火后表面硬度及耐磨性难以满足使用要求。

按加热方法的不同,表面淬火可分为感应加热表面淬火、火焰加热表面淬火、电接触加热表面淬火、激光加热表面淬火等。

下面主要介绍生产中应用较广泛的感应加热表面淬火和火焰加热表面淬火。

3.3.1 感应加热表面淬火

感应加热表面淬火

图3.22为感应加热淬火示意图。将零件放置在感应圈内,当一定频率的交流电流通过感应圈时,由于电磁感应,会在零件中产生相同频率的感应电流,这种感应电流在零件截面上的分布是不均匀的,它主要集中在表面层,越靠近表面,电流密度越大,而且感应电流的频率越高,电流密度大的表层越薄,这种现象称为集肤效应。由于零件本身具有电阻,因此集中于零件表层的电流,可使零件表层迅速被加热到淬火温度,而心部的温度变化不大,所以在零件被喷水快冷后,就达到了表层淬火的目的。电流透入零件表层的深度主要决定于电流频率和加热时间,电流频率越高,则电流透入的深度越浅,即淬硬层的深度浅。

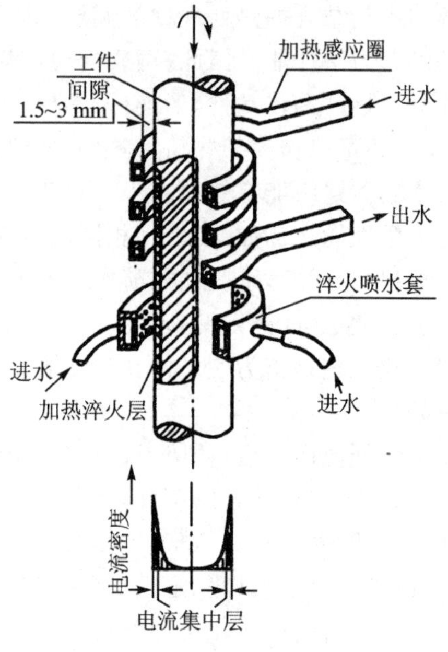

图3.22 感应加热淬火示意图

1. 感应加热表面淬火类型

根据选用电流频率的不同,感应加热表面淬火常有以下几种:

① 高频感应加热表面淬火　常用频率为200~300 kHz,淬硬层深度一般为1~2 mm,主

要用于中小模数齿轮、小型轴等的表面淬火。

② 中频感应加热表面淬火　常用频率为 2 500～8 000 Hz，淬硬层深度一般为 2～10 mm，主要用于要求淬硬层较深的零件，如较大直径的轴类和较大模数的齿轮的表面淬火。

③ 工频感应加热表面淬火　所用频率 50 Hz，为工业用电频率，其淬硬层深度一般为 10～20 mm，主要用于要求淬硬层深的大直径零件，如轧辊的表面淬火等。

2. 感应加热表面淬火的特点

由于感应加热表面淬火加热速度快，时间短，因此与普通淬火相比有以下特点：

① 硬度较高而脆性较低　虽然感应加热温度要比普通淬火温度高几十度，但它的加热速度快，时间短，使奥氏体晶粒来不及长大，获得细小均匀的奥氏体晶粒，因而淬火后可得到很细的隐晶马氏体组织，硬度较普通淬火组织高 2～3 HRC，脆性也较低，并且淬火变形小。

② 提高疲劳强度　这是由于表面淬火使零件表层产生残余压应力，从而提高了疲劳强度。

③ 耐磨性好　感应加热时间短，零件表面氧化脱碳少，碳化物的弥散度高，因而感应淬火后零件表面的耐磨性比普通淬火高。

④ 生产效率高　适合于大批量生产，淬硬层深度可精确控制而容易实现自动化。

由于上述特点，感应加热表面淬火获得了较广泛的应用。但是由于感应淬火加热设备费用高，而且属于单件生产，形状复杂零件的感应圈又不易制造，因此限制了它的使用范围。

3.3.2　火焰加热表面淬火

如图 3.23 所示，将乙炔-氧或煤气-氧的混合气体燃烧的火焰喷射到工件表面，使表面快速加热至奥氏体区，立即喷水冷却使表面淬硬的工艺，称为火焰加热表面淬火。淬硬层深度一般为 2～6 mm。此法简便，无须特殊设备，适用于单件或小批量生产的各种零件。缺点是要求熟练工操作，质量不稳定。

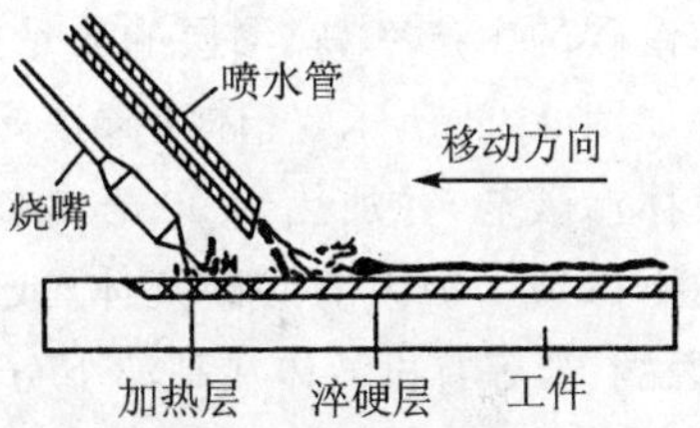

图 3.23　火焰加热表面淬火

3.4　钢的化学热处理

化学热处理是将零件放置在某种化学介质中保温，使介质中某些原子渗入零件表层，从而改变表层的化学成分、组织和性能的热处理工艺。化学热处理不仅能使工件表面获得更高的硬度、耐磨性、疲劳强度等力学性能，而且还可以按零件心部要求选择材料，以保证零件心部具有更高的塑性、韧性和强度；此外化学热处理还可以使零件表层获得耐腐蚀、耐高温等特殊性能。因此，与表面淬火相比，化学热处理更有利于提高零件的使用性能。

化学热处理的种类很多，如渗碳、渗氮、碳氮共渗，渗非金属（B、S 等）、渗金属（Cr、Al、Ti 等）以及多元共渗等，可根据需要加以选择。任何一种化学热处理的过程都是由分解、吸收和扩散三个基本过程组成：

① 分解　在一定温度下，化学介质的化合物分解出能够渗入零件表面的活性原子。所谓活性原子是指那些通过化学反应刚析出的化学性能活泼的原子。

② 吸收　活性原子在零件表面被吸收并溶解形成固溶体,当超过溶解度时形成化合物,是活性原子由表面进入铁的晶格的过程。

③ 扩散　溶入的原子向零件内部迁移的过程。表层原子的浓度高而内部浓度低,引起渗入原子由表层向内部的定向扩散,从而获得一定厚度的扩散层(即渗层)。

目前,生产上应用较多的化学热处理是钢的渗碳、氮化和碳氮共渗,下面分别作以简要介绍。

3.4.1　钢的渗碳

渗碳是钢在高温奥氏体状态下(一般为930 ℃),向钢件表面渗入碳原子的过程。

1. 渗碳的目的

许多零件(如齿轮、轴、活塞销、摩擦片等)由于在强烈磨损条件下工作,并承受剧烈的冲击载荷和较大的交变载荷,因此要求零件表面具有高的硬度、耐磨性和耐疲劳性,而心部具有较高的塑性、韧性和足够的强度。为此可用低碳钢或低碳合金钢制作零件,并进行渗碳,使零件表面形成一定深度的高碳层,然后经过淬火和低温回火。这样就将低碳钢和高碳钢这两种不同的性能集中在一个零件中,从而满足了零件的使用性能要求。一般心部强度要求较低的渗碳件可采用低碳钢,如20钢等;而心部强度要求较高的渗碳件可采用低碳合金钢,如20Cr、20CrMnTi、18Cr2Ni4WA等。

2. 渗碳方法

根据所采用的介质(渗碳剂)不同,渗碳可分为固体渗碳、液体渗碳和气体渗碳三种。其中气体渗碳的生产率高、渗层的质量好,又易于实现机械化和自动化,因此应用最广。

如图3.24所示,气体渗碳法是将零件置于密封的渗碳炉内,向炉内通入气体渗碳剂,并加热到900～950 ℃(常用930 ℃),使零件在高温奥氏体状态下渗碳。炉内的渗碳气体(或称渗碳气氛)通常由滴入炉内的煤油、甲醇、丙酮、苯等有机液体在高温下分解而成。气氛的主要组成物为CO、CO_2、CH_4、H_2和H_2O,其中CO和CH_4起渗碳作用,其余的起脱碳作用。只要控制气氛中微量的CO_2、H_2O、CH_4或O_2中的任何一个的含量,就可达到控制渗碳炉中碳势的目的。

气体渗碳法

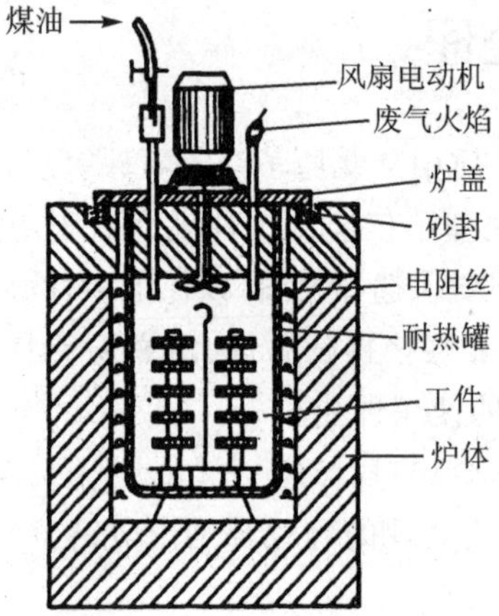

图3.24　气体渗碳示意图

由于在高温奥氏体状态下钢对碳原子有很大的溶解能力,因此零件表层形成高碳层,并向内部扩散,形成一定深度的碳的扩散层,气体渗碳的温度一般采用930 ℃,渗碳时间主要决定于所要求的渗碳层的深度。渗碳层深度一般为0.5～2.5 mm,表面含碳量一般为0.85%～1.05%。

工件渗碳后,缓冷的组织见图3.25,表层金相组织为珠光体＋网状二次渗碳体。这种组织不仅脆性大,而且硬度和耐磨性也达不到要求。心部组织与钢的淬透性、冷却方式及工件尺寸等有关。

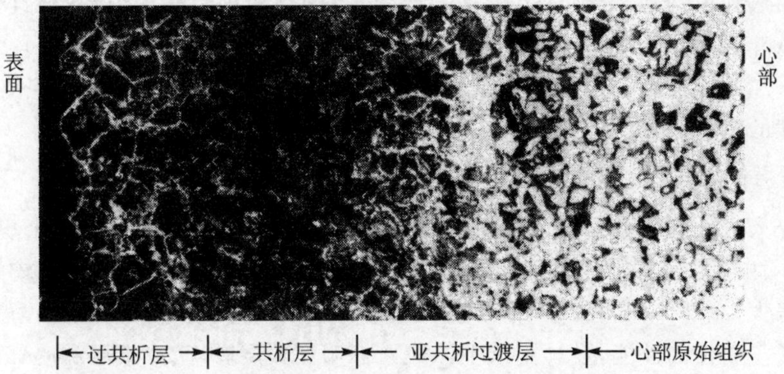

图 3.25　20 钢渗碳缓慢冷的组织

3. 渗碳后的热处理

渗碳只能改变工件表面含碳量，其表面及心部的最终强化必须经过适当的热处理才能实现。渗碳件在渗碳后必须进行恰当的淬火和低温回火，中、高合金钢渗碳淬火后，可能还要进行冷处理。由于渗碳温度高、时间长，可能会引起钢的晶粒粗大，随后的热处理应考虑弥补这一缺点。根据工件材料和韧性要求不同，采用不同的热处理方法。常用的有直接淬火法、一次淬火法、二次淬火法，如图 3.26 所示。

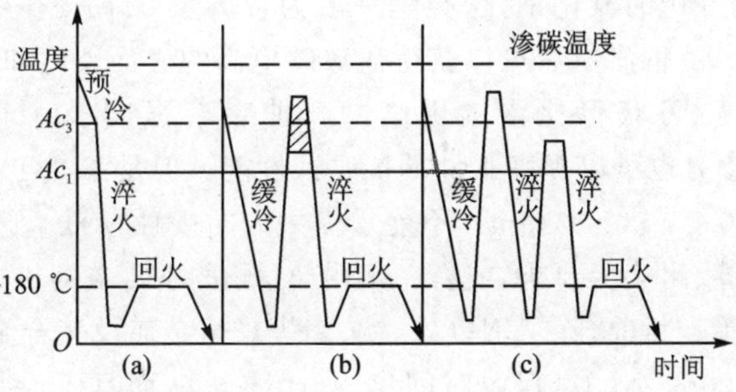

(a) 直接淬火；(b) 一次淬火；(c) 二次淬火

图 3.26　渗碳后常用的热处理方法

① 直接淬火法　即将工件从渗碳炉取出后，在空气中预冷到略高于钢的临界温度(840 ℃左右)，直接淬入水中或油中，预冷是为了降低淬火变形。由于渗碳温度高，奥氏体晶粒容易长大，所以淬火后的马氏体较粗，残余奥氏体也较多，耐磨性和韧性稍差，变形较大。因此这种方法只适于渗碳后奥氏体晶粒细小的钢或性能要求不高的零件。

② 一次淬火法　即把渗碳件从渗碳炉中取出后，先在空气中冷却(正火)，然后重新加热淬火。若对零件心部的组织和性能要求较高，则淬火加热温度略高于心部钢的淬火温度(大于 Ac_3)，以细化心部晶粒，淬火后心部获得低碳马氏体组织。若对零件表层组织和性能要求较高，则淬火加热到 Ac_1 以上 30～50 ℃，使表层晶粒细化，获得高碳细小针状马氏体＋粒状渗碳体＋少量残留奥氏体组织。这种淬火方法在生产上应用较多，适用于要求比较高的渗碳零件。

③ 二次淬火法　即把渗碳件从渗碳炉中取出后，在空气中冷却(正火)，然后重新加热淬

火。第一次加热到 Ac_3 以上 30～50 ℃进行淬火,目的是细化心部组织和消除网状碳化物;第二次加热到 Ac_1 以上 30～50 ℃淬火,是为了细化表层组织,获得细马氏体和均匀分布的粒状二次渗碳体。二次淬火工艺复杂,生产效率较低,成本高,变形大,故只用于要求表面高耐磨性和心部高韧性的零件。

4. 渗碳、淬火、回火后的组织和性能

渗碳件淬火+低温回火后的表层组织为高碳回火马氏体+碳化物+残余奥氏体,硬度为 58～64 HRC,耐磨性较好。心部为低碳马氏体(或含铁素体、托氏体),韧性较好,硬度较低。表层体积膨胀大,心部体积膨胀小,结果在表层中造成压应力,使零件的疲劳强度提高。

为了保证渗碳件的性能,设计图纸上一般要标明渗碳层厚度、渗碳层和心部的硬度。对于重要零件,还应标明对渗碳层显微组织的要求。渗碳件中不允许硬度高的部位(如装配孔等),也应在图纸上注明,并用镀铜法或防渗碳涂料等防止渗碳或多留加工余量。

3.4.2 钢的渗氮

钢的渗氮:在一定温度下于一定介质中使氮原子渗入工件表层的化学热处理工艺。根据渗氮目的不同,渗氮工艺方法分成两大类:一类是以提高工件表面硬度、耐磨性及疲劳强度等为主要目的而进行的渗氮,称为强化渗氮;另一类是以提高工件表面抗腐蚀性能为目的的渗氮,称为抗腐蚀渗氮,也称防腐渗氮。

强化渗氮要采用专用的氮化钢,这类钢一般为含碳量 0.15%～0.45%的合金结构钢,典型钢种是 38CrMoAlA。钢渗氮后可以获得比渗碳更高的表面硬度和耐磨性,而且到 600 ℃仍可维持相当高的硬度;可获得比渗碳更高的弯曲疲劳强度。由于渗氮温度较低(500～570 ℃),变形很小;渗氮也可以提高工件的抗腐蚀性能。但是渗氮工艺过程较长(30～50 h),渗层也较薄(一般为 0.30～0.50 mm),不能承受太大的接触应力。这种工艺一般只能满足承受轻、中等载荷的耐磨、耐疲劳要求,或有一定耐热、耐腐蚀要求的机器零件,以及各种切削刀具、冷作和热作模具等。目前,除了钢以外,钛、钼等难熔金属及其合金也广泛地采用渗氮。抗腐蚀渗氮的温度为 590～720 ℃,保温时间仅为 0.5～3 h,而且不论是碳钢、低合金钢还是铸铁、其表面均可获得一层致密的氮化层,在大气、淡水及汽油等介质中有良好的抗腐蚀性能。

渗氮有多种方法,常用的是气体渗氮和离子渗氮。

1. 气体渗氮

气体渗氮可采用一段渗氮法(等温渗氮)或多段(二段、三段)渗氮法。一段渗氮法前期采用较低的氨分解率(18%～20%);后期为增加渗层深度,减少脆性,采用较高的氨分解率(30%～50%);渗氮结束前 5～6 h 进行退氮处理,氨分解率 70%～85%。适用于渗层浅、畸变要求严、硬度要求高的零件,但处理时间过长。多段渗氮是在整个渗氮过程中按不同阶段分别采用不同温度、不同氨分解率、不同时间进行渗氮和扩散。渗层硬度稍低,变形也稍大些,但渗氮时间大幅度缩短。

2. 离子渗氮(离子氮化)

离子氮化是将要氮化的零件放入真空炉,零件接高压电源的阴极,与零件相对的炉壁接阳极,或根据零件的形状制作相应的电极插入真空炉中,炉内抽真空后,通入氨气,在阴极和阳极之间加以直流高压电。由于高压电场的作用,炉内的稀薄气体发生电离,形成辉光放电,被电离的氮离子在电场作用下以极高的速度轰击零件的表面，使零件表面温度升高(一般为 500～700 ℃)，氮离子在阴极(零件)获得电子，变成活性氮原子，渗入零件的表面，并向内扩散，形成氮化层。

离子渗氮的优点：氮化时间短，当渗层深度为 0.3～0.5 mm 时，离子渗碳仅是气体氮化时间的 1/5～1/3，氮化层质量高，脆性低，工件变形极小，适用于处理精密零件和复杂零件。对材料的适应性强，除了适用于各种钢材以外，也适用于铸铁和有色金属。此外还有节能、无环境污染、表面干净、无需其他加工等优点。离子渗氮的缺点是：渗氮设备较复杂，价格较高；零件形状复杂或截面悬殊大时很难达到同一表面硬度和氮化层深度。

3.4.3　钢的碳氮共渗和氮碳共渗

碳氮共渗或氮碳共渗就是往零件的表面同时渗入碳原子和氮原子的过程。其目的主要是提高工件的表面硬度、耐磨性和疲劳强度。

目前，生产上应用较广的有低温气体氮碳共渗和中温气体碳氮共渗两种工艺方法。

1. 低温气体氮碳共渗(气体软氮化)

低温气体氮碳共渗是在工件表层同时渗入氮原子和碳原子，并以渗氮为主的共渗工艺。由于用这种工艺处理的钢件，其表层硬度、脆性和裂纹敏感性均比氮化工艺处理的钢体的小，故称为软氮化。气体软氮化一般加热到 520～570 ℃，在含有活性氮、碳原子的气氛中进行。常用的共渗介质有尿素、甲酰胺等。它们受热分解产生活性氮、碳原子。

软氮化处理温度低，时间短，工件的变形小，因此软氮化已经广泛用于模具、量具、高速钢刀具、曲轴、齿轮、气缸套等耐磨工件的热处理，并能显著延长它们的使用寿命。但是软氮化后的共渗层较薄，而且共渗层的硬度梯度较大，故零件不宜在重载条件下工作。

2. 中温气体碳氮共渗

中温气体碳氮共渗，也称为气体氰化，其实质是以渗碳为主的共渗工艺。气体碳氮共渗与气体渗碳类似，它是将工件置于密封的炉内，加热到 820～860 ℃，然后通入渗碳剂(如煤油等)和氨气。使其分解出活性碳原子和氮原子，并被零件表面吸收，向内部扩散而形成一定深度的共渗层。试验证明在渗层中碳量相同的情况下，碳氮共渗件表面的硬度、耐磨性、疲劳强度和耐蚀性能都比渗碳件高。此外，碳氮共渗与渗碳相比，具有时间短，效率高，变形小等优点，但共渗层较薄，主要用于形状复杂，要求变形小的小型耐磨零件。碳氮共渗除适用低碳合金钢外，还广泛适用于中碳钢和中碳合金钢，并取得了良好的效果。

3.5　热处理工序安排与技术要求标注

3.5.1　热处理工序的安排

在生产过程中，由原材料或半成品转变为成品所经过的各种冷、热加工过程称为工艺过程。它是由一系列工序依次排列组合而成。通过各种工序，可以将原材料或半成品逐渐制成成品。

由一个或一组工人在一台设备或在同一场地，对一个或同时对一批工件所连续完成的那部分热处理工艺过程称为热处理工序。根据热处理工序在加工过程中的位置和作用,可分为预备热处理、最终热处理和补充热处理三种类型。

1. 预备热处理

预备热处理是为了调整、改善原始组织,保证工件最终热处理质量或(和)切削加工质量而预先进行的热处理。

(1) 退火和正火的工序位置

退火和正火通常作为预先热处理而安排在毛坯生产之后,切削加工之前。精密零件,为了消除切削加工后的残余内应力,应在切削加工工序之间安排去应力退火。对于过共析钢,若组织中有比较完整的网状二次渗碳体,则在球化退火前,必须进行正火,以消除网状渗碳体。

退火、正火件的工艺路线一般为:毛坯生产(铸、锻、焊、冲压等)→退火或正火→切削加工。

正火还可以作为力学性能要求不高零件的最终热处理。

(2) 调质的工序位置

调质可作为预先热处理,主要是为了获得较高的综合力学性能,为以后的表面淬火和易变形的精密零件的整体淬火做好组织准备。调质工艺一般安排在粗加工之后,半精加工之前。如果预先热处理采用调质处理,则粗加工后的调质处理可根据情况省略或不省略。调质零件的加工工艺路线一般为:下料→锻造→正火(或退火)→粗加工 →调质→半精加工→精加工。

2. 最终热处理

最终热处理的目的在于使零件获得所需的使用性能。

(1) 淬火、回火的工序位置

淬火、回火经常作为最终热处理,根据回火后的硬度是否便于切削加工来考虑淬火和回火的位置。因回火后硬度较高(35 HRC以上),不便切削加工,故淬火、回火多安排在半精加工之后,精加工(磨削)之前。整体淬火与表面淬火的工序位置安排基本相同。

整体淬火件的加工路线一般为:下料→锻造→退火(或正火)→粗加工→半精加工→淬火、回火→磨削。

表面淬火的加工路线一般为:下料→锻造→正火(或退火)→粗加工→调质或正火→半精加工→表面淬火、低温回火→磨削。

若回火后硬度(35HRC以下)较低,不会引起切削困难,那么淬火、回火可安排在半精加工之前。

(2) 化学热处理的工序位置

各种化学热处理(如渗碳、氮化等)均属于最终热处理。工件经这类热处理后,表面硬度高,除磨削或研磨等光整加工外,不适宜进行其他切削加工。化学热处理工序位置应尽量靠后,一般安排在半精加工之后,磨削加工之前。

3. 补充热处理

补充热处理一般安排在最终热处理之后,是为进一步提高零件的组织、尺寸稳定性而进行的热处理。如精密零件和量具在最终热处理后,为进一步消除应力,提高其组织稳定而附加的稳定化处理等。有时将为挽救次品而进行的热处理等也归入补充热处理。

一般工艺路线为:下料→锻造→正火(或退火)→粗加工、半精加工→淬火、回火→粗磨→稳定化处理→精磨。

4. 其他情况的安排

在生产过程中，由于零件选用毛坯类型和工艺过程中要解决的突出矛盾不同，在制定具体的工艺路线时，热处理工序还可能增减，冷、热加工的工序位置也会有所改变。

3.5.2 热处理技术条件标注

根据 JB/T 8555—2008，零件图样上的热处理技术要求(以下简称技术要求)可以用已标准化的符号、代号标注(参见 GB/T 12603—2005)，也可以用文字说明，文字说明一般写在图面右下角标题栏上方，与其他工艺的技术要求写在一起。特殊情况允许写在图面其他部位的空白处。能在图形上标注的，尽量避免用文字说明。技术要求标注必须简明、准确、完整、合理。当技术内容要求较多，且另有技术标准或技术规范时，除标注主要内容外，可写明按某标准或某技术规范执行。技术要求的指标值，一般采用范围表示法标出上、下限，如 60～65 HRC；DC＝0.8～1.2。也可用偏差表示法以技术要求的下限名义值下偏差零加上上偏差表示，如 60^{+5}_{0} HRC；DC＝$0.8^{+0.4}_{0}$。特殊情况也可只标注下限值或上限值，如不小于 50 HRC，不大于 299 HBW。在同一产品的所有零件图样上，应采用统一的表达形式。

JB/T 8555—2008

GB/T 12603—2005

各种表面热处理零件均应注有效硬化深度，其代号、定义和测定方法见表 3.4。

表 3.4　各种表面热处理零件均应注有效硬化深度和测定方法

表面热处理方法	有效硬化层深度代号	单　位	定义和测量方法标准
表面淬火回火	DS		深度＞0.3 mm 时，按 GB/T 5617—2005 深度≤0.3 mm 时，按 GB/T 9451—2005
渗碳或碳氮共渗淬火回火	DC	mm	深度＞0.3 mm 时，按 GB/T 9450—2005 深度≤0.3 mm 时，按 GB/T 9451—2005
渗氮	DN		按 GB/T 11354—2005

注：标注时单位(mm)可省略。

GB/T 5617—2005　GB/T 9451—2005　GB/T 9450—2005　GB/T 11354—2005

局部热处理零件需将有硬化要求的部位按 GB/T 131 的规定，在图形上用粗点画线框出。如果是轴对称零件或在不致引起误会情况下，也可用一条粗点划线画在热处理部位外侧表示，其他部位即硬化与不硬化均可的过渡部位用虚线表示，不允许硬化或不要硬化的部位则不必标注。

要求零件硬度检测必须在指定点(部位)时，用图 3.27 符号表示，其尺寸大小应与 GB/T 131 规定的局部热处理指示符号一致。指定硬度测量点位置时，应符合 JB/T 6050—2006 中第 6 章的规定。

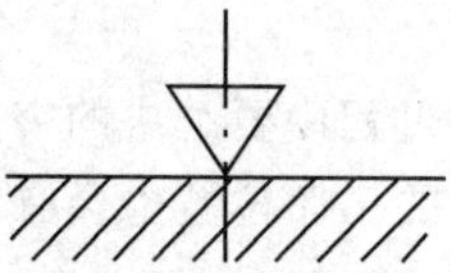

图 3.27 硬度测量点符号方法

JB/T 6050—2006

如零件形状复杂或其他原因(如与其他工艺标注容易混淆)热处理技术要求难以标注,用文字说明又不易表达时,可另加附图表示,此时附图上与热处理无关的内容均可省略,见图 3.28。

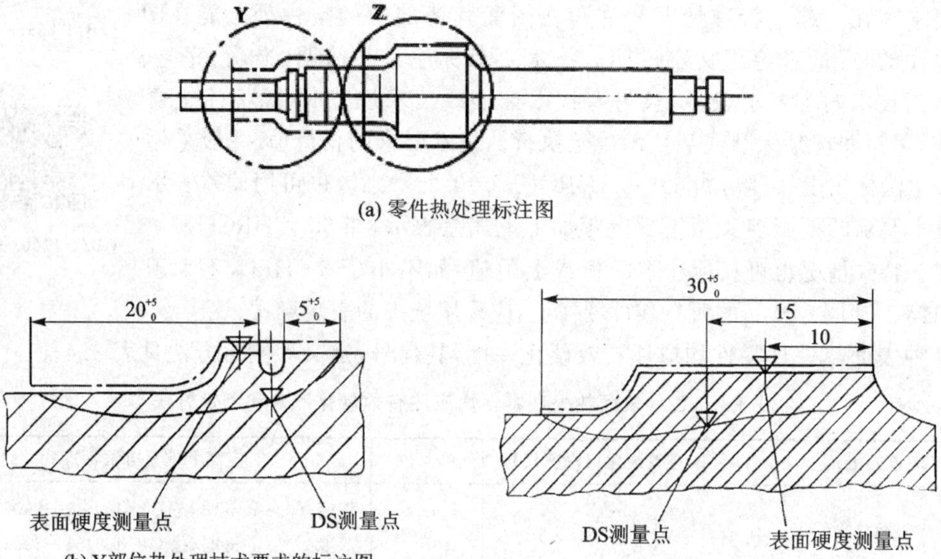

(a) 零件热处理标注图

(b) Y部位热处理技术要求的标注图

(c) Z部位热处理技术要求的标注图

图 3.28 复杂零件热处理技术要求的标注方法

标注除硬度以外的其他力学性能要求时(如强度、冲击韧度等),应在零件图样上注明具体技术指标和取样方法。零件热处理的外观质量或者无法用量值表达的要求,可用文字说明。

3.6 热处理新技术简介

3.6.1 真空热处理

真空热处理技术是随着真空热处理设备的发展而发展的,真空热处理技术始终是热处理技术发展的热点。真空热处理技术的优点是无氧化、无脱碳、脱气、脱脂、表面质量好、畸变微小、综合力学性能优异、无污染、无公害及自动化程度高等。缺点是某些合金元素在真空中易蒸发,生产中需充入惰性气体加热保护;真空热处理设备价格高昂,投资较大。真空热处理几乎可实现全部的热处理工艺,如淬火、退火、回火、渗碳等。淬火工艺中可实现加压气淬、油淬等;真空化学热处理比较成熟的工艺有渗碳、渗氮、碳氮共渗等。

3.6.2　可控气氛热处理

可控气氛是指在热处理加热过程中，炉气的成分可以控制，通过调节炉气中的某种气体的比例，既可实现无氧化加热，也可以进行渗碳或碳氮共渗等热处理。采用可控气氛热处理，可改善工件表面的组织结构，提高机器零件的使用性能，减少工件的加工余量或加工工序，以减少金属材料消耗。可控气氛热处理炉的机械化自动程度较高，可明显提高劳动生产率和改善劳动条件。

根据我国的实际情况，综合考虑气氛的制备方法和原料气类型，可控气氛分为以下 8 种：放热式气氛、吸热式气氛、放热-吸热式气氛、有机液体裂解气、氮基气氛、氨制备气氛、木炭制备气氛、氢气。

3.6.3　激光热处理

激光热处理是利用高能激光照射到金属表层，通过激光和金属的交互作用达到改善金属表面性能的目的。激光热处理可提高金属表面硬度、耐磨性、抗疲劳性、耐蚀性。激光热处理技术包括激光相变硬化、激光表面合金化、激光涂覆、激光晶粒细化等。

激光相变硬化即激光淬火，基本原理是在高能密度（$10^3 \sim 10^5$ W/cm^2）、短时间（$10^{-2} \sim 1$ s）照射下，金属表层被急速加热到相变温度以上形成奥氏体，当激光停止作用时，由于加热层与冷基体之间很陡的温度梯度能保证奥氏体快速冷却而转变成马氏体，因而实现了淬火硬化。

激光合金化是在高能密度的激光照射下，使预定成分的合金材料（粉、丝、带、板等）与基材表层熔合、凝固，形成具有优异性能的合金化层。该技术的特点是利用具有各种性能的合金材料，在廉价的金属基体上快速生成高合金表层，从而达到金属材料表面改性的目的。

激光涂覆是将粉末状的合金涂覆在工件表面，用大功率密度激光束照射使之全部熔化，同时金属基体表面有微量熔融。激光束移开后，表面迅速凝固，形成与金属基体黏得很牢的熔覆层，从而获得具有优异特性（如耐热、耐蚀、耐磨、抗冲击等）的表面涂层。

激光非晶化是利用极高功率密度的激光短时间照射材料，使表面快速熔化，在热量还来不及传递到基体金属即在液、固态之间产生极大的温度梯度时，使熔化层的冷却速度超过形成非晶态的临界冷却速度而获得非晶态组织。工件表面一旦实现非晶化，其强度和硬度将得到极大的提高，且具有良好的耐腐蚀性。

3.6.4　电子束热处理

电子束热处理是利用高能量密度（最高可达 10^9 W/cm^2）的电子束加热，进行表面淬火的新技术。将零件放置在的真空（0.1～1 Pa）电子枪下，用电子束对工件表面进行强烈地轰击，在极短时间（$10^{-3} \sim 1$ s）内，使其加热到钢的相变温度以上，靠自身激烈冷却进行淬火。电子束加热表面淬火只能改变零件表面性能，不能改善零件心部性能；不能用于重负荷零件和大型零件；电子束加热表面淬火装置比较复杂，设备的成本高。

3.6.5　复相热处理

复相热处理是将钢处理成不同比例、形态和分布状况的两相混合组织。复相热处理后，在工件的铁素体或马氏体基体上会分布着一定类型、状态和数量的第二相组织。按混合组织的相成分归纳为铁素体-马氏体、贝氏体-马氏体和马氏体-残留奥氏体(或贝氏体-残留奥氏体)混合组织三大类。

复相热处理在提高材料的强韧性、降低回火脆性、提高使用寿命方面的作用十分明显。低碳低合金高强度钢经过复相热处理后,获得铁素体-马氏体双相组织,该组织具有高强度和高冲击韧性。低温钢和大型锻件经过复相热处理后,获得马氏体-铁素体组织,可明显提高其冲击韧性,降低回火脆性。球墨铸铁也可进行复相热处理,将得到贝氏体-奥氏体双相组织,这种组织强度高、韧性好,加工性能得以提高。

本章小结

提高工程材料使用性能的最根本途径是对材料实施强韧化。本章重点概括了钢铁材料强韧化的重要途径,即钢的热处理。钢的热处理原理与工艺是本章乃至本课程学习的一个重点内容,可以概括为"五大转变+五把火","五大转变"即钢的热处理原理,"五把火"即钢的热处理工艺。

1. "五大转变"

(1) 加热时的组织转变。即奥氏体的形成,利用 $Fe-Fe_3C$ 相图判定加热时是否得到均匀、细小的A晶粒。

(2) 过冷奥氏体冷却转变。掌握等温C曲线及其转变产物,能利用C曲线或CCT曲线正确分析不同冷却条件下的转变产物。主要转变如下:

① 珠光体转变(C曲线"鼻尖"以上部分)。由高温到低温不同区间的生成物依次称P、S、T,它们呈片层状,片层越小,强度、硬度越高。

② 贝氏体转变(C曲线"鼻尖"以下部分)。由高温到低温不同区间的生成物为 $B_{上}$ 和 $B_{下}$。$B_{下}$ 有良好的综合力学性能,$B_{上}$ 脆性较大。

③ 马氏体转变。连续冷却的产物,M分为 $M_{低碳}$ 和 $M_{高碳}$,$M_{低碳}$ 强而韧,$M_{高碳}$ 硬度高、脆性大。

(3) 钢回火时的转变。低温回火得到 $M_{回}$,硬度高;中温回火得到 $T_{回}$,具有高的弹性极限;高温回火得到 $S_{回}$,据有良好的综合力学性能。

2. "五把火"

① 退火　退火包括完全退火、等温退火、球化退火和去应力退火。退火冷却速度缓慢,改善钢的组织,消除缺陷。退火常用来改善切削加工性能。

② 正火　正火可以细化晶粒,改善切削加工性能;可以消除粗大二次渗碳体。

③ 淬火　淬火是最重要的热处理工艺,主要获得淬硬组织M。常用的淬火方法包括单液淬火、双液淬火、M分级淬火和B等温淬火。钢的淬透性是指钢在淬火时获得淬透深度的能力,是钢本身固有的属性,可用临界直径衡量。钢的淬硬性是指钢淬火后获得最高硬度的能力,主要取决于马氏体的含碳量。

④ 回火　回火有低温回火、中温回火和高温回火。调质指淬火+高温回火的综合热处理。

⑤ 表面淬火　对于表面和心部性能要求不一致时采用的淬火方法,只改变表层的组织和性能。

此外,化学热处理也有广泛的应用,主要学习了渗碳和渗氮。

习题与思考题

一、填空题

1. 共析钢中奥氏体的形成过程是：________、________、残余 Fe_3C 溶解、奥氏体均匀化。

2. 氰化处理是将________、________同时渗入工件表面的一种化学热处理方法。

3. 化学热处理的基本过程，均由以下三个阶段组成，即________，________，活性原子继续向工件内部扩散。

4. 马氏体是碳在________中的________组织。

5. 在钢的热处理中，奥氏体的形成过程是由________和________两个基本过程来完成的。

6. 高碳钢淬火马氏体在低温、中温、高温回火后，得到的回火产物分别是________、________和________。

7. 在钢的回火时，随着回火温度的升高，淬火钢的组织转变可以归纳为以下 4 个阶段：马氏体的分解、残余奥氏体的转变、________、________。

8. 钢的整体热处理主要有________、________、________和________。

9. 根据共析钢的 C 曲线，过冷奥氏体在 A_1 线以下转变的产物类型有________、________和马氏体组织。

二、选择题

1. 钢的低温回火的温度为(　　)。

A. <400 ℃　　B. <350 ℃　　C. <300 ℃　　D. <250 ℃

2. 可逆回火脆性的温度范围是(　　)。

A. 150～200 ℃　　B. 250～400 ℃　　C. 400～550 ℃　　D. 550～650 ℃

3. 加热是钢进行热处理的第一步，其目的是使钢获得(　　)。

A. 铁素体组织　　B. 奥氏体组织　　C. 珠光体组织　　D. 马氏体组织

4. 碳钢的淬火工艺是将工件加热到一定温度，保温一段时间，然后采用的冷却方式是(　　)。

A. 随炉冷却　　B. 在风中冷却　　C. 在空气中冷却　　D. 在水中冷却

5. 正火是将工件加热到一定温度，保温一段时间，然后采用的冷却方式是(　　)。

A. 随炉冷却　　B. 在油中冷却　　C. 在空气中冷却　　D. 在水中冷却

6. 完全退火主要用于(　　)。

A. 亚共析钢　　B. 共析钢　　C. 过共析钢　　D. 所有钢种

7. 共析钢在奥氏体的连续冷却转变产物中，不可能出现的组织是(　　)。

A. P　　B. S　　C. B　　D. M

8. 退火是将工件加热到一定温度，保温一段时间，然后采用的冷却方式是(　　)。

A. 随炉冷却　　B. 在油中冷却　　C. 在空气中冷却　　D. 在水中冷却

三、综合题

1. 何谓热处理？常用的热处理工艺有哪些？

2. 简述共析钢加热时奥氏体形成的过程。

3. 为什么要控制奥氏体晶粒大小？如何控制奥氏体晶粒的大小？

4. 珠光体类型组织有哪几种，它们的形成条件、组织形态和性能方面有何特点？

5. 影响 C 曲线的主要因素有哪些？

6. 简述贝氏体的组织特征和性能特点。

7. 生产中常用的退火方法有哪几种,各适用于什么场合?

8. 甲、乙两厂生产同一批零件,材料均选用45钢,硬度要求220～250 HBW,其中甲厂采用正火,乙厂采用调质,都达到硬度要求。试分析甲、乙两厂产品的组织和性能差别。

9. 某活塞用45钢制造,由于形状复杂,按正常淬火加热温度(840 ℃)加热后水冷,大约有40%出现淬火裂纹。请分析原因并改进该工件的淬火工艺。

10. 一块厚度为5 mm的45钢钢板,先经840 ℃加热淬火,硬度为55 HRC,随后从一端加热,依靠热传导,使钢板上各点达到如图3.29所示温度。试问:

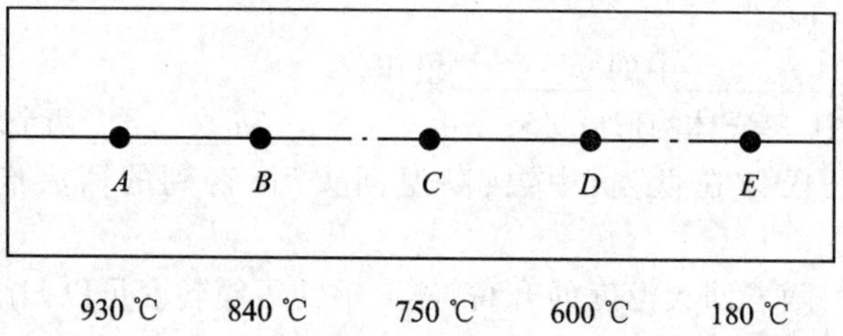

图3.29 题10图

(1) 各点部位的组织是什么?

(2) 整个钢板自图示各温度,缓冷到室温后各点部位的组织是什么?

(3) 整个钢板自图示各温度,水淬快冷到室温后各点部位的组织是什么?

11. 试为以下钢件选择预先热处理工艺:

(1) 20CrMnTi汽车变速箱齿轮锻造毛坯(晶粒粗大);

(2) T12锻造后有网状渗碳体;

(3) T12钢锉刀毛坯改善切削加工性和热处理工艺性能。

12. 回火的目的是什么,淬火钢在回火过程中显微组织发生哪些变化?

13. 什么叫回火脆性?生产中如何避免回火脆性?

14. 何谓表面热处理?表面淬火的目的是什么?常用的表面淬火有哪几种?

15. 渗碳的主要目的是什么?试分析20钢:①渗碳缓慢冷却后的表层和心部组织;②渗碳缓慢冷却后,加热到780 ℃淬火、180 ℃回火后的表层和心部组织。

16. 比较钢经表面淬火、渗碳、渗氮热处理后的性能和应用范围等方面有何不同?

17. 某厂用40Cr钢制造的齿轮,其加工路线为:备料→锻造→正火→机械粗加工→调质→机械精加工→高频感应加热表面淬火与低温回火→磨削。请说明各热处理工序的目的及热处理后的显微组织。

18. 车床主轴要求轴颈部位的硬度为50～52 HRC,其余地方为25～30 HRC,加工路线为:锻造→正火→机械加工→调质→轴颈表面淬火→低温回火→磨削加工。请指出:

(1) 从20、45、60、T10钢中,选择制造主轴的钢材;

(2) 正火、调质、表面淬火、低温回火的目的;

(3) 轴颈表面处的组织和其余地方的组织。

下篇　常用工程材料及选材

第 4 章　铁合金

铁合金是指以铁为主要成分，以碳或其他化学元素为辅助添加元素组成的合金。工业上按照含碳量不同分为钢和铸铁两大类。钢是以铁为主要元素，含碳量一般在 2.11%以下，并含有其他元素的材料。铸铁是指含碳量在 2.11%以上的铁碳合金。铸铁与钢的主要区别在于铸铁含有较高的碳和硅，并且磷、硫含量较多。铁合金材料的工程性能优良，经济性好，应用广泛。

4.1　钢的分类与牌号

4.1.1　钢的分类

1. 按化学成分分类

GB/T 13304.1—2008

钢按化学成分分为非合金钢、低合金钢和合金钢。表 4.1 列出了非合金钢、低合金钢和合金钢合金元素规定含量界限值。

表 4.1　非合金钢、低合金钢和合金钢合金元素规定含量界限值(GB/T 13304.1—2008)

合金元素	合金元素规定含量界限值(质量分数)/%		
	非合金钢	低合金钢	合金钢
Al	<0.10	—	≥0.10
B	<0.000 5	—	≥0.000 5
Bi	<0.10	—	≥0.10
Cr	<0.30	0.30～<0.50	≥0.50
Co	<0.10	—	≥0.10
Cu	<0.10	0.10～<0.50	≥0.50
Mn	<1.00	1.00～<1.40	≥1.40
Mo	<0.05	0.05～<0.10	≥0.10
Ni	<0.30	0.30～<0.50	≥0.50
Nb	<0.02	0.02～<0.06	≥0.06
Pb	<0.40	—	≥0.40
Se	<0.10	—	≥0.10
Si	<0.50	0.50～<0.90	≥0.90
Te	<0.10	—	≥0.10
Ti	<0.05	0.05～<0.13	≥0.13
W	<0.10	—	≥0.10
V	<0.04	0.04～<0.12	≥0.12

续表 4.1

合金元素	合金元素规定含量界限值(质量分数)/%		
	非合金钢	低合金钢	合金钢
Zr	<0.05	0.05～<0.12	≥0.12
La 系(每一种元素)	<0.02	0.02～<0.05	≥0.05
其他规定元素(S、P、C、N 除外)	<0.05	—	≥0.05

注:因为海关关税的目的而区分非合金钢、低合金钢和合金钢时,除非合同或订单中另有协议,表中 Bi、Pb、Se、Te、La 系和其他规定元素(S、P、C、N 除外)的规定界限值可不予考虑。

2. 按主要质量等级分类和主要性能或使用特性分类

(1) 按主要质量等级分类

非合金钢按主要质量等级分为普通质量非合金钢、优质非合金钢、特殊质量非合金钢。

低合金钢按主要质量等级分为普通质量低合金钢、优质低合金钢、特殊质量低合金钢。

合金钢的按主要质量等级分为优质合金钢、特殊质量合金钢。

GB/T 13304.2—2008

(2) 按主要性能或使用特性分类

表 4.2 列出了非合金钢、低合金钢和合金钢的分类。

表 4.2　按主要性能或使用特性分类(GB/T 13304.2—2008)

按化学成分分类	按主要性能(或使用特性)分类	举　例
非合金钢	以规定最高强度(或硬度)为主要特性的非合金钢	冷成形用薄钢板、供镀锡、镀锌、镀铅板带和原板用碳素钢
	以规定最低强度为主要特性的非合金钢	碳素结构钢、造船、压力容器、管道等用的结构钢
	以限制含碳量为主要特性的非合金钢(合金易切削钢、非合金工具钢除外)	钢盘条、非合金调质钢、碳素弹簧钢、焊条用钢
	非合金易切削钢	易切削结构钢、特殊易切削钢
	非合金工具钢	碳素工具钢
	具有专门规定磁性或电性能的非合金钢	电磁纯铁
	其他非合金钢	原料纯铁
低合金钢	可焊接的低合金高强度结构钢	一般用途低合金结构钢、锅炉、压力容器、造船、汽车用低合金钢
	低合金耐候钢	低合金耐候钢
	低合金混凝土用钢及预应力用钢	一般低合金钢筋钢、预应力混凝土用钢
	铁道用低合金钢	低合金轻轨钢、低合金重轨钢
	矿用低合金钢	矿用低合金钢、矿用低合金结构钢
	其他低合金钢	易切削结构钢、焊接用钢

续表 4.2

按化学成分分类	按主要性能(或使用特性)分类	举　例
合金钢	工程结构用合金钢	一般工程结构用合金钢、合金钢筋钢、压力容器用钢、汽车用钢、预应力用合金钢、矿用合金钢、高锰钢、耐磨钢
	机械结构用合金钢	调质合金结构钢、表面硬化合金结构钢、冷塑性成型、合金弹簧钢
	不锈、耐蚀和耐热钢	马氏体型钢、铁素体型钢、奥氏体型钢、奥氏体-铁素体型钢、沉淀硬化型钢
	工具钢	合金工具钢、高速钢
	轴承钢	高碳铬轴承钢、渗碳轴承钢、不锈轴承钢、高温轴承钢
	特殊物理性能钢	软磁钢、永磁钢、无磁钢及高电阻钢和合金
	其他合金钢	焊接用合金钢

4.1.2　钢的牌号

(1) 碳素结构钢和低合金高强度结构钢

碳素结构钢和低合金高强度结构钢的牌号通常由以下四部分组成:

第一部分:前缀符号+强度值(以 N/mm^2 或 MPa 为单位),其中通用结构钢前缀符号为代表屈服强度的拼音的字母"Q",专用结构钢的前缀见表4.3。

第二部分(必要时):钢的质量等级,用英文字母A、B、C、D、E、F等表示,顺序按硫、磷含量降低。

第三部分:脱氧方式符号,即沸腾钢(F)、半镇静钢(b)、镇静钢(Z)、特殊镇静钢(TZ)。镇静钢、特殊镇静钢的表示符号通常可以省略。

GB/T 221—2008

第四部分(必要时):产品用途、特性和工艺方法表示符号,见表4.4。

表 4.3　专用结构钢前缀(摘自 GB/T 221—2008)

名　称	采用的汉字及汉语拼音或英文单词			采用字母	位　置
	汉　字	汉语拼音	英文单词		
热轧光圆钢筋	热轧光圆钢筋	—	Hot Rolled Plain Bars	HPB	牌号头
热轧带肋钢筋	热轧带肋钢筋	—	Hot Rolled Ribbed Bars	HRB	牌号头
细晶粒热轧带肋钢筋	粒热轧带肋钢筋+细	—	Hot Rolled Ribbed Bars+Fine	HRBF	牌号头
冷轧带肋钢筋	冷轧带肋钢筋	—	Cold Rolled Ribbed Bars	CRB	牌号头
预应力混凝土用螺纹钢筋	预应力、螺纹、钢筋	—	Prestressing、Screw、Bars	PSB	牌号头
焊接气瓶用钢	焊瓶	HAN PING	—	HP	牌号头
管线用钢	管线	—	Line	L	牌号头
船用锚链钢	船锚	CHUAN MAO	—	CM	牌号头
煤机用钢	煤	MEI	—	M	牌号头

表 4.4　产品用途、特性和工艺方法表示符号(摘自 GB/T 221—2008)

名　称	采用的汉字及汉语拼音或英文单词			采用字母	位　置
	汉　字	汉语拼音	英文单词		
锅炉和压力容器用钢	容	RONG	—	R	牌号尾
锅炉用钢(管)	锅	GUO	—	G	牌号尾
低温压力容器用钢	低容	DI RONG	—	DR	牌号尾
桥梁用钢	桥	QIAO	—	Q	牌号尾
耐候钢	耐候	NAI HOU	—	NH	牌号尾
高耐候钢	高耐候	GAO NAI HOU	—	GNH	牌号尾
汽车大梁用钢	梁	LIAN	—	L	牌号尾
高性能建筑结构用钢	高建	GAO JIAN	—	GJ	牌号尾
低焊接裂纹敏感性钢	低焊接裂纹敏感性	—	Crack Free	CF	牌号尾
保证淬透性钢	淬透性	—	Hardenability	H	牌号尾
矿用钢	矿	KUANG	—	K	牌号尾
船用钢	采用国际符号				

根据需要，低合金高强度结构钢的牌号也可以采用两位阿拉伯数字(表示平均含碳量，以万分之几计)加元素符号及必要的产品用途、特性和工艺方法表示符号，按顺序表示。如 20MnK，表示含碳量为 0.15%～0.26%，含锰量为 1.20%～1.60%的矿用钢。

(2) 优质碳素结构钢和优质碳素弹簧钢

优质碳素结构钢的牌号通常由以下五部分组成：

第一部分：以两位阿拉伯数字表示平均含碳量(以万分之几计)。

第二部分(必要时)：较高含锰量的优质碳素结构钢，加锰元素符号 Mn。

第三部分(必要时)：钢材冶金质量，即高级优质钢、特级优质钢分别以 A、E 表示，优质钢不用字母表示。

第四部分(必要时)：脱氧方式符号，即沸腾钢(F)、半镇静钢(b)、镇静钢(Z)、特殊镇静钢(TZ)。镇静钢、特殊镇静钢的表示符号通常可以省略。

第五部分(必要时)：产品用途、特性和工艺方法表示符号，参见表 4.4。

优质碳素弹簧钢的牌号表示方法与优质碳素结构钢相同。

(3) 合金结构钢和合金弹簧钢

合金结构钢通常由以下四部分组成：

第一部分：以两位阿拉伯数字表示平均含碳量(以万分之几计)。

第二部分：合金元素含量，以化学元素符号及阿拉伯数字表示，具体表示方法为：平均含量小于 1.5%时，牌号仅标明元素，一般不标明含量；平均含量为 1.50%～2.49%、2.50%～3.49%、3.50%～4.49%、4.50%～5.49%……时，在合金元素后应相应写成 2、3、4、5……。化学元素符号的排列顺序推荐按含量值递减排列，如果两个或多个元素含量相等，相应符号位置按英文字母的顺序排列；

第三部分：钢材冶金质量，即高级优质钢、特级优质钢分别以 A、E 表示，优质钢不用字母表示。

第四部分(必要时):产品用途、特性和工艺方法表示符号,参见表4.4。

合金弹簧钢的牌号表示方法与合金结构钢相同。如15MnV表示碳的平均质量分数为0.15%,锰、钒的平均质量分数均小于1.5%的合金结构钢。若为高级优质钢,则在钢的牌号末尾加上“A”,如25Cr2MoVA;特级优质钢牌号后加“E”,如锅炉和压力容器用钢18MnMoNbER。

(4) 工具钢

工具钢通常分为碳素工具钢、合金工具钢、高速工具钢三类。

1) 碳素工具钢

碳素工具钢牌号通常由以下四部分组成:

第一部分:碳素工具钢符号“T”。

第二部分:以两位阿拉伯数字表示平均含碳量(以千分之几计)。

第三部分(必要时):较高锰含量的碳素工具钢,加锰元素符号Mn。

第四部分(必要时):钢材冶金质量,即高级优质碳素工具钢以A表示,优质钢不用字母表示。

2) 合金工具钢

合金工具钢牌号通常由以下两部分组成:

第一部分:平均含碳量小于1.00%时,采用一位数字表示含碳量(以千分之几计);平均含碳量不小于1.00%时,不标明含碳量数字。

第二部分:合金元素含量,以化学元素符号及阿拉伯数字表示,表示方法同合金结构钢第二部分。低铬(平均含铬量小于1%)合金工具钢,在铬含量(以千分之几计)前加数字“0”。如9SiCr表示碳质量分数平均为$w_c=0.85\%\sim 0.95\%$,$w_{Si}=1.20\%\sim1.60\%$、$w_{Cr}=1.95\%\sim1.25\%$。

3) 高速工具钢

高速工具钢牌号表示方法与合金结构钢相同,但在牌号头部一般不标明表示含碳量的阿拉伯数字。为了区别牌号,在牌号头部可以加“C”表示高碳高速工具钢,如CW6Mo5Cr4V2。

(5) 轴承钢

1) 高碳铬轴承钢

高碳铬轴承钢牌号通常由以下两部分组成:

第一部分:(滚珠)轴承钢表示符号“G”,但不标明含碳量。

第二部分:合金元素“Cr”符号及其含量(以千分之几计),其他合金元素含量,以化学元素符号及其阿拉伯数字表示,表示方法同合金结构钢牌号的第二部分。

2) 渗碳轴承钢

在牌号头部加“G”,采用合金结构钢的牌号表示方法。高级优质渗碳轴承钢,在牌号尾部加“A”,如G20CrNiMoA。

3) 高碳铬不锈轴承钢和高温轴承钢

在牌号头部加“G”,采用不锈钢和耐热钢的牌号表示方法。

(6) 不锈钢和耐热钢

含碳量用两位或三位阿拉伯数字表示含碳量最佳控制值(以万分之几或十万分之几计)。

只规定含碳量上限者,当含碳量上限不大于0.10%时,以其上限的3/4表示含碳量。例如$w_C\leqslant0.08\%$,$w_{Cr}=18.00\%\sim20.00\%$,$w_{Ni}=8.00\%\sim11.00\%$的不锈钢,牌号为06Cr19Ni10。当

含碳量上限大于 0.10%时，以其上限的 4/5 表示含碳量。例如 $w_C \leqslant 0.25\%$，$w_{Cr}=24.00\%\sim26.00\%$，$w_{Ni}=19.00\%\sim22.00\%$的耐热钢，牌号为 20Cr25Ni20。对超低碳不锈钢（含碳量不大于 0.030%），用三位阿拉伯数字表示含碳量最佳控制值（十万分之几计）。$w_C \leqslant 0.030\%$，$w_{Cr}=16.00\%\sim19.00\%$，$w_{Ti}=0.10\%\sim1.00\%$的不锈钢，牌号为 022Cr18Ti。

规定上、下限者，以平均含碳量×100 表示。如含碳量 0.16%～0.25%时，其牌号的中的含碳量以 20 表示。例如，$w_C=0.15\%\sim0.25\%$，$w_{Cr}=14.00\%\sim16.00\%$，$w_{Mn}=14.00\%\sim16.00\%$，$w_{Ni}=1.50\%\sim3.00\%$，$w_N=0.15\%\sim0.30\%$的不锈钢，牌号为 20Cr15Mn15Ni2N。

合金元素含量以化学元素符号及阿拉伯数字表示，表示方法同合金结构钢第二部分。钢中有意加入的铌、钛、锆、氮等合金元素，虽然含量很低，也应在牌号中标出。

(7) 铸　钢

根据 GB/T 5613—2014，铸钢代号用“铸”和“钢”两字的汉语拼音的第一个大写正体字母“ZG”表示。当要表示铸钢的特殊性能时，可以用代表铸钢特殊性能的汉语拼音的第一个大写正体字母排列在铸钢代号的后面。焊接结构用铸钢用“ZGH”表示，耐热铸钢用“ZGR”表示，耐蚀铸钢用“ZGS”表示，耐磨铸钢用“ZGM”表示。

GB/T 5613—2014

1) 以力学性能表示的铸钢牌号

牌号中“ZG”后面的两组数字表示力学性能，第一组数字表示该牌号铸钢的屈服强度最低值，第二组数字表示其抗拉强度最低值，单位均为 MPa。两组数字间用“-”隔开，如 ZG200-400。

2) 以化学成分表示的铸钢牌号

当以化学成分表示铸钢的牌号时，含碳量（质量分数）以及合金元素符号和含量（质量分数）排列在铸钢代号“ZG”之后。在牌号中“ZG”后面以一组（两位或三位）阿拉伯数字表示铸钢的名义含碳量（以万分之几计）。平均含碳量小于 0.1%的铸钢，其第一位数字为“0”，名义含碳量用上限表示；含碳量大于等于 0.1%的铸钢，牌号中名义含碳量用平均含碳量表示。在名义含碳量后面排列各主要合金元素符号，表示方法同合金结构钢第二部分，如 ZG15Cr2MoV、ZGM120Mn13Cr2RE。

在特殊情况下，当同一牌号分几个品种时，可在牌号后面用“-”隔开，用阿拉伯数字标注品种序号。

4.1.3　钢铁牌号统一数字代号体系

现行的国标 GB/T 221—2008《钢铁产品牌号表示方法》与 GB/T 17616—2013《钢铁及合金牌号统一数字代号体系》并用，两种表示方法均有效，相互对照。统一数字代号有利于现代化数据处理设备进行存储和检索，便于生产、使用和管理。

GB/T 17616—2013

统一数字代号由固定的 6 位符号组成，左边首位用大写的拉丁字母作前缀（一般不用“I”和“O”），前缀字母后的数字代表细分类和不同的编组及同一编组内不同牌号的全部顺序号。字母和数字之间应无间隙排列。

每一个统一数字代号只适用于一个产品牌号，其结构形式如下：

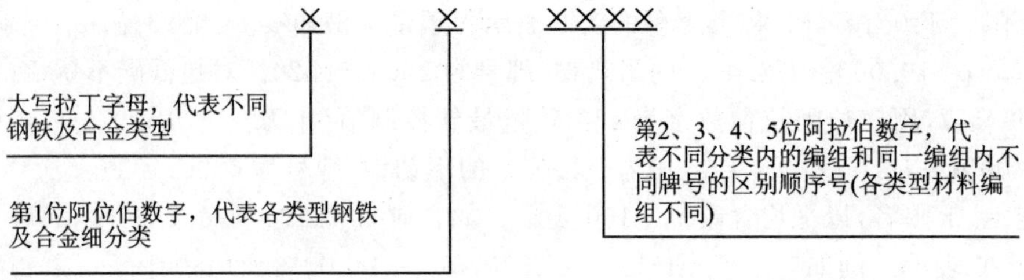

钢铁及合金的类型和每个类型产品牌号统一数字代号见表 4.5。

表 4.5 钢铁及合金的类型与统一数字代号

钢铁及合金的类型	英文名称	前缀字母	统一数字代号(ISC)
合金结构钢	Alloy structural steel	A	A×××××
轴承钢	Bearing steel	B	B×××××
铸铁、铸钢及铸造合金	Cast iron、cast steel and cast alloy	C	C×××××
电工用钢和纯铁	Electrical steel and iron	E	E×××××
铁合金和生铁	Ferro alloy and pig iron	F	F×××××
耐蚀合金和高温合金	Heat resisting and corrosion resisting alloy	H	H×××××
金属功能材料	Metallic functional materials	J	J×××××
低合金钢	Low alloy steel	L	L×××××
杂类材料	Miscellaneous materials	M	M×××××
粉末及粉末冶金材料	Powders and powder metallurgy materials	P	P×××××
快淬金属及合金	Quick quench metals and alloys	Q	Q×××××
不锈钢和耐热钢	Stainless steel and heat resisting steel	S	S×××××
工模具钢	Tool and mould steel	T	T×××××
非合金钢	Unalloy steel	U	U×××××
焊接用钢及合金	Steel and alloy for welding	W	W×××××

4.2 钢中的杂质元素与合金元素

4.2.1 钢中常存杂质元素对性能的影响

炼钢过程中留存的硫、磷、锰、硅等元素称为钢中的常存杂质，其含量虽然不大，却对钢的性能影响很大。

1. 硫、磷的影响

硫、磷都是炼铁时矿石及燃料中带来的有害杂质，在炼钢时未能全部除掉而残留于钢中。硫使钢在高温下产生脆性，称为热脆性。这是因为硫与铁形成化合物 FeS，FeS 与 Fe 形成低熔点(985 ℃)共晶体，分布在奥氏体晶界上。当钢在 1 000～1 200 ℃进行热加工时，由于晶界处共晶体熔化，导致钢开裂，这种现象称为热脆。为此，除严格控制钢中硫含量($w_s <$ 0.040%)外，可在钢液中增加锰含量。锰和硫能形成有一定塑性、熔点高(1 620 ℃)的 MnS，以避免热脆。磷主要溶于铁素体中，明显提高钢的强度，但在室温下使钢的塑性、韧性显著下

降，尤其在低温时更为严重，这种现象称为冷脆。生产中应严格控制磷含量，一般 $w_P<0.040\%$。

2. 锰、硅的影响

硅、锰来自炼钢原料，还可以作为脱氧剂残留在钢中，是钢中的有益元素。锰有较好的脱氧能力，可使钢中的 FeO 还原成铁，改善钢的质量；硅能与钢液中的 FeO 生成炉渣，消除 FeO 对钢质量的影响；锰和硅能溶于铁素体中产生固溶强化，提高钢的强度和硬度；锰能进入渗碳体代替部分铁原子，形成合金渗碳体。当锰、硅含量不高时，对钢性能影响不大。作为杂质元素，碳钢中锰、硅含量应分别控制在 0.8%和 0.5%以下。

4.2.2　合金元素在钢中的主要作用

1. 合金元素与碳的相互作用

合金元素按其与钢中碳的相互作用的情况，可分为非碳化物形成元素和碳化物形成元素两大类。镍、钴、铜、硅、铝、氮、硼等属于非碳化物形成元素，铁、锰、铬、钼、钨、钒、铌、锆、钛等属于碳化物形成元素。

所有合金元素都能不同程度地溶入铁素体或奥氏体中形成合金铁素体或合金奥氏体，起到固溶强化作用，使其强度、硬度升高，塑性和韧性下降。图 4.1 所示为几种合金元素含量对铁素体硬度和韧性的影响。由图可见，锰、硅能显著提高铁素体的硬度，但当 $w_{Mn}>1.5\%$、$w_{Si}>0.6\%$时，将显著降低其韧性。而铬和镍，在 $w_{Cr}\leqslant 2\%$、$w_{Ni}\leqslant 5\%$时，不仅能提高铁素体的硬度，还能提高其韧性。

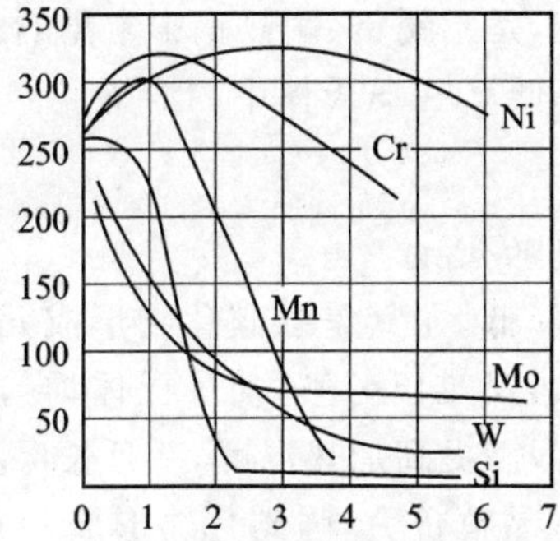

(a) 对韧性的影响

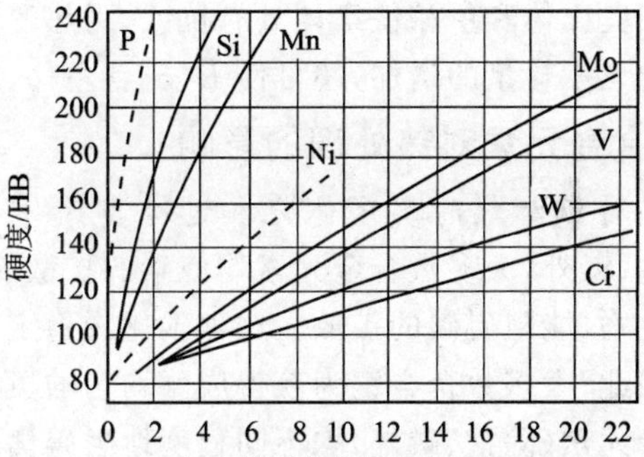

(b) 对硬度的影响

图 4.1　合金元素对铁素体力学性能的影响

在含量超过溶解度以后，碳化物形成元素以合金渗碳体或合金碳化物的形式存在。一些合金元素置换渗碳体中的部分铁原子形成合金渗碳体，如$(Fe,Mn)_3C$、$(Fe,Cr)_3C$ 等。合金渗碳体与 Fe_3C 的晶体结构相同，但比 Fe_3C 略稳定，硬度也略高，是一般低合金钢中碳化物的主要存在形式。一些强碳化物形成元素可以形成特殊的碳化物，如 WC、VC、TiC、Mo_2C、$Cr_{23}C_6$、Fe_3w_3C、Cr_7C_3 等。

通常，碳化物越稳定，其硬度越高；碳化物颗粒越细小，对钢的强化效果越显著。高速钢制作的刃具含有大量稳定性高的碳化物，故其硬度高，耐磨性好。

2. 合金元素对 Fe－Fe_3C 相图的影响

加入合金元素,可以改变 Fe－C 合金中基本相的存在范围。Mn、Ni、Co、C、N、B、Cu 等元素可使 A_3 向左下方移动,A_1 降低,扩大了奥氏体单相区,如图 4.2(a)所示。当钢中含有大量的这类元素时,可在室温形成单相奥氏体组织,称为奥氏体钢。

合金元素 Cr、Mo、W、V、Ti、Al、Si、Nb、Zr 等可使 A_3 向左上方移动,缩小了奥氏体单相区,如图 4.2(b)所示。当钢中含有较多这类元素时,可在室温形成单相铁素体组织,称为铁素体钢。

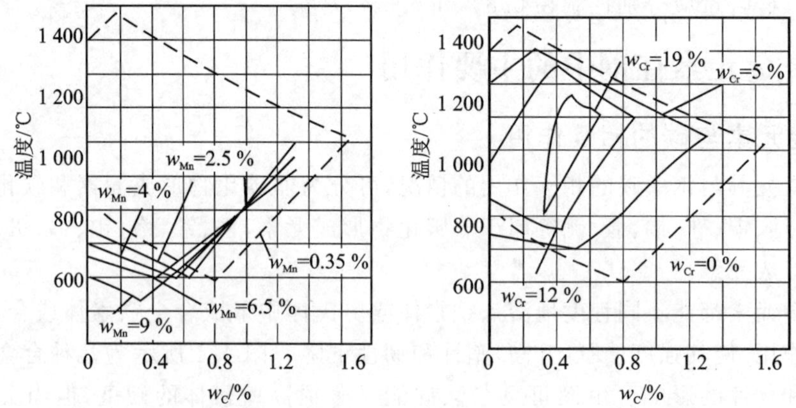

(a) 锰的影响　　(b) 铬的影响

图 4.2　合金元素锰、铬对 Fe－Fe_3C 相图的影响

单相奥氏体和单相铁素体具有抗蚀、耐热等性能,是不锈钢、耐热钢中常见的组织。此外,随着合金元素含量的增加,还可使 E、S 点左移,即降低 C 在奥氏体中的溶解度。

3. 合金元素对热处理的影响

(1) 对钢加热时奥氏体化和过冷奥氏体转变的影响

除钴、镍外,大多数合金元素均使碳的扩散能力降低,尤其是强碳化物形成元素所形成的特殊碳化物,能阻碍碳的扩散。这种碳化物稳定性大,又难以分解,使奥氏体均匀化过程难度加大。因此,大多数合金钢为获得成分均匀的奥氏体,需提高加热温度,并延长保温时间。

合金元素(除锰、磷外)均不同程度地阻碍奥氏体晶粒长大,强碳化物形成元素更为显著。它们形成的碳化物在高温下较稳定,且弥散质点分布在奥氏体晶界上,能阻碍奥氏体晶粒长大。因此,合金钢经热处理后的晶粒比相同含碳量的碳钢更细小,其性能较高。

固溶于奥氏体中的合金元素(除钴、铝外)能不同程度地阻碍碳的扩散,使奥氏体稳定性增加,C 曲线右移,提高钢的淬透性。硅、镍、锰等合金元素使 C 曲线右移,但形状不变,铬、钨、钼等碳化物形成元素不但使 C 曲线右移,且使 C 曲线分离成两个“鼻尖”。

实践证明,只有合金元素完全溶于奥氏体中,才能提高钢的淬透性,反之,使钢的淬透性降低。另外,多种合金元素同时加入钢中,对提高淬透性的作用比单纯加入某一种合金元素(此元素含量与多种合金元素含量相等)更显著。因此,淬透性好的钢大多采用多元少量的合金化原则。

合金元素对 M_s 和 M_f 也有显著影响。大多数合金元素(除钴、铝外)均使 M_s 和 M_f 降低,其中锰使 M_s、M_f 下降最为显著,从而增加了淬火后钢中残留的奥氏体含量。

（2）对回火转变的影响

① 提高钢的耐回火性（回火稳定性）　耐回火性是指淬火钢在回火时抵抗软化的能力。大多数合金元素（尤其是强碳化物形成元素）对原子扩散起阻碍作用，延缓马氏体分解。因此，在相同回火温度下，合金钢的硬度和强度比相同含碳量的碳钢高，即合金元素提高了钢的耐回火性。例如，9SiCr 钢和 T10 钢要求硬度相同时，9SiCr 钢要在较高温度下回火，便能提高塑性和韧性。

② 产生二次硬化　一些高合金钢在一次或多次回火后会出现硬度上升的现象，这种现象称为二次硬化。在含有较多 Mo、Cr、W、V 等碳化物形成元素的合金钢，在 500～600 ℃回火后，残留奥氏体析出合金碳化物。这类碳化物硬度高，颗粒细小，数量多，分散均匀，使钢回火后硬度有所提高。另外，残留奥氏体碳及合金元素贫化后，在冷却过程中将转变为马氏体或贝氏体，对硬度的提高也有一定的贡献，如图 4.3 所示。二次硬化的主要原因是碳化物的弥散析出。

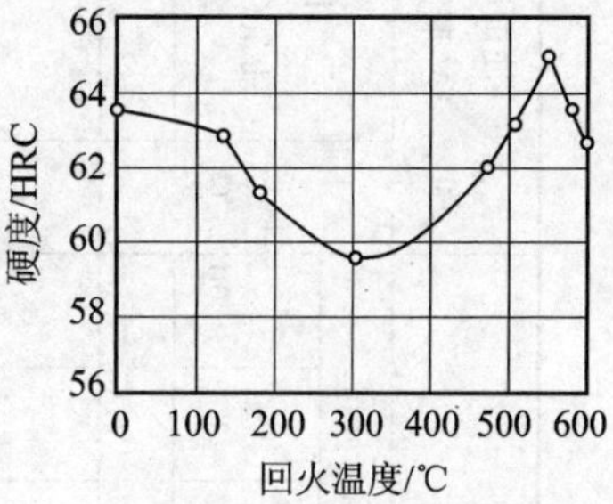

图 4.3　Mo、Cr、W、V 含量较高的高合金钢的硬度与回火温度关系曲线

4.3　结构钢

4.3.1　碳素结构钢

碳素结构钢冶炼简便，成本低，含碳量低，以板、带、棒及型钢的形式在热轧空冷状态下使用。其塑性高，焊接性好。这类钢的用量占钢材总量的约 70%，一般不进行热处理，对某些零件也可以进行正火、调质、渗碳等处理，以提高使用性能。

碳素结构钢牌号和力学性能见表 4.6。

Q195 和 Q215 钢材具有较高的塑性、韧性和焊接性能，良好的压力加工性能，但强度较低，用于制造承受载荷不大的金属构件、铆钉、垫圈、地脚螺栓及焊接结构等。Q235 含碳量适中，具有良好的塑性、韧性、冷冲压性能和焊接性能，以及一定的强度、良好的冷弯性能，广泛用于一般要求的零件和焊接结构，如螺栓、螺母、套圈、支架、机座、建筑结构、桥梁等。Q275 具有较高的强度、较好的塑性和切削加工性能，一定的焊接性能，主要用于制作承受中等载荷的零件，如齿轮、轴、键、销、链轮和链节等。

GB/T 700—2006

4.3.2　低合金高强度结构钢

低合金高强度结构钢是在低碳钢的基础上加入少量合金元素而形成的钢。钢中 $w_c<0.2\%$，常加入的合金元素有硅、锰、钛、铌、钒等，其总含量 $w_{Me}<3\%$。

钢的含碳量低是为了获得良好的塑性、焊接性和冷变形能力。合金元素硅、锰主要溶于铁素体中，起固溶强化的作用。钛、铌、钒等在钢中形成细小碳化物，起细化晶粒和弥散强化的作用，从而提高钢的强韧性。此外，合金元素能降低钢的共析含碳量。与相同含碳量的碳钢相比，低合金高强度结构钢中珠光体较多，且晶粒细小，故也可提高钢的强度。

表 4.6 碳素结构钢牌号和力学性能(摘自 GB/T 700—2006)

牌号	统一数字代号	等级	脱氧方法	屈服强度 R_{eL}/MPa 厚度(或直径)/mm ≤16	>16~40	>40~60	>60~100	>100~150	>150~200	抗拉强度 R_m/MPa	伸长率 $A_{11.3}$/% 厚度(或直径)/mm ≤40	>40~60	>60~100	>100~150	>150~200	冲击试验(V形缺口) 温度/℃	冲击吸收能量(纵向)KV/J
				≥							≥						≥
Q195	U11952	—	F、Z	195	185	—	—	—	—	315~430	33	—	—	—	—	—	—
Q215	U12152	A	F、Z	215	205	195	185	175	165	335~450	31	30	29	27	26	—	—
	U12155	B														+20	27
Q235	U12352	A	F、Z	235	225	215	205	195	185	370~500	26	25	24	22	21		—
	U12355	B														+20	27
	U12358	C	Z													0	
	U12359	D	TZ													−20	
Q275	U12752	A	F、Z	275	265	255	245	235	225	410~540	22	21	20	18	17		—
	U12755	B	Z													+20	27
	U12758	C	Z													0	
	U12759	D	TZ													−20	

注:

① 表中为镇静钢、特殊镇静钢牌号的统一数字代号,沸腾钢牌号的统一数字代号如下:Q195F - U11950;Q215AF - U12150、Q215BF - U12153;Q235AF - U12350、Q235BF - U12353;Q275AF - U12750。

② Q195 的屈服强度值仅供参考,不作为交货条件。本类钢通常不进行热处理而直接使用,因此只考虑其力学性能和有害杂质含量,不考虑含碳量。

③ A、B 级钢为普通质量碳钢;C、D 级钢为优质碳钢。

低合金高强度结构钢大多在热轧、正火状态下供应，组织为铁素体加珠光体，使用时一般不再进行热处理。

低合金高强度结构钢的强度高、塑性和韧性好，焊接性和冷成形性良好，耐蚀性较好，韧脆转变温度低，成本低，适于冷成形和焊接。在某些情况下，用这类钢代替碳素结构钢，可大大减轻零件或构件的重量。低合金高强度结构钢广泛应用于桥梁、车辆、船舶、锅炉高压容器、输油管以及低温下工作的构件，最常用的是 Q345 钢。常用低合金高强度结构钢力学性能和用途见表 4.7。

表 4.7　常用低合金高强度结构钢力学性能和用途(摘自 GB/T 1591—2018)

牌　号	质量等级	R_m/MPa	R_{eL}/MPa (≥)	A/% (≥)	冲击试验		用途举例
					温度/℃	KV/J (≥)	
Q345	A	470～630	345	20	—	—	大型船舶、铁路车辆、桥梁、管道、锅炉、压力容器、石油储罐、水轮机涡壳、起重及矿山机械、电站设备、厂房钢架等承受动载荷的各种焊接结构。一般金属构件、零件
	B				20	34	
	C			21	0	34	
	D				−20	34	
	E				−40	34	
Q390	A	490～650	390	20	—	—	中、高压锅炉汽包，中、高压石油化工容器，大型船舶，桥梁，车辆及其他承受高载荷的大型焊接结构件。承受动载荷的焊接结构件，如水轮机涡壳
	B				20	34	
	C				0	34	
	D				−20	34	
	E				−40	34	
Q420	A	520～680	420	19	—	—	大型船舶、桥梁、电站设备、起重机械、机车车辆、中压或高压锅炉及容器、大型焊接结构件，如北京国家游泳中心水立方的工程构件
	B				20	34	
	C				0	34	
	D				−20	34	
	E				−40	34	
Q460	C	550～720	460	17	0	34	厂房、一般建筑、高层钢结构建筑及各类工程机械，如矿山和各类工程施工用的钻机、电铲、电动轮翻斗车、矿用汽车、挖掘机、装载机、推土机、各类起重机、煤矿液压支架等机械设备及其他结构件，如北京中央电视台新楼的工程构件 GB/T 1591—2018
	D				−20		
	E				−40		
Q500	C	610～770	500	17	0	55	
	D				−20	47	
	E				−40	31	
Q550	C	670～830	550	16	0	55	
	D				−20	47	
	E				−40	31	
Q620	C	710～880	620	15	0	55	
	D				−20	47	
	E				−40	31	
Q690	C	770～940	690	14	0	55	
	D				−20	47	
	E				−40	31	

4.3.3 优质碳素结构钢

这类钢中有害杂质元素硫、磷受到严格控制,非金属夹杂物含量较少,塑性和韧性较好。供货状态通常为热轧或热锻状态。一般热处理后使用,主要制作较重要的机械零件。

按锰含量不同,优质碳素结构钢可分为一般锰含量的钢和较高锰含量的钢。对于一般锰含量的钢,当含碳量小于0.25%时,含锰量在0.35%~0.65%;当含碳量大于0.25%时,含锰量在0.50%~0.80%。对于较高锰含量的钢,当含碳量为0.15%~0.60%时,含锰量在0.70%~1.00%;当含碳量大于0.60%时,含锰量在0.90%~1.20%。

GB/T 699—2015

GB/T 699－2015共列出了28个牌号的优质碳素结构钢,见表4.8。

表4.8 优质碳素结构钢的力学性能(摘自GB/T 699—2015)

牌号	统一数字代号	正火温度/℃	淬火温度/℃	回火温度/℃	力学性能(≥)					交货硬度HBW(≤)	
					R_m/MPa	R_{eL}/MPa	A/%	Z/%	K/J	未热处理钢	退火钢
08	U20082	930	—	—	325	195	33	60	—	131	—
10	U20102	930	—	—	335	205	31	55	—	137	—
15	U20152	920	—	—	375	225	27	55	—	143	—
20	U20202	910	—	—	410	245	25	55		156	—
25	U20252	900	870	600	450	275	23	50	71	170	—
30	U20302	880	860	600	490	295	21	50	63	179	—
35	U20352	870	850	600	530	315	20	45	55	197	—
40	U20402	860	840	600	570	335	19	45	47	217	187
45	U20452	850	840	600	600	355	16	40	39	229	197
50	U20502	830	830	600	630	375	14	40	31	241	207
55	U20552	820	—	—	645	380	13	35	—	255	217
60	U20602	810	—	—	675	400	12	35	—	255	229
65	U20652	810	—	—	695	410	10	30	—	255	229
70	U20702	790	—	—	715	420	9	30	—	269	229
75	U20702	—	820	480	1080	880	7	30	—	285	241
80	U20802	—	820	480	1080	930	6	30	—	285	241
85	U20852	—	820	480	1130	980	6	30	—	302	255
15Mn	U21152	920	—	—	410	245	26	55	—	163	—
20Mn	U21202	910	—	—	450	275	24	50	—	197	—
25Mn	U21252	900	870	600	490	295	22	50	71	207	—
30Mn	U21302	880	860	600	540	315	20	45	63	217	187
35Mn	U21352	870	850	600	560	335	18	45	55	229	197
40Mn	U21402	860	840	600	590	355	17	45	47	229	207
45Mn	U21452	850	840	600	620	375	15	40	39	241	217
50Mn	U21502	830	830	600	645	390	13	40	31	255	217
60Mn	U21602	810	—	—	690	410	11	35	—	269	229
65Mn	U21652	830	—	—	735	430	9	30	—	285	229
70Mn	U21702	790	—	—	785	450	8	30	—	285	229

4.3.4　渗碳钢

1. 工作条件和性能要求

渗碳钢是指经渗碳（或碳氮共渗）淬火、低温回火后使用的钢，主要用于制造要求高耐磨性、承受高接触应力和冲击载荷的重要零件，如某些机械零件的齿轮、内燃机凸轮轴、活塞销等。这些零件的表面硬度高、耐磨性好，心部具有足够的强度和韧性，达到“表硬里韧”。

2. 化学成分

一般为低碳钢和低碳合金钢，含碳量为 0.10%～0.25%，可保证心部具有良好的塑性和韧性。加入合金元素 Ni、Cr、Mn、B 等，作用是提高淬透性，强化铁素体，改善表面和心部的组织与性能。镍在提高心部强度的同时还能提高韧性和淬透性。此外，加入微量的 Mo、W、V、Ti 等合金元素，能够形成稳定的合金碳化物，防止渗碳时晶粒长大，提高渗碳层的硬度和耐磨性。

按淬透性的高低不同，合金渗碳钢可分为低、中、高淬透性钢三类。

① 低淬透性合金渗碳钢，如 15Cr、20Cr、20Mn2、20MnV 等。这类钢的合金元素总的质量分数在 2.5%以下，淬透性较差，水淬临界直径约为 20～35 mm，心部强度偏低。

② 中淬透性合金渗碳钢，如 20CrMnTi、20CrMn、20CrMnMo、20MnVB 等。这类钢的合金元素的质量分数为 2%～5%，淬透性较好，油淬临界直径为 25～60 mm，渗碳淬火后有较高的心部强度。

③ 高淬透性合金渗碳钢，如 18Cr2Ni4W、20Cr2Ni4 等。这类钢的合金元素的质量分数大于 5%。在铬、镍等多种合金元素共同作用下，淬透性很高，油淬临界直径大于 100 mm，淬火和低温回火后心部有很高的强度。

3. 热处理特点

预先热处理一般采用正火工艺，渗碳后热处理一般是淬火加低温回火，或是渗碳后直接淬火。渗碳后工件表面碳的质量分数可达到 0.80%～1.05%，热处理后表面渗碳层的组织是回火马氏体＋合金碳化物＋残余奥氏体，硬度可达到 58～64 HRC。心部组织与钢的淬透性和零件的截面尺寸有关，全部淬透时为低碳回火马氏体＋铁素体，硬度为 40～48 HRC。未淬透时为索氏体＋铁素体，硬度为 25～40 HRC。

GB/T 3077—2015

常用渗碳钢的牌号、热处理、力学性能及用途详见表 4.9。

4. 应用实例

某航空发动机的齿轮如图 4.4 所示，材料为 12Cr2Ni4A。该钢含有大约 2%Cr、4%Ni，属于高淬透性合金渗碳钢，通常尺寸的零件均能淬透。渗碳技术要求：齿面渗碳层深度为 0.9～1.1 mm，加工余量为 0.162～0.230 mm，渗碳表面硬度≥60 HRC，非渗碳表面和基体硬度为 31～41 HRC。

该齿轮的制造工艺流程：模锻→正火→高温回火→机加工→非渗碳面镀铜→渗碳→高温回火→精加工→淬火→冷处理→低温回火→退铜→磨削。

表 4.9　常用渗碳钢的牌号、热处理、力学性能及用途(摘自 GB/T 699—2015 和 GB/T 3077—2015)

种类	牌号(统一数字代号)	热处理温度/℃			力学性能(≥)					退火硬度 HBW(≤)	用途举例
		一次淬火	二次淬火	回火	R_m/MPa	R_{eL}/MPa	A/%	Z/%	KV/J		
碳钢	15 (U20152)	920 空	—	—	375	255	27	55	—	—	导柱、活塞销等形状简单的小型渗碳件
碳钢	20 (U20202)	900 空	—	—	410	245	25	55	—	—	导柱、活塞销等形状简单的小型渗碳件
低淬透性	20Mn2 (A00202)	850 水、油	—	200 水、空	785	590	10	40	47	187	代替 20Cr,小齿轮、小轴、活塞销、缸套等
低淬透性	15Cr (A20152)	880 水、油	780~820 水、油	200 水、空	735	490	11	45	55	179	活塞销、凸轮、机车小零件及心部韧性高的渗碳零件等
低淬透性	20Cr (A20202)	880 水、油	780~820 水、油	200 水、空	835	540	10	40	47	179	机床齿轮、齿轮轴、活塞销、凸轮、蜗杆等
低淬透性	20MnV (A01202)	880 水、油	—	200 水、空	735	590	10	40	55	187	代替 20Cr,也用作锅炉、高压容器、管道等
中淬透性	20CrMnTi (A26202)	880 油	870 油	200 水、空	1 080	853	10	45	55	217	齿轮、齿轮轴、凸轮等,工艺性优良
中淬透性	20MnVB (A73202)	860 油	—	200 水、空	1 080	885	10	45	55	207	代替 20CrMnTi、20CrNi 等
中淬透性	20MnTiB (A74202)	860 油	—	200 水、空	1 130	930	10	45	55	187	代替 20CrMnTi
中淬透性	20CrMnMo (A34202)	850 油	—	200 水、空	1 175	885	10	45	55	217	代替含镍较高的渗碳钢,大型齿轮、活塞销等
中淬透性	12CrNi3 (A42122)	860 油	780 油	200 水、空	930	685	11	50	71	217	齿轮、凸轮州、油泵转子等截面稍大的渗碳零件
高淬透性	12Cr2Ni4 (A43122)	860 油	780 油	200 水、空	1 080	835	10	50	71	269	截面较大重要渗碳件,齿轮、蜗轮、蜗杆、方向接头叉等
高淬透性	20Cr2Ni4 (A43202)	860 油	780 油	200 水、空	1 175	1 080	10	45	63	269	大型渗碳齿轮、轴、方向叉、蜗杆、飞机发动机齿轮等
高淬透性	18Cr2Ni4W (A52182)	950 空	850 空	200 水、空	1 175	835	10	45	78	269	大齿轮、传动轴、花键轴、曲轴等大截面重要渗碳钢

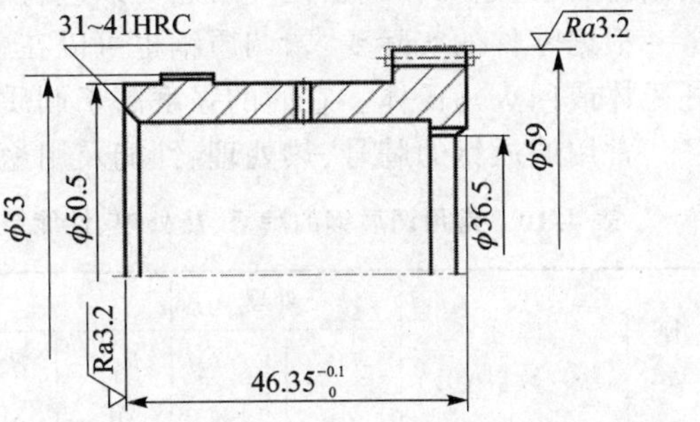

图 4.4　齿　轮

模锻后的正火是为了改善锻造后的不均匀组织。高温回火是为了降低硬度以便于机械加工。镀铜是为了防止非渗碳面渗碳。渗碳是为了使零件表层获得更高的含碳量，一般渗碳后空冷可细化组织。渗碳后进行高温回火是为了将硬度降至 35 HRC 以下，以便于加工，同时使碳化物球化，使其在后续淬火加热时溶入奥氏体的量减少，防止形成较多的淬火残余奥氏体。淬火是为了获得马氏体＋细小碳化物（含残余奥氏体）组织。冷处理可减少表面渗碳层中的残余奥氏体量。低温回火起消除应力、稳定组织和零件尺寸的作用。淬火＋低温回火是为了保证所要求的组织和性能。最终热处理后，零件表层组织为高碳回火马氏体（含少量残余奥氏体）＋细小均匀分布的碳化物；心部组织为低碳回火马氏体，能满足渗碳技术要求。

4.3.5　调质钢

1. 工作条件和性能要求

调质钢主要用于制造受力较复杂的重要结构零件，如航空发动机的涡轮轴、飞机起落架的承力零件、油泵的传动轴等。这些零件大多工作在交变载荷、冲击载荷的条件下，不仅要求具有较高的强度，还要求具有良好的塑性和韧性，即具有优良的综合力学性能。

2. 化学成分

调质钢的含碳量为 0.30%～0.50%。含碳量过低，强度、硬度得不到保证；含碳量过高，塑性、韧性不够，使用时也会发生脆断现象。钢中加入的主要合金元素有铬、镍、硅、锰，它们的主要作用是提高淬透性，并能够溶入铁素体中使之强化，还能使韧性保持在较理想的水平。钒、钛、钼、钨等能细化晶粒，可提高钢的回火稳定性，钼、钨还可以减轻和防止钢的第二类回火脆性，微量硼对 C 曲线有较大的影响，能明显提高淬透性，铝则可以加速钢的氮化过程。

按淬透性不同，调质钢可以分为三类。低淬透性合金调质钢，多为锰钢、硅锰钢、铬钢、硼钢，有 40Cr、40MnB、40MnVB 等。这类钢合金元素总的质量分数（$w_{Me}<2.5\%$）较低，淬透性不高，油淬临界直径约为 20～40 mm。中淬透性合金调质钢，多为铬锰钢、铬钼钢、镍铬钢，如 35CrMo、38CrMoAl、38CrSi、40CrNi 等。这类钢合金元素的质量分数较高，油淬临界直径约为 40～60 mm。高淬透性合金调质钢，多为铬镍钼钢、铬锰钼钢、铬镍钨钢，如 40CrNiMoA、40CrMnMo、25Cr2Ni4WA 等。这类钢合金元素的质量分数最高，淬透性也很高，油淬临界直径约为 60～100 mm。铬和镍的适当配合，使此类钢的力学性能更加优异。

3. 热处理特点

预先热处理采用退火或正火工艺，目的是改善锻造组织，细化晶粒，为最终热处理做好组织上的准备。最终热处理是淬火＋高温回火，淬火加热温度在 850 ℃左右，回火温度在 500～650 ℃范围内。合金调质钢的淬透性较高，一般都在油中淬火，合金元素质量分数较高的钢甚至在空气中冷却也可以得到马氏体组织。为了避开第二类回火脆性发生区域，回火后通常进行快速冷却。

热处理组织是回火索氏体，某些零件除了要求良好的综合力学性能外，表面对耐磨性还有较高的要求，这样在调质处理后还可以进行表面淬火或氮化处理。

根据零件的实际要求，调质钢也可以在中、低温回火状态下使用，这时得到的组织是回火托氏体或回火马氏体。它们的强度高于调质状态下的回火索氏体，但冲击韧性值较低。

常用调质钢的牌号、热处理、性能及用途详见表4.10。

表4.10 常用调质钢的牌号、热处理、性能及用途(摘自GB/T 699—2015和GB/T 3077—2015)

种类	牌号(统一数字代号)	热处理		力学性能(≥)					退火硬度 HBW(≤)	用途举例
		淬火	回火	R_m/MPa	R_{eL}/MPa	A/%	Z/%	KV/J		
碳钢	45(U20452)	840 水	600 水	600	335	16	40	39	197	形状简单、尺寸较小、中等韧性零件，如机床主轴、曲轴、齿轮等
	50(A20502)	830 水	600 水	630	375	14	40	31	207	
低淬透性	40Cr(A20402)	850 油	520 水、油	980	785	9	45	47	207	应用广泛，如制作轴、曲轴、曲柄、汽车转向节、连杆、齿轮等
	45Mn2(A00452)	840 油	550 水、油	885	735	10	45	47	217	截面50 mm以下代替40Cr
	40MnB(A71402)	850 油	500 水、油	980	785	10	45	47	207	代替40Cr
	40MnVB(A73402)	850 油	550 水、油	980	785	10	45	47	207	优于40Cr，部分代替40CrNi、42CrMo
	35SiMn(A10352)	900 水	570	885	735	10	45	47	229	代替40Cr，但低温韧性稍差
中淬透性	40CrNi(A40402)	820 油	520 水、油	980	785	10	45	47	241	汽车、拖拉机、机床、柴油机等的齿轮、曲轴、连杆等
	40CrMn(A22402)	840 油	550 水、油	980	835	9	45	47	229	代替40CrNi、42CrMo作高速但冲击载荷不大的零件
	35CrMo(A30352)	850 油	550 水、油	980	835	12	45	63	229	代替40CrNi作大截面零件
	30CrMnSi(A24302)	880 油	520 水、油	1 080	885	10	45	39	229	高速载荷砂轮轴、齿轮、联轴器、离合器等高速重载零件
	38CrMoAl(A33382)	9400 水、油	640 水、油	980	835	14	50	71	229	高级氮化钢，制造精密磨床主轴、镗床镗杆、蜗杆、高压阀门等

续表 4.10

种类	牌号（统一数字代号）	热处理		力学性能(≥)					退火硬度 HBW (≤)	用途举例
		淬　火	回　火	R_m/MPa	R_{eL}/MPa	A/%	Z/%	KV/J		
高淬透性	37CrNi3 (A42372)	820 油	500 水、油	1 130	980	10	50	47	269	活塞销、凸轮、轴、齿轮等高强度、韧性的重要零件
	40CrNiMo (A50402)	850 油	600 水、油	980	835	12	55	78	269	锻压机曲轴、锻造机偏心轴等大截面、受冲击载荷的高强度零件
	25Cr2Ni4W (A52252)	850 油	550 水	1 080	930	11	45	71	269	断面 200 mm 以下完全淬透的重要调质零件，也可作高级渗碳钢
	40CrMnMo (A34402)	850 油	600 水、油	980	785	10	45	63	217	部分代替 40CrNiMoA

4. 应用实例

某发动机的九级压气机盘如图 4.5 所示，选用材料 30CrMnSiA 制造。该零件的技术要求如下：热处理弯曲变形≤1.1 mm，布氏硬度值为 300～365 HBW；横向力学性能：R_m≥990 MPa，R_{eL}≥765 MPa，A≥5%，Z≥27 %，a_k≥0.8 MJ/m^2。该压气机盘的制造工艺流程为：模锻→880 ℃正火→机械加工→880 ℃淬火→550 ℃高温回火（水冷）→精加工。

模锻后的 880 ℃正火是为了改善锻造后的不均匀组织；880 ℃淬火＋550 ℃高温回火即调质处理，得到回火索氏体组织，使零件具有最佳的综合力学性能，满足技术条件要求。

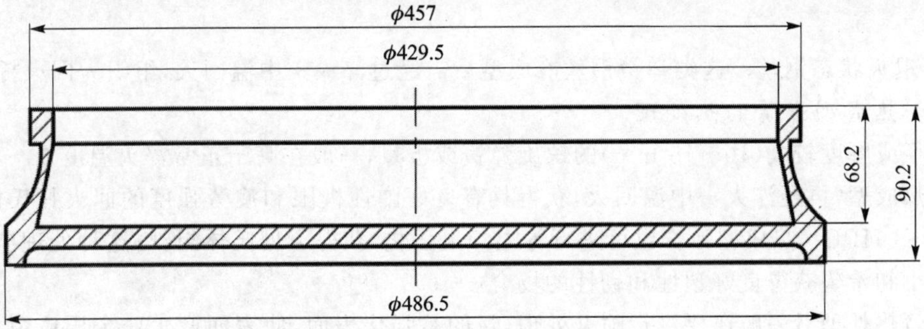

图 4.5　某发动机的九级压气机盘

4.3.6　弹簧钢

1. 工作条件和性能要求

弹簧在工作时主要受冲击、振动等动载荷以及承受扭转、弯曲等交变应力作用，要求弹簧钢必须有较高的强度、疲劳极限、弹性极限，以保证有足够的弹性变形能力，承受较大负荷，能吸收冲击能量,从而缓和振动和冲击。同时,弹簧钢还要求有一定的塑性和韧性,一定的淬透性,过热敏感性低,不易脱碳等。特殊场合下,弹簧钢还应具有一定的耐热性、耐蚀性等。弹簧钢主要用于制作各种弹簧和弹性元件,如仪表弹簧、发动机气门弹簧等。

2. 化学成分

GB/T 1222—2016

根据GB/T 1222—2016,常用弹簧钢材料为优质碳素弹簧钢和低合金弹簧钢。非合金弹簧钢含碳量为0.40%～0.90%,按照含锰量又分为一般含锰量(0.50%～0.80%)和较高锰含量(0.90%～1.20%)两类。非合金弹簧钢制成的弹簧件力学性能较差,只能用于制作不太重要场合的小弹簧。

低合金弹簧钢常加入硅和锰,主要是为了提高淬透性和屈强比,硅的作用比较明显,但是硅会使弹簧钢热处理表面脱碳倾向增大,锰则会使钢易于过热。铬、钒、钨的加入为的是在减小弹簧钢脱碳、过热倾向的同时,进一步提高其淬透性和强度。这些元素可以提高过冷奥氏体的稳定性,使大截面弹簧得以在油中淬火,降低其变形、开裂的几率。此外,钒还可以细化晶粒,钨、钼能防止第二类回火脆性,硼则有利于淬透性的进一步提高。

3. 热处理特点

根据弹簧的生产方式不同,可分为冷成型弹簧和热成型弹簧两类,其热处理工艺也有所不同。

(1) 冷成型弹簧

① 铅浴处理冷拉钢丝　先将冷拉盘条加热奥氏体化,随后在450～550 ℃的铅浴中等温,获得索氏体组织,再多次冷拔至所需直径的钢丝。冷卷成型后不必再进行淬火处理,只要在250～300 ℃退火消除应力即可。

② 油淬回火钢丝　先将钢丝冷拉到规定尺寸,进行油淬和中温回火处理,冷卷成型后再去应力回火。这类钢丝强度虽不如铅浴处理的冷拉钢丝,但是其性能均匀一致,组织为回火托氏体。

③ 退火状态钢丝　这类弹簧钢丝冷成型后需经过淬火＋中温回火,组织为回火托氏体。

(2) 热成型弹簧的热处理

直径或厚度较大(10～15 mm)的螺旋弹簧或板簧,一般在高于正常淬火温度50～80 ℃的条件下热成型,再经淬火＋中温回火,获得具有良好弹性极限和疲劳强度的回火托氏体,硬度为40～48 HRC。热成型弹簧也可进行等温淬火强化,获得下贝氏体组织,这种处理应用在要求变形小和希望获得良好塑性和韧性的场合。

弹簧热处理后一般还要进行喷丸处理,目的是强化表面,使表面产生残余压应力,提高疲劳强度,延长使用寿命。常用弹簧钢的牌号、热处理、性能及用途见表4.11。

4.3.7　滚动轴承钢

1. 工作条件和性能要求

用来制作各种滚动轴承零件(轴承内外套圈)、滚动体(滚珠、滚柱、滚针等)的专用钢称为滚动轴承钢。

表 4.11　常用弹簧钢的牌号、热处理、性能及用途(摘自 GB/T 1222—2016)

牌　号	统一数字代号	热处理		力学性能(≥)					用途举例
		淬　火	回　火	R_m/MPa	R_{eL}/MPa	断后伸长率 A/%	断后伸长率 $A_{11.3}$/%	Z/%	
65	U20652	840(油)	500	980	785	—	9.0	35	多用于工作温度不高的小型弹簧或不太重要的较大尺寸弹簧及一般机械用的弹簧
70	U20702	830(油)	480	1030	835	—	8.0	30	
80	U20802	820(油)	480	1080	935	—	6.0	30	
85	U20852	820(油)	480	1130	980	—	6.0	30	
65Mn	U21653	830(油)	540	980	785	—	8.0	30	各种小截面扁簧、圆簧、发条等,亦可制弹簧环、气门簧、减振器和离合器簧片、刹车簧等
70Mn	U21702	—	—	785	450	8.0	—	30	
28SiMnB	A76282	900(水、油)	320	1275	1180	—	5.0	25	汽车钢板弹簧
40SiMnVBE	A77406	880(油)	320	1800	1680	9.0	—	40	重型、中、小型汽车的板簧,其他中型断面的板簧和螺旋弹簧
55SiMnVB	A77552	860(油)	460	1375	1225	—	5.0	30	
38Si2	A11383	880(水)	450	1300	1150	8.0	—	35	轨道扣件用弹条
60Si2Mn	A11603	870(油)	440	1570	1375	—	5.0	20	各种弹簧,如汽车、机车、拖拉机的板簧、螺旋弹簧,一般要求的汽车稳定杆,低应力的货车转向架弹簧,轨道扣件用弹条
55CrMn	A22553	840(油)	485	1225	1080	9.0	—	20	汽车稳定杆,较大规格的板簧、螺旋弹簧
60CrMn	A22603	840(油)	490	1225	1080	9.0	—	20	
60CrMnB	A22609	840(油)	490	1225	1080	9.0	—	20	较厚的钢板弹簧、汽车导向臂等产品
60CrMnMo	A34603	860(油)	450	1450	1300	9.0	—	30	大型土木建筑、重型车辆、机械等使用的超大型弹簧
55SiCr	A21553	860(油)	450	1450	1300	6.0	—	25	汽车悬挂用螺旋弹簧、气门弹簧
60Si2Cr	A21603	870(油)	420	1765	1570	6.0	—	20	载荷大的重要弹簧、工程机械弹簧等

续表 4.11

牌　号	统一数字代号	热处理		力学性能(≥)					用途举例
		淬　火	回　火	R_m/MPa	R_{eL}/MPa	断后伸长率		Z/%	
						A/%	$A_{11.3}$/%		
56Si2MnCr	A24563	860(油)	450	1500	1350	6.0	—	25	一般用于冷拉钢丝、淬火回火钢丝制作悬架弹簧,或板厚大于10～15 mm的大型板簧等
52SiCrMnNi	A45523	860(油)	450	1450	1300	6.0	—	35	铬硅锰镍钢,欧洲客户用于制作载重卡车用大规格稳定杆
55SiCrV	A28553	860(油)	400	1650	1600	5.0	—	35	汽车悬挂用螺旋弹簧、气门弹簧
60Si2CrV	A28603	850(油)	410	1860	1665	6.0	—	20	高强度级别的变截面板簧,货车转向架用螺旋弹簧,载荷大的重要大型弹簧,工程机械弹簧等
50CrV	A23503	850(油)	500	1275	1130	10.0	—	40	工作应力高、疲劳性能要求严格的螺旋弹簧、汽车板簧等;较大截面的高负荷重要弹簧及工作温度小于300 ℃的阀门弹簧、活塞弹簧、安全阀弹簧
51CrMnV	A25513	850(油)	450	1350	1200	6.0	—	30	
52CrMnMoV	A36523	860(油)	450	1450	1300	6.0	—	35	汽车板簧、高速客车转向架弹簧、汽车导向臂等
60Si2MnCrV	A28600	860(油)	400	1700	1650	5.0	—	30	大载荷的汽车板簧
30W4Cr2V	A27303	1075(油)	600	1470	1325	7.0	—	40	工作温度500 ℃以下的耐热弹簧,如汽轮机主蒸汽阀弹簧、锅炉安全阀弹簧等

滚动轴承在工作时,滚动体与套圈处于点或线接触方式,承受很高的周期性交变承载,经常会发生疲劳破坏使局部产生小块的剥落。除滚动摩擦外,滚动体和套圈还存在滑动摩擦,所以轴承的磨损失效也是十分常见的。因此,滚动轴承必须具有较高的淬透性,高且均匀的硬度和耐磨性,良好的韧性、弹性极限和接触疲劳强度,在大气及润滑介质下有良好的耐蚀性和尺

寸稳定性。

2. 化学成分

通常所说的轴承钢是指高碳铬钢，含碳量约为 0.95％～1.05％，以保证其获得高强度、高硬度和高耐磨性。铬的主要作用是提高淬透性和回火稳定性，能与碳作用形成细小弥散分布的合金渗碳体$(Fe,Cr)_3C$，可以使奥氏体晶粒细化，减轻钢的过热敏感性，提高耐磨性，并能使钢在淬火时得到细针状或隐晶马氏体，使钢在保持高强度的基础上增加韧性。但铬的含量不宜过高，否则淬火后残余奥氏体的量会增加，碳化物呈不均匀分布，导致钢的硬度、疲劳强度和尺寸稳定性等降低。对大型轴承（如钢珠直径超过 30～50 mm 的滚动轴承），还可以加入硅、锰、钒，进一步提高淬透性、强度、耐磨性和回火稳定性。

滚动轴承钢的接触疲劳强度等对杂质和非金属夹杂物的含量和分布比较敏感，因此，必须将硫、磷的质量分数分别控制在 0.020％和 0.025％之内，其他杂质也应控制在规定范围之内。

3. 热处理特点

滚动轴承的预先热处理采用球化退火，目的是得到细粒状珠光体组织，降低锻造后钢的硬度（一般不高于 210 HBW），提高切削加工性能，并为最终热处理作组织准备。

滚动轴承钢的最终热处理为淬火＋低温回火。GCr15 是用量最大的轴承钢，淬火加热温度严格控制在 820～840 ℃，150～160 ℃回火，组织应为回火马氏体＋细小粒状碳化物＋少量残余奥氏体，硬度为 61～65 HRC。对于尺寸性稳定要求很高的精密轴承，可在淬火后于－60～－80 ℃进行冷处理，减少残余奥氏体的量，然后进行低温回火和磨削加工，最后稳定化处理（120～130 ℃保温 5～10 h），消除应力，稳定组织和尺寸。常用滚动轴承钢的牌号、热处理、性能及用途见表 4.12。

GB/T 18254—2016

表 4.12　高碳铬轴承钢的牌号、热处理、性能及用途（摘自 GB/T 18254—2016）

牌　号	统一数字代号	热处理		回火后 HBW	用途举例
		淬火/℃	回火/℃		
G8Cr15	B00151	830～850 水、油	160～180	179～207	轴承套圈、滚子，可代替 GCr15
GCr15	B00150	820～846 水、油	150～160	179～207	壁厚＜12 mm、外径＜250 mm 的套圈；直径 20～50 mm 的钢球；直径＜22 mm 的滚子
GCr15SiMn	B01150	820～846 水、油	150～170	179～217	淬透性高，大型或特大型轴承的套圈和滚动体
GCr15SiMo	B03150	850～860 水、油	175～185	179～217	
GCr18Mo	B02180	850～865 水、油	160～220	179～207	轴承套圈和滚动体

4.3.8 超高强度钢

超高强度钢与普通结构钢的强度的界限目前尚无统一规定,习惯上将室温抗拉强度超过1 500 MPa或屈服强度超过1 380 MPa的合金结构钢称为超高强度钢,以区别于一般的调质及非调质的高强度钢。超高强度钢除了要求高的抗拉强度外,还要求具有一定塑性和韧性。超高强度钢是当前强度最高的金属结构材料,航空超高强度钢代表一个国家的最高冶金水平。航空超高强度钢主要用于制作起落架、传动齿轮、主轴承和对接螺栓等关键构件。

超高强度钢通常按其合金化程度分为三类,即低合金超高强度钢(淬火加低温回火的马氏体钢)、中合金超高强度钢(热作模具钢5%Cr-Mo-V的改型钢种)、高合金超高强度钢(包括马氏体时效钢和沉淀硬化不锈钢等)。

1. 低合金超高强度钢

低合金中碳马氏体强化型超高强度钢(MART)是在低合金调质钢的基础上发展起来的,一般含碳量为0.30%~0.45%,合金元素总量一般不超过6%。Cr、Ni和Mn在钢中的主要作用是提高钢的淬透性,以保证较大的零件在适当的冷却条件下获得马氏体组织,Mo、W和V的主要作用是提高钢的回火抗力和细化晶粒。钢中杂质容易造成脆性,只有置换元素和间隙元素含量极少的超纯钢才可克服脆性。

低合金超高强度钢主要牌号包括镍铬钼调质钢4340(40CrNi2MoA)、镍铬钼钒钢D6AC(45CrNiMo1VA)、铬锰硅镍钢N31(30CrMnSiNi2A),在4340钢的基础上添加硅(1.6%)和钒(0.1%)制成的300M钢(40CrNi2Si2MoVA或42CrNi2Si2MoVA)以及不含镍的硅锰钼钒或硅锰铬钼钒钢等。这类钢中合金元素含量较低、成本低、生产工艺简单,广泛用于飞机大梁、起落架、发动机轴、高强度螺栓、固体火箭发动机壳体和化工高压容器等。常用低合金超高强度钢牌号、力学性能见表4.13。

GB/T 38809—2020

表4.13 低合金超高强度钢的力学性能(摘自GB/T 38809—2020)

牌号	推荐热处理制度	取样方向	公称尺寸/mm	R_m/MPa	$R_{p0.2}$/MPa	A/%	Z/%	KU_2/J
				不小于				
40CrNi2MoA	Ⅰ组 900±10 ℃保温1±0.1 h空冷 850±20 ℃保温1±0.1 h油冷 560±10 ℃保温2±0.2 h空冷	纵向	≤300	1080	980	12	45	47
	Ⅱ组 900±10 ℃保温1±0.1 h空冷 840±10 ℃保温1±0.1 h油冷 一次220±20 ℃保温2±0.2 h空冷 二次220±20 ℃保温2±0.2 h空冷	纵向	80~300	1794	1497	6	25	—

续表 4.13

牌　号	推荐热处理制度	取样方向	公称尺寸/mm	R_m/MPa	$R_{p0.2}$/MPa	A/%	Z/%	KU_2/J
				不小于				
40CrNi2Si2MoVA	预备热处理 925±15 ℃保温 1±0.1 h空冷 650～700 ℃保温 1～4 h空冷 最终热处理 870±15 ℃保温 1±0.1 h油冷 一次 300±5 ℃保温 2±0.2 h空冷 一次 300±5 ℃保温 2±0.2 h空冷	纵向	≤400	1860	1515	8	30	39
		横向	≤285	1860	1515	—	平均 30 单个 25	23
			285～400	1860	1515	—	平均 25 单个 20	23
42CrNi2Si2MoVA	预备热处理 925±15 ℃保温 1±0.1 h空冷 650～700 ℃保温 1～4 h空冷 最终热处理 870±15 ℃保温 1±0.1 h油冷 一次 300±5 ℃保温 2±0.2 h空冷 一次 300±5 ℃保温 2±0.2 h空冷	纵向	≤400	1930	1585	6	25	—
		横向	≤280	1930	1585	—	平均 30 单个 25	—
			280～340	1930	1585	—	平均 25 单个 20	—
			340～400	1930	1585	—	平均 20 单个 15	—
30CrMnSiNi2A	900±10 ℃保温 1±0.1 h油冷 200～300 ℃保温 2～2.5 h空冷	纵向	≤200	1620	1375	9	45	47
		横向		1620	1375	5	25	27
		纵向	200～300	1620	1375	8	40	39
		横向		1620	1375	5	25	24
30Si2MnCrMoVE	910～930 ℃保温 1±0.1 h空冷 920～940 ℃保温 1±0.1 h油冷 290～310 ℃保温 3±0.2 h空冷	纵向	≤450	1620	1320	9	40	40
31Si2MnCrMoVE	910～930 ℃保温 1±0.1 h空冷 920～940 ℃保温 1±0.1 h油冷 290～310 ℃保温 3±0.2 h空冷	纵向	≤450	1620	1320	9	40	40
45CrNiMo1VA	890～920 ℃保温 1±0.1 h空冷 880～900 ℃保温 1±0.1 h油冷 510～550 ℃保温 2±0.2 h空冷	纵向	≤300	1520	1420	9	35	35

2. 中合金超高强度钢

中合金超高强度钢是从 5%Cr 型模具钢的基础上发展起来的，主要合金元素是 Cr、W、Mo、V、Nb 等。这类钢的含碳量约为 0.4%，合金元素总量为 5%～10%，具有较高的淬透性，一般零件经高温奥氏体化后，空冷即可获得马氏体组织。在 500～550 ℃范围回火（或时效）后，强度和硬度会明显地提高，具有硬化峰值，表现出二次硬化特征，同时韧性提高。这类钢的特点是回火稳定性好、中温强度高，故除用于制作热作模具外，还可用于制造飞机起落架、火箭壳体、飞机发动机后框架等。

典型钢种有 H11(4Cr5MoSiV)钢、H13(4Cr5MoSiV1)钢和 16Ni10Co14Cr2Mo 钢。H11 是最早研制和使用的中合金超高强度钢,含碳量约为 0.40%,含铬量约为 5%,在空气冷却条件下可获得马氏体组织,经 500 ℃回火,析出 M_2C(M 表示金属元素)和 V_4C_3,产生二次硬化效应,强度可达 1 962 MPa 以上。

3. 高合金超高强度钢

(1) 沉淀硬化型不锈钢

超高强度不锈钢是在不锈钢的基础上发展起来的既具有较高的强度又保持足够韧性的钢,简称 PH 钢。通常加入 Ti、Mo、Al 等合金元素形成沉淀强化相,使其具有较高的抗拉强度和良好的耐蚀性。

马氏体型沉淀硬化不锈钢是最早应用的超高强度不锈钢,耐蚀性和焊接性比一般的马氏体不锈钢好、对氢脆不敏感、热处理简单,适宜制作耐酸且要求强度高的零部件。代表性钢种 05Cr17Ni4Cu4Nb(17-4PH),经固溶处理后得到低碳马氏体,硬度在 340 HBW 左右,再经 480 ℃时效处理,硬度达到 420 HBW 左右。为了改善其切削加工性能,在 620 ℃左右做时效处理,此时硬度达到 300 HBW 左右。其主要用于制造高应力耐腐蚀的化工设备零件、航空器结构件和高压容器等。

半奥氏体型沉淀硬化型不锈钢是在 18-8 奥氏体不锈钢的基础上发展起来的,组成相为奥氏体-马氏体。奥氏体和马氏体的比例决定了钢的强度、韧性等性能,可通过热处理工艺控制奥氏体和马氏体的相对数量,达到强度和韧度的合理配合。该类钢含碳量低,在室温下主要是不稳定的奥氏体,有较好的压力加工性能和焊接性能;M_s 点略低于室温,可通过各种处理使不稳定奥氏体转变为低碳马氏体,然后再通过时效沉淀析出金属间化合物以提高强度;缺点是化学成分和热处理温度的控制范围很窄、热处理工艺复杂、性能波动性较大。17-7PH(07Cr17Ni7Al)钢是典型半奥氏型沉淀硬化不锈钢,主要用于制作中高强度、有耐蚀性和抗氧化性要求的承力构件和弹性元件,如航空薄壁结构件、各种容器、导管、压气机盘、钢丝挡圈、异形簧等。PH15-7Mo(07Cr15Ni7Mo2Al)钢是以 2%Mo 取代 17-7PH 钢中 2%Cr 的半奥氏体型沉淀硬化不锈钢,综合性能比 17-7PH 钢更好。

(2) 马氏体时效钢

马氏体时效钢是以无碳(或微碳)马氏体为基体,通过金属间化合物在含碳极低的高镍马氏体基体中弥散析出来获得超高强度。当 Ni 含量大于 6%时,高温奥氏体冷却至室温转变为马氏体,再加热至 500 ℃左右,马氏体仍保持稳定。18Ni 是典型的马氏体时效钢,通过调整 Mo、Ti、Co 含量,强度级别可达到 200 ksi、250 ksi、300 ksi、350 ksi、400 ksi 和 500 ksi①,其中 400 级和 500 级由于韧性太低,生产工艺过于复杂,没有得到实际应用。马氏体时效钢的强韧性对 P、S、Mn、C 和 N 等杂质敏感,因此,改进冶炼工艺、减少有害杂质,可以显著提高马氏体时效钢的强韧性。

20 世纪 80 年代,由于 Co 资源短缺、价格上涨,限制了含钴马氏体时效钢的发展和应用,研究人员开始研制无钴马氏体时效钢来代替含钴马氏体时效钢。美国相继开发出 T-250、T-200、T-300,其成分特点是无 Co,Mo 含量减少,Ti 含量增加。随后,日本、韩国、印度等相继开发了无 Co 含 Cr 型、无 Co/Mo 含 W 型、无 Co 低 Ni 型等多种马氏体时效钢,这些钢种

① 英制单位,1 ksi=6.895 MPa。

的强度接近同级别含 Co 马氏体时效钢，并可节约 20%～30%的成本。

马氏体时效钢的优点是强度高，韧性好，可进行冷、热压力加工，焊接性良好，缺点是弹性模量低、刚性不足、抗疲劳性能也低于 300M 钢；化学成分的微小变化会引起力学性能的很大波动，限制了它在航空领域的应用。马氏体时效钢牌号、力学性能见表 4.14。

表 4.14　马氏体时效钢的化学成分及力学性能

牌　号	成分①/%					力学性能(≥)				
	Ni	Mo	Co	Ti	Al	R_m/MPa	$R_{p0.2}$/MPa	A/%	Z/%	K_{IC}/MPa·$m^{1/2}$
18Ni(200)	18	3.3	8.5	0.2	0.1	1 500	1 400	10	60	155～200
18Ni(250)	18	5.0	7.75	0.4	0.1	1 800	1 700	8	55	120
18Ni(300)	18	5.0	9.0	0.65	0.1	2 050	2 000	7	40	80
18Ni(350)	18	4.2②	12.5	1.6②	0.1	2 450	2 400	6	25	35～50
18Ni(铸态)	17	4.6	10.0	0.3	0.1	1 750	1 650	8	35	105
T-200③	18.5	3.0	—	0.7	0.1	1 380	1 400	10	60	123～142
T-250	18.5	3.0	—	1.4	0.1	1 725	1 655	10	56	100～123
T-300	18.5	4.0	—	1.85	0.1	2 068	1 940	9	45	72～93
W-250③	19.0	4.5W	—	1.2	0.1	1 800	1 780	9	—	100

注：① 各种钢的含碳量不大于 0.03%；② 有些产品名义上采用 1.8%Mo 和 1.4%Ti 的综合成分；③ T 代表主要强化元素为钛，W 代表主要强化元素为钨，数值表示强度级别。

(3) 低碳、高镍钴二次硬化钢

9Ni-4Co 系列是在 9%Ni 型低温钢的基础上加钴研制出的超高强度钢。该类钢利用回火马氏体组织和钴、镍的固溶强化作用得到高强度。钴能提高钢的 M_s 温度，减少钢中的残余奥氏体，获得自回火特性；镍使钢具有较好的低温韧性、良好的抗应力腐蚀性能和工艺性能；含碳量控制在 0.20%～0.45%范围内，起固溶强化作用；少量的铬、钼、钒使钢在回火时产生弥散强化效应。HP9-4-×系列包括 HP9-4-20(20Ni9Co4CrMoVA)、HP9-4-25(25Ni9Co4CrMoVA)、HP9-4-30(30Ni9Co4CrMoVA)、9Ni-4Co(45Ni9Co4CrMoVA)四种钢。随含碳量增加，钢的强度提高、韧性相应下降。采用 840 ℃奥氏体化后，在空冷条件下可获得低碳马氏体组织，经 500 ℃左右回火，可获得较高的强度和足够的韧性。该系列钢应用于火箭发动机壳体、飞机结构部件、船身与潜艇壳体、炮筒与装甲板等。30Ni9Co4CrMoVA 钢经淬火后 550 ℃回火，屈服强度可达 1 450 MPa，断裂韧度可达到 100 MPa·$m^{1/2}$ 以上，可焊性好，并具有良好的热稳定性，可在 370 ℃以下长期使用。

在 9Ni-4Co 系列钢的基础上研制出的 HY180，创造出第一个高 Co-Ni 合金钢。这种钢的拉伸强度约为 1 380 MPa，断裂韧度达 198 MPa·$m^{1/2}$，被认为是韧度与强度匹配的重要突破，但这一强度水平尚不能满足大多数航空构件的要求。在 HY180 基础上提高钴含量，研制出 AF1410。该钢经 510 ℃时效后，屈服强度可达到 1 600 MPa，断裂韧度超过 150 MPa·$m^{1/2}$，并有很好的抗应力腐蚀性能，主要用于制造飞机结构件和航空发动机的主要受力构件。但 AF1410 的强度偏低，不能像 300M 钢那样制造高比强度的结构件。沿用 HY180 和 AF1410 设计思路，研制 AerMet100。该钢与 AF1410 钢相比，从化学成分来看，提高了含碳量，主要合金元素

Ni、Cr、Co和Mo等的含量也得到了调整,同时把杂质元素S、P、N和O的含量控制在非常低的水平。AerMet100钢的抗拉强度≥1 930 MPa,断裂韧度≥110 MPa·$m^{1/2}$,并且具有良好的抗应力腐蚀性能。

4.4 工具钢

用于制造刃具、模具、量具等工具的钢称为工具钢。本节主要讨论工具钢的工作条件、性能要求、成分特点及热处理特点等。

4.4.1 刃具钢

1. 工作条件及性能要求

刃具是用于进行切削加工的工具,包括各种手用和机用的车刀、铣刀、刨刀、钻丝锥等。在切削时,刃具受到工件的压应力和弯曲应力,刃部与切屑之间发生相对摩擦,产生热量,使温度升高;切削速度愈大,温度愈高,有时可达500~600 ℃,一般受冲击作用较小。根据刃具工作条件,对刃具钢提出如下性能要求:

① 高硬度　只有刃具的硬度高于被切削材料的硬度时,才能顺利地进行切削。切削金属材料所用刃具的硬度,一般都在60 HRC以上。刃具钢的硬度主要取决于马氏体中的含碳量,因此,刃具钢的含碳量都较高,一般为0.6%~1.5%。

② 高耐磨性　耐磨性实际上是反映一种抵抗磨损的能力,当磨损量超越所规定的尺寸公差范围时,刃部就丧失了切削能力,刃具不能继续使用。因此,耐磨性亦可被理解为抵抗尺寸公差损耗的能力。耐磨性的高低,直接影响着刃具的使用寿命。硬度愈高、其耐磨性愈好。在硬度基本相同情况下,碳化物的硬度、数量、颗粒大小、分布情况对耐磨性有很大影响。实践证明,一定数量的硬而细小的碳化物均匀分布在强而韧的金属基体中,可获得较为良好的耐磨性。

③ 高热硬性　所谓热硬性是指刃部受热升温时,刃具钢仍能维持高硬度(大于60 HRC)的能力,热硬性的高低与回火稳定性和碳化物的弥散程度等因素有关。在刃具钢中加入W、V、Nb等,将显著提高钢的热硬性,如高速钢的热硬性可达600 ℃左右。

此外,刃具钢还要求具有一定的强度、韧性和塑性,以免刃部在冲击、震动载荷作用下,突然发生折断或剥落。

2. 非合金工具钢

非合金工具钢的w_c=0.65%~1.35%,一般需热处理后使用。这类钢加工性能好、价格低廉,经热处理后具有较高的硬度和耐磨性,但是其淬透性差,回火稳定性和红硬性不高,不能用作对性能有较高要求的刃具,主要用于制作低速切削刃具及对热处理变形要求低的一般模具、低精度量具等。非合金工具钢牌号、性能及用途见表4.15。

GB/T 1299—2014

3. 合金工具钢

(1) 化学成分

合金工具钢碳的平均质量分数大都在0.75%~1.5%,以保证获得较高的硬度和耐磨

表 4.15 非合金工具钢牌号、性能及用途(摘自 GB/T 1299—2014)

牌号 (统一数字代号)	退火状态硬度 HBW(≤)	淬火温度/℃	硬度 HRC (≥)	用途举例
T7(T00070)	187	800～820(水冷)	62	承受震动、冲击负荷,硬度适中有较好韧性的工具,如錾子、冲头、大锤等
T8(T00080)	187	780～800(水冷)	62	
T8Mn(T01080)	187	780～800(水冷)	62	性能与用途与 T8 钢相似,锰提高淬透性,制作截面较大的工具
T9(T00090)	192	760～780(水冷)	62	硬度高、韧性中等工具,如冲头、冲模、錾岩石用錾子
T10(T00100)	197	760～780(水冷)	62	耐磨性较高、不受剧烈运动、韧性中等、锋利刃口的工具,如刨刀、车刀、钻头、丝锥、拉丝模、冷冲模等
T11(T00110)	207	760～780(水冷)	62	
T12(T00120)	207	760～780(水冷)	62	不受冲击、高硬度的工具,如丝锥、锉刀、刮刀、铰刀、板牙、量具等
T13(T00130)	217	760～780(水冷)	62	

性。合金元素的加入量 3%～5%,其中锰、硅、铬主要作用是提高淬透性,硅还能提高回火稳定性,钨、钒等与碳形成细小弥散的合金碳化物,提高硬度和耐磨性,细化晶粒,进一步增加回火稳定性。

(2) 热处理特点

低合金刃具钢的预先热处理是球化退火,目的是改善锻造组织和切削加工性能,最终热处理是淬火+低温回火。组织为回火马氏体+碳化物+少量残余奥氏体,具有较高的硬度和耐磨性。

(3) 常用合金工具钢

常用的合金工具钢有 9SiCr、9Mn2V、CrWMn 等,其中以 9SiCr 钢应用居多。这类钢淬透性、耐磨性等明显高于非合金工具钢,而且变形量小,主要用于制造截面尺寸较大、几何形状较复杂、加工精度要求较高、切割速度不太高的板牙、丝锥、铰刀、搓丝板等。常用合金工具钢的牌号、热处理及用途见表 4.16。

表 4.16 常用合金工具钢的牌号、热处理及用途(摘自 GB/T 1299—2014)

牌号 (统一数字代号)	淬火温度/℃	硬度 HRC (≥)	回火温度 /℃	退火硬度 HBW (≤)	用途举例
9SiCr (T31219)	820～860 (油冷)	62	180～200	197～241	板牙、丝锥、铰刀、钻头、搓丝板、冷冲模
8MnSi (T30108)	800～820 (油冷)	60	150～160	≤229	木工錾子、锯条、切削工具
Cr06 (T30200)	780～810 (水冷)	64	—	187～241	外科手术刀、剃刀、刮刀、刻刀、锉刀

续表 4.16

牌　号 (统一数字代号)	淬火温度/℃	硬度 HRC (≥)	回火温度 /℃	退火硬度 HBW (≤)	用途举例
Cr2 (T31200)	830～860 (油冷)	62	150～170	179～229	车刀、插刀、铰刀、钻套、量具、样板
9Cr2 (T31209)	820～850 (油冷)	62	—	179～217	木工工具、冷冲模、钢印
W (T30800)	800～830 (水冷)	62	130～140	187～229	低速切削硬度较高金属的刀具,如麻花钻、车刀

4. 高速工具钢

高速工具钢是含有碳、钨、钼、铬、钒的铁基合金,有的还含有相当数量的钴。碳和合金含量平衡配置,以获得工业切削所需的高淬硬性、高耐磨性、高红硬性和良好的韧性。高速工具钢在工具钢中具有最高的高温硬度和红硬性。高速钢除制造刀具外,还可制造冷冲模、冷挤压模和要求耐磨性高的零件。

(1) 化学成分

高速钢的含碳量一般为 0.70%～1.65%。高的含碳量一方面保证淬火得到的马氏体有较高的硬度;另一方面保证与钨、钼等合金元素形成足够量的碳化物,增大钢的耐磨性和红硬性。含碳量也不宜过高,否则易产生严重碳化物偏析,降低钢的塑性和韧性。

钨是高速钢中最主要的合金元素,能提高钢的红硬性。淬火加热时,一部分碳化物溶入奥氏体,其余的部分作为残余碳化物保留下来,起到阻止奥氏体晶粒长大的作用,并能提高钢的耐磨性。溶入的部分可提高钢的回火稳定性,还可在回火过程中产生“二次硬化”效应。

钼的作用与钨相近,也是提高红硬性的主要元素,质量分数为 1%的钼可代替 1.8%的钨。钼还能提高钢的韧性和消除第二类回火脆性。但是含钼较高的高速钢脱碳和过热敏感性较大。

铬的主要作用是提高淬透性。铬的碳化物在淬火加热时容易溶解,几乎全部溶入奥氏体中,增加奥氏体的稳定性,使钢的淬透性大大提高。高速钢的含铬量一般都在 4%左右,过高会增加残余奥氏体量,过低则淬透性达不到要求。

钒的主要作用是细化晶粒,提高硬度和耐磨性,降低钢的过热敏感性。钒的碳化物比钨、钼、铬碳化物都稳定,而且颗粒细小,分布均匀,对奥氏体晶粒长大有很大的阻碍作用。高温回火时也会产生“二次硬化”,提高钢的红硬性。但因总含量不高,提高红硬性的作用不如钨、钼大。

加入钴能显著提高钢的红硬性和二次硬化性能,耐磨性、导热性和磨削加工性能明显改善。加入铝能提高钢的淬火加热温度。

(2) 常用高速工具钢的类型和应用

高速工具钢按化学成分分类,可分为钨系高速工具钢和钨钼系高速工具钢两种基本系列。

钨系高速钢以 W18Cr4V 为代表。这种钢综合性能好,通用性强。由于含钒量较少,磨削性能好,可用于制造各种精加工刃具,如拉刀、螺纹铣刀、成形车刀、宽刃精刨刀、齿轮刀具等。

由于含碳化物较多,故淬火时过热倾向小,抵抗塑性变形能力强。缺点是碳化物分布不均匀、颗粒较大,影响薄刃刀具和小截面刃具的使用寿命。

钨钼系高速钢以 W6Mo5Cr4V2 为代表。钼的加入细化了碳化物,提高了热塑性,便于压力加工,并且在热处理后有较好的韧性。由于这种钢含钒量较多,因此耐磨性优于 W18Cr4V。缺点是热处理时脱碳倾向大,红硬性略低于 W18Cr4V。可用于制造截面较大的刀具或承受较大冲击力的刀具(如插齿刀)以及结构较薄弱的刀具(如麻花钻、丝锥等),特别适用于制造轧制或扭制钻头等热成形刀具。

(3) 高速钢的热加工和热处理特点

高速钢的碳及合金元素质量分数皆较高,属于莱氏体钢,铸态组织有粗大鱼骨状的共晶碳化物,分布不均匀,使得铸态高速钢既硬又脆,无法直接使用。这些碳化物不能通过热处理来消除,只能通过锻造将其击碎,并使其均匀分布。因此,高速钢的锻造具有成形、改善碳化物的尺寸与分布的双重作用。为了达到上述要求,必须对高速钢反复墩粗、拔长,直到碳化物合格为止。由于高速钢的淬透性很高,空冷即可得到马氏体组织,因此锻后必须缓冷,以免开裂。

高速钢的预备热处理为球化退火,目的是降低硬度,改善切削加工性能,并为淬火作组织上的准备。退火后组织为索氏体和粒状碳化物。

高速钢的最终热处理为淬火+高温回火。高速钢含有大量难熔合金碳化物,淬火加热温度高,一般在 1 200～1 300 ℃。高速钢的导热性较差,淬火加热温度高,若加热速度太快,容易引起开裂,所以淬火加热时应进行一次(一般 800～840 ℃)或二次预热(500～600 ℃、800～840 ℃)。高速钢淬透性高,一般采用油冷,截面尺寸小的刃具,在空气中即可淬硬。对于形状复杂、要求变形小的刃具,先在中性盐浴中均温,然后空冷,可防止变形、开裂。正常的淬火组织为隐晶马氏体+粒状碳化物+20%～30%残余奥氏体。为了消除淬火应力,减少残余奥氏体,稳定组织,提高红硬性,高速钢在淬火后必须及时回火。高速钢一般在二次硬化峰值温度或稍高温度(通常 550～570 ℃)下回火,并进行多次(一般 3 次)。回火的主要目的是消除大量残余奥氏体。回火过程中,从残余奥氏体中析出合金碳化物,使奥氏体中合金元素含量减少,马氏体转变点 M_s 上升,并在回火冷却过程中,一部分残余奥氏体转变为马氏体。每回火一次,残余奥氏体含量就降低一次。高速钢回火组织为回火马氏体+碳化物+少量残余奥氏体。

GB/T 9943—2008

常用高速钢的牌号、成分、热处理及用途见表 4.17。

4.4.2　模具钢

用作冷冲压模、热锻压模、挤压模、压铸模等模具的钢称为模具钢。模具钢根据性质和使用条件的不同,可分为冷作模具钢和热作模具钢两大类。

1. 冷作模具钢

冷作模具钢是用于在室温下对金属进行变形加工的模具,包括冷冲模、冷镦模、冷挤压模、拉丝模等。

表 4.17　常用高速钢牌号、热处理及用途(摘自 GB/T 9943—2008)

牌　号 (统一数字代号)	淬火温度/℃	淬火介质	回火温度/℃	硬度 HRC (≥)	用途举例
W18Cr4V (T51841)	盐浴炉 1 250～1 270 箱式炉 1 260～1 280	油或盐浴	550～570	63	中速切削车刀、刨刀、钻头、铣刀
W6Mo5Cr4V2 (T66541)	盐浴炉 1 200～1 220 箱式炉 1 210～1 230		550～570	64	耐磨和韧性配合的中速切削刀具、丝锥、钻头
W2Mo9Cr4V2 (T62942)	盐浴炉 1 190～1 210 箱式炉 1 200～1 220		540～560	64	铣刀、丝锥、锯条、车刀、拉刀、冷冲模具
W6Mo5Cr4V2Al (T66546)	盐浴炉 1 200～1 220 箱式炉 1 230～1 240		550～570	65	切削难加工材料的车刀、镗刀、铣刀、钻头、拉刀、齿轮刀具
W9Mo3Cr4V (T69341)	盐浴炉 1 200～1 220 箱式炉 1 220～1 240		540～560	64	各种切削刀具和冷、热模具
W12Cr4V5Co5 (T71245)	盐浴炉 1 220～1 240 箱式炉 1 230～1 250		540～560	65	特殊耐磨刀具、螺纹梳刀、车刀、铣刀、刮刀、滚刀

(1) 工作条件和性能要求

冷作模具在工作时承受着强烈的载荷和摩擦、冲击作用，主要的失效形式包括磨损、变形和开裂等，因此冷作模具钢要求具有较高的硬度和耐磨性，良好的韧性和疲劳强度。截面尺寸较大的模具还要求具有较高的淬透性，高精度模具则要求热处理变形小。

(2)化学成分

为保证获得高硬度和高耐磨性，冷作模具钢碳的质量分数较高，大多超过 1.0%，有的甚至高达 2.0%。铬是冷作模具钢中的主要合金元素，能提高淬透性，形成 Cr_7C_3 或 $(Cr,Fe)_7C_3$ 等碳化物，能明显提高钢的耐磨性。锰可以提高淬透性和强度，钨、钼、钒等与碳形成细小弥散的碳化物，除了进一步提高淬透性、耐磨性、细化晶粒外，还能提高回火稳定性、强度和韧性。

(3)热处理特点

冷作模具钢的性能要求与刃具钢相似，但要求热处理变形要小，对热硬性要求不高。因此，冷作模具钢的热处理与刃具钢类似。下面以 Cr12 钢为例介绍冷作模具钢的热处理。Cr12 钢为莱氏体钢，须经反复锻造破碎共晶碳化物，并使其分布均匀。锻造后应进行球化退火。最终热处理方案有两种：一种是采用较低的淬火温度和较低的回火温度。如 Cr12 钢加热到 950～1 000 ℃保温后油淬，在 150～180 ℃回火，硬度 61～64 HRC。这种方法处理后的模具变形小，耐磨性高，应用较广泛。另一种是采用较高的淬火温度与多次回火。如 Cr12 钢加热到 1 100～1 150 ℃保温后油淬，在 510～520 ℃多次回火，产生二次硬化，硬度 60～62 HRC。这种方法处理后可获得较高的红硬性，但韧性较差，常用来处理在 400～450 ℃工作的模具或需进行氮碳共渗的模具。Cr12 钢热处理后的组织为回火马氏体＋碳化物＋残余奥氏体。

(4)常用冷作模具钢

按冷作模具钢使用条件，大部分刃具用钢都可以用于制造某些冷作模具。表 4.18 列举了部分冷作模具钢的牌号、热处理、性能及用途。

表 4.18　冷作模具钢的牌号、热处理、性能及用途(摘自 GB/T 1299—2014)

牌　号 (统一数字代号)	交货状态硬度 HBW	淬火温度/℃	硬度 HRC (≥)	用途举例
9Mn2V (T20019)	≤229	780～810(油冷)	62	较高硬度和耐磨性,用作各种精密量具、样板,小尺寸冲模及冷压模等
9CrWMn (T20299)	197～241	800～830(油冷)	62	制作截面不大而变形复杂的冷冲模
CrWMn (T21290)	207～255	800～830(油冷)	62	淬火要求变形很小、长而形状复杂的刀具,拉刀、长丝锥及形状复杂、高精度的冷冲模
MnCrWV (T20250)	≤255	790～820(油冷)	62	钢板冲裁模、剪切刀、落料模、量具和热固性塑料成型模等
Cr4W2MoV (T21320)	≤269	960～980(油冷) 1020～1040(油冷)	60	代替 Cr12MoV、Cr12,制作冷冲模、冷挤压模、搓丝板
6W6Mo5Cr4V (T21836)	≤269	1180～1200(油冷)	60	冲头、冷作凹模、冷挤压模、温挤压模、热剪切模
Cr12 (T21200)	217～269	950～1000(油冷)	60	耐磨性高、尺寸较大模具,冷冲模、冲头、钻套、量规、螺纹滚丝模、拉丝模、冷切剪刀

2. 热作模具钢

热作模具钢是指适于制作热态金属(固态或液态)成形模具的合金工具钢,如热锻模具、热挤压模具、压铸模具等。

(1) 工作条件和性能要求

热作模具在工作时要承受较大的载荷(如压力、扩张力等)、金属在模腔内流动的摩擦力、反复受热和冷却产生的热应力等。因此,要求热作模具用钢有足够的强韧性、较高的热硬性和高温耐磨性、高的抗热疲劳能力、高的热稳定性和尺寸稳定性。

(2) 化学成分

热作模具钢碳的质量分数一般保持在 0.3%～0.6%范围内,以获得所需的强度、硬度、耐磨性和韧性。含碳量过高,会导致韧性和导热性下降;含碳量过低,强度、硬度、耐磨性难以保证。

热作模具钢常加入较多的提高淬透性的元素,如 Cr、Ni、Mn、Si 等。铬是提高淬透性的主要元素;镍除可提高淬透性外,还能强化铁素体和增加钢的韧性;锰能提高淬透性和强度,但是有使韧性下降的趋势;Mo、W、V 等能产生二次硬化,提高红硬性、回火稳定性、抗热疲劳性、细化晶粒,钼和钨还能防止第二类回火脆性。

(3)热处理特点

热锻模的预备热处理一般为完全退火,目的是消除锻造应力,改善切削加工性能。退火后的组织为细片状珠光体和铁素体。最终热处理一般为淬火+高温(或中温)回火,主要目的是提高红硬性、抗热疲劳性和韧性。组织为回火索氏体(或回火托氏体)。压铸模用钢 3Cr2W8V,由于合金元素含量高,已属于过共析钢,回火抗力高,有二次硬化现象。600～650 ℃回火,组织为回火马氏体和粒状碳化物。

常用热作模具钢的牌号、热处理、性能及用途见表4.19。

表4.19 常用热作模具钢的牌号、热处理、性能及用途(摘自GB/T 1299—2014)

牌号	统一数字代号	交货状态(退火)硬度HBW	淬火、回火温度/℃(冷却剂)	用途举例
5CrMnMo	T22345	197～241	820～850(油冷)	中、小型锻模
5CrNiMo	T22505	197～241	830～860(油冷)	大、中型锻模
4CrNi4Mo	T23504	≤285	840～870(油冷或空冷)	热作模具、塑料模具和部分冷作模具
4Cr5W2VSi	T23274	≤299	1 030～1 050(油冷或空冷)	高速锤用模具与冲头,热挤压模及芯棒,有色金属压铸模
3Cr2W8V	T23273	≤255	1 075～1 125(油冷)	压铸模、平锻机的凸模和凹模、镶块、铜合金挤压模
5Cr4W5Mo2V	T23325	≤269	1 100～1 150(油冷)	热作模具,可替代3Cr2W8V
3Cr3Mo3VCo3	T23393	≤229	1 000～1 050(油冷)	热挤压模、温锻模和压铸模具

4.4.3 量具钢

量具钢主要用于制造各种测量工具,如卡尺、千分尺、量块、塞规、块规等。从严格意义上讲,量具钢并不算做独立的钢种,可以纳入其他钢种范畴,如碳素工具钢、低合金工具钢、滚动轴承钢、冷作模具钢、不锈钢等都可用于制造量具。

1. 工作条件和性能要求

量具在使用过程中经常与被测零件紧密接触并相对移动,易受到磨损,有时还受到碰撞,因此要求其具有较高的硬度和耐磨性,以保证测量精度,还要有耐轻微冲击、碰撞的能力,热处理变形要小,在存放和作用过程中要有极高的尺寸稳定性。

2. 成分特点及常用钢种

量具钢含碳的质量分数较高,一般为0.90%～1.50%,以保证良好的硬度和耐磨性。量块、量规等形状复杂、精度要求高的量具可用CrWMn、GCr15等钢制造。样板、塞规等形状简单、尺寸小、精度要求不高的量具可用T10A、T12A制造。使用频繁、精度要求不高的卡板、样板等可用60、65Mn等钢制造。要求耐腐蚀的量具可用40Cr13(4Cr13)、95Cr18(9Cr18)等钢制造。

3. 热处理特点

热处理的主要目的是得到高硬度和高耐磨性,保持高的尺寸稳定性,故量具钢应尽量在缓冷介质中淬火,并进行深冷处理以减少残余奥氏体量,然后低温回火消除应力,保证高硬度和高耐磨性。

4.5 特殊性能钢

4.5.1 不锈钢

不锈钢是指某些在大气和一般介质中具有较高化学稳定性的钢。按化学成分不同,不锈钢可分为铬不锈钢、铬镍不锈钢(18－8型)、铬锰不锈钢等。按金相组织特点则可分为马氏体不锈钢、铁素体不锈钢、奥氏体不锈钢、奥氏体-铁素体不锈钢、沉淀硬化型不锈钢5类。

1. 马氏体不锈钢

常用的马氏体不锈钢有含碳量为0.1%～0.40%的Cr13型、含碳量为0.8%～1.0%的Cr18型。这类钢的淬透性很高,正火即可得到马氏体组织。典型钢号有12Cr13(1Cr13)、20Cr13(2Cr13)30Cr13(3Cr13)、40Cr13(4Cr13)、95Cr18(9Cr18)等。马氏体不锈钢具有很好的力学性能,但其耐蚀性、塑性及焊接性稍差。12Cr13、20Cr13采用淬火＋高温回火工艺,类似调质钢,耐蚀性较好,且具有较好的力学性能,主要用作耐蚀结构件,如汽轮机叶片等;30Cr13、40Cr13、95Cr18采用淬火＋低温回火工艺,类似于工具钢,强度和耐磨性较高,但耐蚀性较低,主要用作防锈手术器械和刃具。

2. 铁素体不锈钢

铁素体不锈钢的成分特点是含铬量高($w_{Cr}>17\%$),含碳量低($w_{c}<0.15\%$),在加热和冷却过程中没有或很少发生$\alpha\rightarrow\gamma$转变,属于铁素体钢。这类钢在氧化性酸中具有良好的耐蚀性,同时具有较高的抗氧化性能。工业上常用的铁素体不锈钢牌号有10Cr17(1Cr17)等。

3. 奥氏体不锈钢

奥氏体不锈钢的含碳量很低,其质量分数大多数在0.1%左右,$w_{Cr}=18\%$、$w_{Ni}=8\%\sim10\%$,具有稳定的奥氏体组织。在钢中加入Ti和Nb,以防晶间腐蚀,如12Cr18Ni9(1Cr18Ni9)。这类钢韧性高,具有良好的耐蚀性和高温强度、较好的抗氧化性、良好的压力加工性能和焊接性能;缺点是强度和硬度偏低,且不能热处理强化;具有强烈的加工硬化能力,一般利用冷塑性变形进行强化,切削加工性较差。

4. 奥氏体-铁素体双相不锈钢

奥氏体-铁素体双相不锈钢同时具有铁素体相与奥氏体相,且两相组织独立存在,含量都较大,一般认为最少相的含量应大于15%。实际工程中应用的双相不锈钢多以奥氏体为基体,并含有不少于30%的铁素体,最常见的是两相各占约50%的双相不锈钢。双相不锈钢兼有奥氏体和铁素体不锈钢的特点,与铁素体型不锈钢相比,塑性、韧性更高,无室温脆性,耐晶间腐蚀性能和焊接性能均显著提高,同时还保持有铁素体不锈钢的475 ℃脆性以及导热系数高,具有超塑性等特点。与奥氏体不锈钢相比,双相不锈钢强度高且耐晶间腐蚀有明显提高。典型牌号有12Cr21Ni5Ti、022Cr22Ni5Mo3N、03Cr25Ni6Mo3Cu2N等。

5. 沉淀硬化不锈钢

沉淀硬化不锈钢是在不锈钢化学成分的基础上添加不同类型、数量的强化元素,通过沉淀硬化过程析出不同类型和数量的碳化物、氮化物、碳氮化物和金属间化合物,既提高钢的强度又保持足够的韧性的一类高强度不锈钢,按其组织形态可分为沉淀硬化奥氏体型、沉淀硬化半奥氏体型和沉淀硬化马氏体型三类。典型牌号有07Cr17Ni7Al(17－7PH)、05Cr17Ni4Cu4Nb(17－4PH)、04Cr13Ni8Mo2Al(PH13－8Mo)等。

GB/T 20878—2007

表4.20所列为常用不锈钢牌号、热处理、性能及用途(摘自GB/T 20878—2007)。

表 4.20 常用不锈钢牌号、热处理、性能及用途(摘自 GB/T 20878—2007)

类别	统一数字代号	牌号(旧牌号)	热处理温度/℃(冷却剂)		力学性能(≥)						用途举例
					R_m/MPa	R_{eL}/MPa	A/%	Z/%	KV/J	硬度/HBW	
铁素体型	S11710	10Cr17(1Cr17)	退火 780～850(空冷或缓冷)		450	205	22	50		≤185	耐蚀性好,用于建筑装潢、家用电器和用具,食品、硝酸工厂设备
	S13091	008Cr30Mo2(00Cr30Mo2)	退火 900～1050(快冷)		450	295	20	45		≤228	耐蚀性很好,用于耐有机酸、苛性碱设备
马氏体型	S41010	12Cr13(1Cr13)	退火 880～900(缓冷或约750 快冷)	淬火 950～1 000(油冷) 回火 700～750(快冷)	540	345	25	55	78	≤200	好的耐蚀性和切削加工性。用于一般零件和刃具,螺栓、螺母、生活用品
	S42030	30Cr13(3Cr13)		淬火 920～980(油冷) 回火 600～750(快冷)	735	540	12	40	24	≤235	用于硬度较高的耐蚀耐磨刀具、量具、喷嘴、阀座、阀门、医疗器械
	S44070	68Cr17(7Cr17)	退火 800～920(缓冷) 淬火 1 010～1 070(油冷) 回火 100～180(快冷)							54HRC	强度、韧性、硬度较好,用于刃具、量具、轴承
	S44096	108Cr17(11Cr17)	淬火 1 010～1 070(油冷) 回火 100～180(快冷)							58HRC	不锈钢和耐热钢中硬度最高,用于喷嘴、轴承
奥氏体型	S30210	12Cr18Ni9(1Cr18Ni9)	固溶处理 1 050～1 150(快冷)		520	205	40	60		≤187	冷加工后强度高,用于建筑装潢材料和硝酸、化肥等化工设备零件
	S30458	06Cr19Ni10N(0Cr19Ni9N)	固溶处理 1 010～1 550(快冷)		649	275	35	50		≤217	应用最广,用于食品、化工、核能设备零件
	S30403	022Cr19Ni10(00Cr19Ni10)	固溶处理 1 050～1 150(快冷)		480	177	40	60		≤187	含碳量低,用于耐晶间腐蚀,焊后不热处理的零件

4.5.2 耐热钢

在高温下具有较高的强度和良好的化学稳定性的合金钢称为耐热钢，包括抗氧化钢（或称为耐热不起皮钢）、热强钢两类。抗氧化钢一般要求较好的化学稳定性，但承受的载荷较低，其主要失效原因是高温氧化，例如工业炉窑的炉栅及炉底板等。热强钢则要求较高的高温强度和相当的抗氧化性，其主要失效原因是高温强度不足导致的高温致脆和蠕变开裂。

耐热钢按合金元素多少通常可分为两类：一类是在低合金结构钢基础上发展起来的低合金珠光体型热强钢；另一类是在不锈钢基础上发展起来的高合金专用耐热钢，包括奥氏体型、铁素体型、马氏体型和沉淀硬化型耐热钢。

珠光体型热强钢按碳含量可分为低碳珠光体热强钢、中碳珠光体热强钢两类。合金元素总量一般不超过 5%，主加元素为铬、钼，辅加元素是钒、钛、铌、钨等。低碳珠光体热强钢主要用于制造锅炉钢管或其他管道材料，常用牌号有 12CrMo、15CrMo、12CrMoV 等。中碳珠光体热强钢主要用于制造耐热紧固件、汽轮机转子等，常用牌号有 25Cr2MoV、35CrMoV 等。热处理一般采用正火（中碳可用油淬）加高温回火得到珠光体（或索氏体）和部分铁素体组织。若正火时冷却速度较快，合金元素含量较高或种类较多，则组织为铁素体和贝氏体。

马氏体型耐热钢又分为两类：一类是在 Cr13 型不锈钢中加入钼、钨、钒等合金元素形成的马氏体热强钢，常用牌号有 13Cr13Mo、14Cr11MoV、18Cr12MoVNbN 等，适于制造工作温度在 600 ℃以下的汽轮机叶片；另一类是中碳铬硅钢，常用牌号有 42Cr9Si2、40Cr10Si2Mo 等，常用于制造工作温度在 650 ℃以下的排气阀。

铁素体型耐热钢是在铁素体不锈钢的基础上进一步合金化而形成的钢种，具有单相铁素体组织，表面容易获得致密的、连续的保护性薄膜，不但抗氧化性能强，还可耐含硫气氛的腐蚀。与铁素体不锈钢一样，铁素体型耐热钢因为无固态相变，同样有晶粒长大倾向引起的韧性下降。铁素体耐热钢宜用于受力不大的构件，如炉用部件、散热器、喷嘴等。典型牌号有 06Cr13Al、022Cr12、16Cr25N。

奥氏体型耐热钢是在奥氏体不锈钢的基础上添加 W、Mo、V、Ti 等元素制成的，具有比珠光体热强钢和马氏体热强钢更高的热强性和抗氧化性，此外还有高的塑性、韧性及良好可焊性、冷塑性，一般在 650～900 ℃范围内使用。45Cr14Ni14W2Mo 属于中碳奥氏体型阀门钢，在 700 ℃以下有较高的热强性，在 800 ℃以下有良好的抗氧化性能，用于制造在 700 ℃以下工作的内燃机或柴油机重负荷进、排气阀和紧固件，在 500 ℃以下工作的航空发动机及其他产品零件，也可作为渗氮钢使用。

沉淀硬化型耐热钢包括 05Cr17Ni4Cu4Nb、07Cr17Ni7Al、06Cr15Ni25Ti2MoAlVB 三个牌号。05Cr17Ni4Cu4Nb 钢是添加铜和铌的马氏体沉淀硬化型钢，用作燃气透平压缩机叶片、燃气透平发动机周围材料。07Cr17Ni7Al 钢是添加铝的半奥氏体沉淀硬化型钢，用作高温弹簧、膜片、固定器、波纹管。06Cr15Ni25Ti2MoAlVB 钢是奥氏体沉淀硬化型钢，具有高的缺口强度，在温度低于 980 ℃时抗氧化性能与 06Cr25Ni20 相当，主要用于 700 ℃以下的工作环境，要求具有高强度和优良耐蚀性的部件或设备，如汽轮机转子、叶片、骨架燃烧室部件和螺栓等。

4.5.3 耐磨钢

耐磨钢是指用于制造高耐磨性零件的特殊性能钢。广义上，高碳工具钢、部分结构钢（主要是硅、锰结构钢)以及合金铸钢均可用于制造耐磨零件。耐磨钢大体上可分为奥氏体锰钢和合金耐磨钢。

1. 奥氏体锰钢

奥氏体锰钢的碳含量为 0.7%～1.35%,硅含量为 0.3%～0.9%,锰含量为 6%～19%。对有害元素 P 和 S 分别限制在 0.060%和 0.040%以下。根据情况,各牌号允许加入微量的 V、Ti、Nb、B 和 RE 等元素。高含碳量可以提高耐磨性(过高时韧性下降,且在高温时易析出碳化物),高锰可以保证固溶时形成单相奥氏体。奥氏体锰钢产生加工硬化,难以进行压力加工和切削加工,一般采用铸造成型。铸态组织通常由奥氏体、碳化物和珠光体组成,有时还含有少量磷共晶,因此很脆,无法直接使用。通常的热处理方法是固溶处理,即将铸件加热至 1 050～1 100 ℃,使碳化物全部溶入奥氏体中,然后水冷得到单相过饱和奥氏体组织,此种热处理也称为水韧处理。铸件经水韧处理后,塑性、韧性良好。工作时,若受到强烈冲击、巨大压力或摩擦,则因表面塑性变形而产生明显的冷变形强化,同时发生奥氏体向马氏体转变,使表面硬度和耐磨性大大提高,而心部仍保持奥氏体组织的良好韧性和塑性,有较高的抗冲击能力。

奥氏体锰钢主要用于制作受强烈冲击、巨大压力并要求耐磨的零件,如坦克、拖拉机的履带板、破碎机颚板、铁路道岔、挖掘机的铲齿、保险箱钢板、防弹板等。常用牌号有 ZG120Mn13 和 ZG120Mn13Cr2,经水韧处理后的力学性能及用途见表 4.21。

GB/T 5680—2010

表 4.21　常用耐磨钢牌号、力学性能及用途(摘自 GB/T 5680—2010)

牌　号	力学性能(≥)			
	R_{eL}/MPa	R_m/MPa	A/%	K/J
ZG120Mn13	—	685	25	118
ZG100Mn13Cr2	390	735	20	—

2. 合金耐磨钢

合金耐磨钢是一类用于磨损工况的特殊性能钢,其主要特征是在磨损条件下具有较高的强度、硬度、韧性和耐磨性。根据 GB/T 26651—2011 规定,铸造合金耐磨钢分为 11 个牌号,主要合金元素有锰、硅、铬、钼、镍等,总含量(质量分数)一般不超过 5%。碳含量一般为 0.30%～0.60%。这类钢具有良好的耐磨性和强韧性,生产成本较低,广泛用于工作条件恶劣,要求强度高、耐磨性好的冶金、建材、电力、建筑、铁路、船舶、煤炭、化工和机械等行业的耐磨钢铸件,如推土机、装载机、挖掘机、自卸车、球磨机及各种矿山机械等。

根据 GB/T 24186—2009,工程机械用高强度耐磨钢板共分为 7 个牌号,牌号用“NM+布氏硬度值”表示。标准规定了 NM300～NM600 系列各合金元素,C、P、S 的上限含量及 B 的成分范围。Mn 在钢中一部分溶于固溶体,一部分形成合金渗碳体$(Fe,Mn)_3C$,能显著提高钢的淬透性,一般含量小于 1.9%。Si 溶于铁素体,起固溶强化作用,能提高钢的回火抗力,含量不超过 0.070%。Cr 主要作用是提高钢的淬透性,还可提高钢的耐蚀性和抗氧化脱碳能力,含量不超过 1.5%。镍能提高钢的淬透性、塑性与韧性,改善钢的低温韧性,含量不超过 1%。钼可显著提高钢的淬透性及回火稳定性,改善钢的韧性,并可降低或抑制回火脆性,含量不超过

0.80%。微量硼(0.0005%～0.006%)可大幅提高钢的淬透性。工程机械用高强度耐磨钢适于制造矿山、建筑、农业等工程机械耐磨损结构部件。

4.6　铸　铁

铸铁是工业上广泛应用的铸造金属材料。在 Fe－Fe_3C 相图中，含碳量大于 2.11%的铁碳合金称为铸铁。工业生产中常用的铸铁含碳量 2.5%～4.0%，含硅量 1.0%～3.0%，含锰量0.5%～1.4%，含磷量 0.01%～0.50%，含硫量 0.02%～0.20%。除此之外，还可以添加 Cr、Ni、Cu 和 Mo 等，以提高其性能。

在铸铁中，碳能以石墨(G)和渗碳体(Fe_3C)两种形式存在。渗碳体是一种亚稳定相，石墨是稳定相。渗碳体在高温下长时间加热能分解为铁和石墨($Fe_3C \rightarrow 3Fe+G$)。在铁碳合金结晶过程中，通常从液相或奥氏体中析出的是渗碳体而不是石墨，这是因为渗碳体的含碳量比石墨更接近于合金的含碳量，析出渗碳体所需的碳原子扩散量较小，更容易进行。但是，在极其缓慢冷却(原子有足够的扩散时间)条件或加入促进石墨化元素(如 Si 等)，会从液相或奥氏体相中直接析出石墨相。因此，描述铁碳合金结晶过程的相图有两个，一个是 Fe－Fe_3C 相图，另一个是 Fe－G 相图。将两者叠合在一起，便形成铁碳合金双重相图，如图 4.6 所示，实线表示 Fe－Fe_3C 相图，虚线加上部分实线表示 Fe－G 相图。

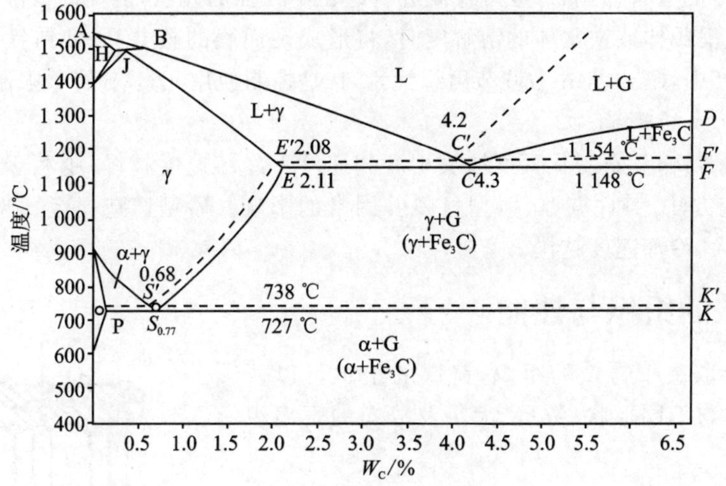

图 4.6　铁碳合金双重相图

4.6.1　铸铁的石墨化及影响因素

1. 铸铁的石墨化

铸铁中碳原子以石墨形式析出的过程称为石墨化。由 Fe－G 相图可以看出，液态铸铁在冷却过程中，碳原子除少量固溶于铁素体外，其余都以石墨形式析出，石墨化可分为如下三个阶段：第一阶段石墨化包括从液相直接析出的一次石墨和 1 154 ℃共晶反应形成的共晶石墨；第二阶段在 1 154～738 ℃范围内沿 $E'S'$ 线析出的二次石墨；第三阶段在 738 ℃共析转变形成的共析石墨。

在实际生产中,由于铸铁的化学成分、冷却速度等不相同导致各阶段石墨化程度不同,因而得到的铸铁类型和组织也不相同。表4.22所列为铸铁经不同程度石墨化后得到的组织。

表4.22 铸铁经不同程度石墨化后得到的组织

铸铁类型	石墨化程度			显微组织
	第一阶段	第二阶段	第三阶段	
灰口铸铁	充分进行	充分进行	充分进行	F+G
	充分进行	充分进行	部分进行	F+P+G
	充分进行	充分进行	未进行	P+G
麻口铸铁	部分进行	部分进行	未进行	Ld′+P+G
白口铸铁	未进行	未进行	未进行	$Ld'+P+Fe_3C_{II}$

2. 影响石墨化的因素

(1) 化学成分的影响

按对石墨化的作用,可分为促进石墨化的元素(C、Si、Al、Cu、Ni、Co、P等)和阻碍石墨化的元素(Cr、W、Mo、V、Mn、S等)两大类。C和Si是强烈促进石墨化的元素;S是强烈阻碍石墨化的元素,而且还降低铁液的流动性、促使高温铸件开裂;适量的Mn既有利于珠光体基体形成,又能消除S的有害作用;P是一种促进石墨化不太强的元素,能提高铁液的流动性,但当其质量分数超过奥氏体或铁素体的溶解度时,将形成硬而脆的磷共晶,使铸铁强度降低、脆性增大。总之,生产中,C、Si、Mn为调节组织元素,P是控制使用元素,S属于限制元素。

(2) 冷却速度的影响

一定成分的铸铁,其石墨化程度取决于冷却速度。冷却速度越慢,越利于石墨化的进行。冷却速度受铸造方法、铸件壁厚、铸型材料等因素的影响。砂型铸造比金属型铸造冷却速度慢;铸件壁厚越大,冷却速度越慢。

4.6.2 铸铁的组织与性能

铸铁的性能取决于铸铁的组织,铸铁的组织可以认为是由钢的基体与不同形状、数量、大小及分布的石墨组成的。

石墨的晶体结构如图4.7所示。碳原子呈层状排列,同一层晶面上碳原子间距较小(0.142 nm),结合力强。层与层之间距离较远(0.304 nm),结合力较弱。

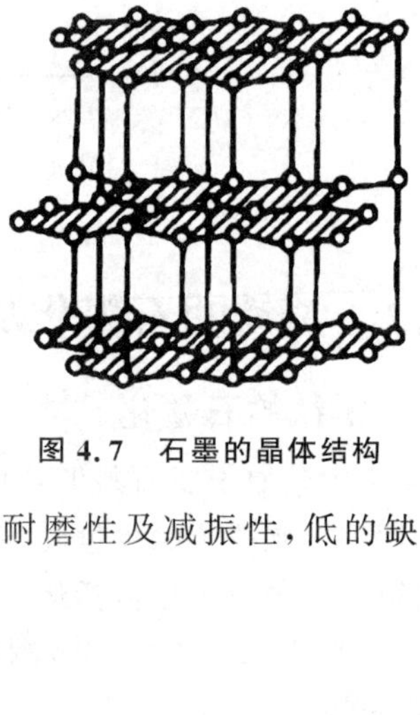

图4.7 石墨的晶体结构

石墨的力学性能很差,强度(约20 MPa)、塑性和韧性极低(接近于零),硬度仅为3~5 HBW,因此铸铁的力学性能不如钢,但由于石墨的存在而赋予了铸铁许多钢所不能及的特殊性能,如优良的铸造性能,较好的切削加工性、耐磨性及减振性,低的缺口敏感性。

4.6.3 常用铸铁

1. 普通灰铸铁

普通灰铸铁俗称灰铸铁，简称灰铁。其生产工艺简单，铸造性能优良，在实际生产中应用最为广泛，约占铸铁总量的 80%。

(1) 灰铸铁的成分、组织和性能

灰铸铁的化学成分一般为 $w_C=2.7\%\sim3.6\%$，$w_{Si}=1.0\%\sim2.2\%$，$w_{Mn}=0.5\%\sim1.3\%$，$w_S<0.15\%$，$w_P<0.3\%$。灰铸铁的组织可看成是碳钢的基体加片状石墨。按基体组织不同分为铁素体基体灰铸铁、铁素-体珠光体基体灰铸铁、珠光体基体灰铸铁，其显微组织如图 4.8 所示。

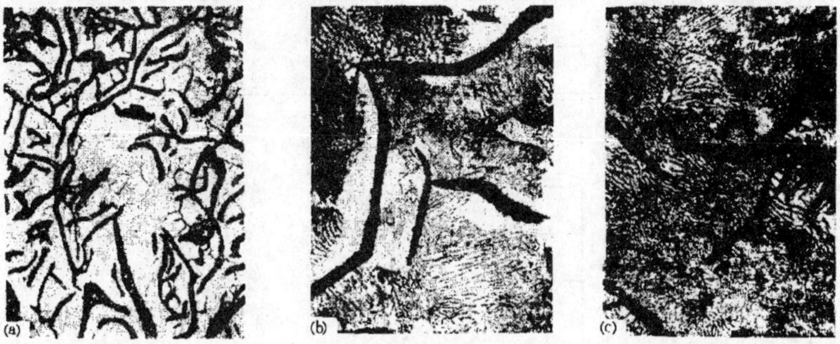

(a) 铁素体基体　(b) 铁素体-珠光体基体　(c) 珠光体基体

图 4.8　灰铸铁的显微组织

灰铸铁的性能取决于基体的组织和石墨的形态。灰铸铁的组织相当于在钢的基体上分布着片状石墨，因此其基体的强度和硬度不低于相应的钢。石墨的强度、塑性、韧性极低，在铸铁中相当于裂缝和孔洞，破坏了基体金属的连续性，同时很容易造成应力集中。因此，灰铸铁的抗拉强度、塑性及韧性都明显低于碳钢。石墨片数量越多、尺寸越大、分布越不均匀，对基体的割裂作用越严重。但是石墨片很细，尤其相互连接时，会使承载面积显著下降。因此，石墨片长度应以 0.03～0.25 mm 为宜。石墨的存在使灰铸铁的铸造性能、减摩性、减振性和切削加工性都高于碳钢，缺口敏感性也较低。灰铸铁的硬度和抗压强度主要取决于基体组织，而与石墨的存在基本无关。因此，灰铸铁的抗压强度约为抗拉强度 3～4 倍。

(2)灰铸铁的牌号及用途

根据 GB/T 5612－2008，灰铸铁的牌号由"HT"("灰铁"汉语拼音字首)和其后一组数字组成，数字表示用 ϕ30 mm 试棒试验时得到的最小抗拉强度值(MPa)。常用灰铸铁的牌号、力学性能及用途见表 4.23。

由表 4.23 可以看出，灰铸铁的强度与铸件的壁厚有关，铸件壁厚增加则强度降低，这主要是壁厚增加使冷却速度降低，造成基体组织中铁素体增多而珠光体减少的缘故。因此，设计铸件时，应根据铸件受力处的主要壁厚或平均壁厚选择铸铁牌号。

表 4.23　灰铸铁的牌号、不同壁厚铸件的力学性能和用途(摘自 GB/T 9439—2010)

铸铁类别	牌　号	铸件壁厚/mm	R_m/MPa(≥) 单铸试棒	附铸试棒或试块	硬度 HBW	用途举例
铁素体灰铸铁	HT100	5～40	100	—	≤170	承受载荷小、对摩擦和磨损无特殊要求的不重要零件,如防护罩、盖、油盘、手轮、支架、底板、重锤、小手柄、下水管
铁素体-珠光体灰铸铁	HT150	5～10	150	—	125～205	承受中等载荷的零件,如机座、支架、箱体、刀架、床身、轴承座、工作台、带轮、端盖、泵体、阀体、管道、飞轮、电动机座
		10～20		—		
		20～40		120		
		40～80		110		
		80～150		100		
		150～300		90		
珠光体灰铸铁	HT200	5～10	200	—	150～230	承受较大载荷和要求一定的气密性或耐蚀性等较重要的零件,如气缸、齿轮、机座、飞轮、床身、汽缸体、气缸套、活塞环、齿轮箱、刹车轮、联轴器盘、中等压力阀体 GB/T 5612—2008　GB/T 9439—2010
		10～20		—		
		20～40		170		
		40～80		150		
		80～150		140		
		150～300		130		
	HT225	5～10	225	—	170～240	
		10～20		—		
		20～40		190		
		40～80		170		
		80～150		155		
		150～300		145		
	HT250	5～10	250	—	180～250	
		10～20		—		
		20～40		210		
		40～80		190		
		80～150		170		
		150～300		160		
	HT275	10～20	275	—	190～260	
		20～40		230		
		40～80		205		
		80～150		190		
		150～300		175		

续表 4.23

铸铁类别	牌　号	铸件壁厚 /mm	R_m/MPa(≥)		硬度 HBW	用途举例
			单铸试棒	附铸试棒或试块		
珠光体灰铸铁	HT300	10～20	300	—	200～275	承受高载荷、耐磨和高气密性的重要零件，如重型机床、剪床、压力机、自动车床的床身、机座、机架、高压液压件、活塞环、受力较大的齿轮、凸轮、衬套、大型发动机的曲轴、汽缸体、缸套、气缸盖
		20～40		250		
		40～80		220		
		80～150		210		
		150～300		190		
	HT350	10～20	350	—	220～290	
		20～40		290		
		40～80		260		
		80～150		230		
		150～300		210		

(3) 灰铸铁的孕育处理

为提高灰铸铁的力学性能，常采用孕育处理，即在浇注前向铁液中加入少量孕育剂以改变铁液的结晶条件，以获得细小、均匀分布的片状石墨和细小的珠光体组织的方法。经孕育处理后的铸铁称为孕育铸铁。常用的孕育剂为 $w_{Si}=75\%$的硅铁合金或 $w_{Si}=60\%\sim65\%$，$w_{Ca}=40\%\sim35\%$的硅钙合金。

孕育处理时，孕育剂及其氧化物使石墨片均匀细化，并使铸铁的结晶过程几乎在全部铁液中同时进行，避免铸件边缘及薄壁处出现白口组织，使铸铁各个部位截面上的组织与性能均匀一致，提高了铸铁的强度、塑性和韧性，也降低了灰铸铁的断面敏感性。HT250、HT300、HT350 均属于孕育铸铁，常用于制造力学性能要求较高、截面尺寸变化较大的大型铸件，如汽缸、曲轴、凸轮、机床床身等。

(4) 灰铸铁的热处理

灰铸铁的热处理只能改变灰铸铁的基体组织，不能改变石墨的形状、数量、大小和分布，因此对提高灰铸铁的力学性能作用不大，灰铸铁的热处理常用于消除铸件的内应力和稳定尺寸，消除铸件的白口组织、改善切削加工性能，提高铸件表面硬度和耐磨性等。

1) 时效处理

形状复杂、厚薄不均的铸件在冷却过程中，由于各部位冷却速度不同，形成内应力，既削弱了铸件的强度，又使得在随后的切削加工中，因应力的重新分布而引起变形，甚至开裂。因此，铸件在成型后都需要进行时效处理，尤其对一些大型、复杂或加工精度较高的铸件(如机床床身、柴油机汽缸等)，在铸造后、切削加工前，甚至在粗加工后都要进行一次时效退火处理。

传统的时效处理有自然时效和人工时效。自然时效是将铸件长期放置在室温下以消除其内应力；人工时效是将铸件重新加热到 530～620 ℃，保温 2～6 h 后在炉内缓慢冷却至 200 ℃以下出炉空冷。经时效退火后可消除 90%以上的内应力。时效退火温度越高，铸件残余应力消除越显著，铸件尺寸稳定性越好，但随着时效温度的提高，时效后铸件力学性能会有所下降。

振动时效是目前生产中用来消除内应力的一种新方法。它是用振动时效设备，按照振动时效技术国家标准,使金属工件在半小时内,进行近十万次较大振幅的低频亚共振振动,使之产生微观塑性变形,从而降低和均匀化残余应力,防止工件在使用过程中的变形。由于振动时效所需时间短(半小时),成本低(一度电),效果好,而且能随时随地多次进行,既不降低硬度和强度,又无烟尘环境污染和氧化皮,因此广泛用于铸件、焊件和机加工件的时效处理,被誉为理想的低成本时效技术。

2) 石墨化退火

石墨化退火一般是将铸件以70~100 ℃/h的速度加热至850~900 ℃,保温2~5 h(取决于铸件壁厚),然后炉冷至400~500 ℃后空冷,目的是消除灰铸铁件表层和薄壁处在浇注时产生的白口组织。

3) 表面淬火

有些铸件(如机床导轨、缸体内壁等),表面需要高的硬度和耐磨性,可进行表面淬火处理。常用的方法有高频表面淬火、火焰表面淬火和激光加热表面淬火。淬火前铸件需进行正火处理,以保证获得大于65%以上的珠光体组织,淬火后表面硬度可达50~55 HRC。

2. 球墨铸铁

球墨铸铁是铁液经球化处理,使石墨大部分或全部呈球状,有时少量为团絮状的铸铁。由于石墨呈球状,对基体的割裂作用小,故铸铁的力学性能得到改善。

生产中常用稀土镁合金作球化剂,对铁液进行球化处理,但镁和稀土元素都强烈阻碍石墨化,使铁液的白口倾向显著增大。为提高铁液的石墨化能力,避免产生白口,并使石墨球细小,形状圆整,分布均匀,在球化处理的同时还需进行孕育处理。常用的孕育剂为$w_{Si}=75\%$的硅铁合金。

(1)球墨铸铁的成分、组织和性能

球墨铸铁的成分要求比灰铸铁严格,其成分为:$w_c=3.6\%\sim3.9\%$,$w_{Si}=2.2\%\sim2.8\%$,$w_{Mn}=0.6\%\sim0.8\%$,$w_S<0.07\%$,$w_P<0.1\%$,$w_{RE}=0.02\%\sim0.04\%$,$w_{Mg}=0.03\%\sim0.05\%$。

GB/T 1348—2019

根据GB/T 1348—2019,球墨铸铁分为铁素体珠光体球墨铸铁①和固溶强化铁素体球墨铸铁②。铁素体珠光体球墨铸铁显微组织如图4.9所示。

在石墨球的数量、形状、大小及分布一定的条件下,珠光体基体球墨铸铁的抗拉强度比铁素体球墨铸铁高50%以上,而铁素体基体球墨铸铁的伸长率是珠光体球墨铸铁的3~5倍。铁素体-珠光体基体的球墨铸铁性能介于二者之间。经热处理后以马氏体为基体的球墨铸铁具有较高的硬度和强度,但韧性很低;以下贝氏体为基体的球墨铸铁具有优良的综合力学性能。石墨球越细小,分布越均匀,越能充分发挥基体组织的作用。

球墨铸铁金属基体强度的利用率可高达70%~90%,而普通灰铸铁仅为30%~50%。同其他铸铁相比,球墨铸铁强度、塑性、韧性高,屈服强度也很高。固溶强化铁素体球墨铸铁屈强比可达0.75~0.85,比钢约高一倍,疲劳强度可接近一般的中碳钢,耐磨性优于非合金钢,铸

① 含有铁素体或珠光体或铁素体和珠光体的混合基体的球墨铸铁。

② 主要通过硅固溶强化,以铁素体基体为主的球墨铸铁。

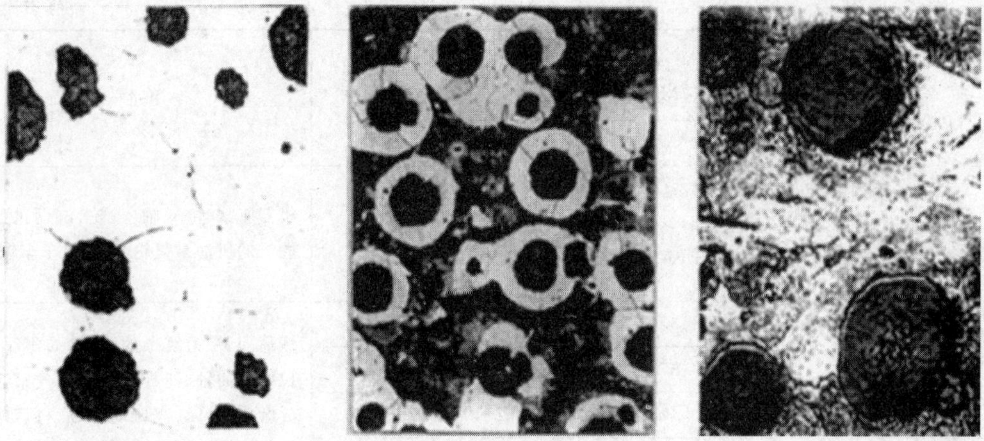

(a) 铁素体基体　　(b) 铁素体-珠光体基体　　(c) 珠光体基体

图 4.9　铁素体珠光体球墨铸铁的显微组织

造性能优于铸钢，加工性能几乎可与灰铸铁媲美。因此，球墨铸铁在生产中得到越来越广泛的应用，但其熔炼工艺和铸造工艺要求较高。

(2)球墨铸铁的牌号及用途

球墨铸铁牌号由“QT”(“球铁”汉语拼音字首)和其后的两组数字组成，两组数字分别表示最低抗拉强度(MPa)和最低伸长率(%)。例如，QT600－3 表示 $R_m \geqslant 600$ MPa，$A \geqslant 3\%$ 球墨铸铁。

球墨铸铁应用广泛，可代替铸钢、锻钢和可锻铸铁制造一些受力复杂、性能要求高的重要零件。例如用珠光体球墨铸铁代替 45 钢和 35CrMo 钢制造拖拉机曲轴、连杆、凸轮轴、齿轮及蜗杆等；用铁素体球墨铸铁制造阀门、机座和汽车后桥壳等。用铁素体球墨铸铁生产自来水及煤气管道，可比灰铸铁管承受更高的压力，比钢管具有更高的耐蚀能力。常用球墨铸铁的牌号、力学性能和用途见表 4.24。

表 4.24　球墨铸铁的牌号、力学性能和用途(摘自 GB/T 1348—2019)

牌　号	基体组织	$R_{p0.2}$ /MPa	R_m /MPa	A/%	硬度 HBW	用途举例
		≥				
QT350－22L	铁素体	220	350	22	≤160	承受冲击、震动的零件，如汽车和拖拉机的轮毂、驱动桥壳、差速器壳、拨叉、农机具零件、中动低压阀门，上、下水及输气管道，压缩机的高、低压气缸，电动机机壳、齿轮箱、飞轮壳
QT350－22R		220	350	22	≤160	
QT350－22		220	350	22	≤160	
QT400－18L		240	400	18	120～175	
QT400－18		250	400	18	120～175	
QT400－15		250	400	15	120～180	
QT450－10		310	450	10	160～210	

续表 4.24

牌　号	基体组织	$R_{p0.2}$ /MPa	R_m /MPa	A/%	硬度 HBW	用途举例
		≥				
QT500－7	铁素体＋珠光体	320	500	7	170～230	机器座架、传动轴、飞轮、电动机架、内燃机的机油泵齿轮、铁路机车车辆轴瓦
QT550－5		350	550	5	180～250	载荷大、受力复杂的零件，如汽车和拖拉机的曲轴、连杆、凸轮轴、气缸套，部分磨床、铣床、车床的主轴，机床蜗杆、蜗轮，轧钢机轧辊、大齿轮，小型水轮机主轴，汽缸体，桥式起重机大、小滚轮
QT600－3		370	600	3	190～270	
QT700－2	珠光体	420	700	2	225～305	
QT800－2	珠光体或索氏体	480	800	2	245～335	
QT900－2	回火马氏体或马氏体＋索氏体	600	900	2	280～360	高强度齿轮，如汽车后桥螺旋锥齿轮、大减速器齿轮，内燃机曲轴、凸轮轴
QT450－18	固溶强化铁素体	350	450	18	160～190	汽车铰接架、承重器、制动杆壳体、气室支架，汽车轮毂，汽车转向器壳体，轴承盖，离合器壳体，液压转节壳体
QT500－14		400	500	14	180～210	
QT600－10		470	600	10	195～225	

注：① 以上力学性能均为铸件壁厚 $t \leqslant 30$ mm 时的数据。

② 字母“L”表示该牌号有低温(－20 ℃或－40 ℃)下的冲击性能要求；字母“R”表示该牌号有室温下的冲击性能要求。

(3) 球墨铸铁的热处理

球状石墨对基体割裂作用小，故球墨铸铁的热处理与钢相似，可进行热处理强化。但其含碳、硅、锰量较多，热处理时需要较高的加热温度和较长的保温时间，淬透性比碳钢好。球墨铸铁常用的热处理方法有以下几种。

1) 退　火

① 去应力退火　球墨铸铁的铸造内应力比灰铸铁约大两倍，为消除应力，对于不再进行其他热处理的球墨铸铁铸件，都要进行去应力退火。方法是将铸件加热到 500～600 ℃，保温 2～8 h 后缓冷。

② 石墨化退火　石墨化退火的目的是使铸态组织中的自由渗碳体和珠光体中的共析渗碳体分解，获得高塑性铁素体基体的球墨铸铁，消除铸造应力，改善加工性能。

当铸态组织为 F＋P＋Fe_3C＋G 时进行高温退火，其工艺曲线和组织变化如图 4.10 所示。也可采用高温石墨化两段退火工艺，其工艺曲线如图 4.11 所示。

当铸态组织为 F＋P＋G 时进行低温退火，其工艺曲线如图 4.12 所示。

2) 正　火

正火的目的是为了增加基体中珠光体的数量，细化晶粒，提高球墨铸铁的强度、硬度和耐磨性。正火可分为高温和低温正火两种。高温正火是将铸件加热至共析温度以上，一般为

870～940 ℃，保温 1～3 h，然后空冷，使其在共析温度范围内快速冷却，以获得珠光体球墨铸铁，如图 4.13 所示。对厚壁铸件，应采用风冷，甚至喷雾冷却，以保证获得珠光体球墨铸铁。若铸态组织中有自由渗碳体存在，正火温度应提高至 950～980 ℃，使自由渗碳体在高温下全部溶入奥氏体，如图 4.14 所示。

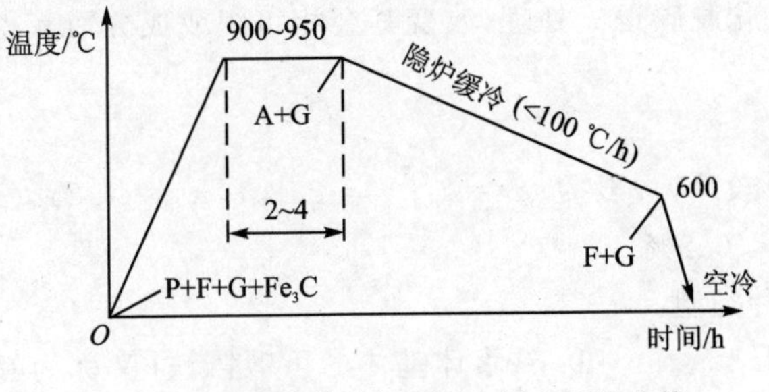

图 4.10　球墨铸铁高温石墨化退火工艺曲线

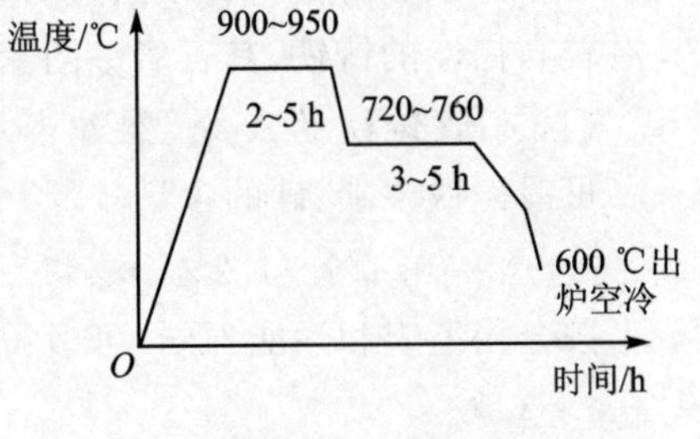

图 4.11　高温石墨化两段退火工艺

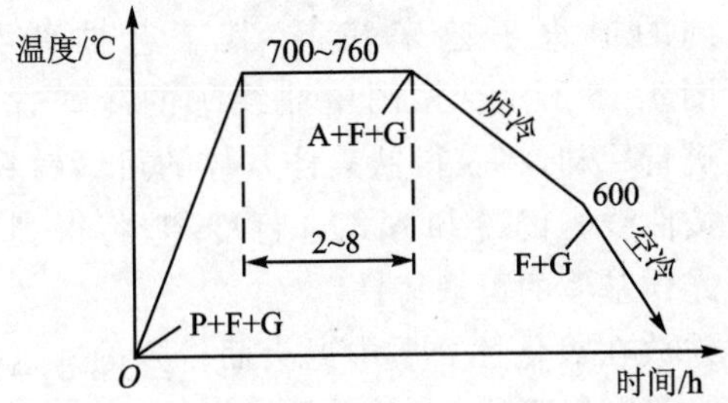

图 4.12　球墨铸铁低温石墨化退火工艺曲线

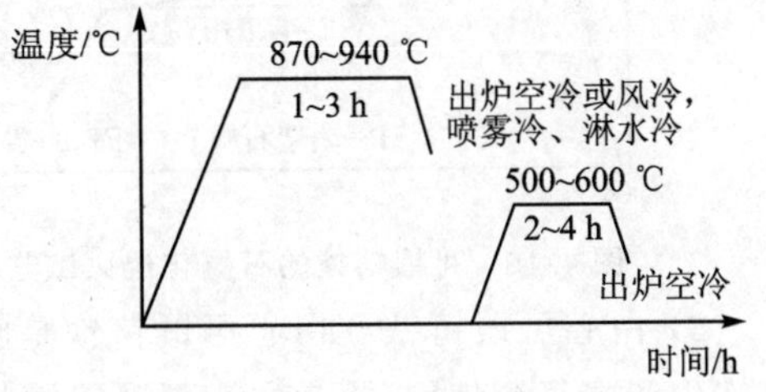

图 4.13　高温正火工艺(无渗碳体)

低温正火是将铸件加热至 840～860 ℃，保温 1～4 h，出炉空冷，低温正火获得珠光体+铁素体基体的球墨铸铁。

球墨铸铁的导热性较差，正火后铸件内应力较大，因此，正火后应进行一次消除应力退火(常称回火)。

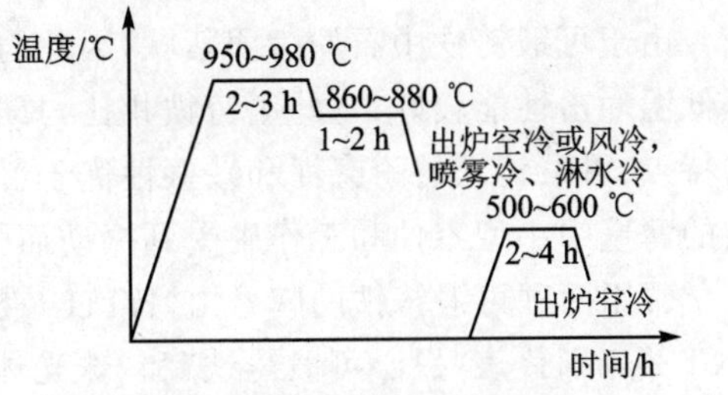

图 4.14　高温正火工艺(有渗碳体)

3）等温淬火

对于形状复杂、热处理易变性或开裂、要求强度高、塑性和韧性好的零件，如齿轮、曲轴、凸轮轴等，需采用贝氏体等温淬火。方法是将铸件加热至 860～920 ℃(奥氏体区)，适当保温(热透)，迅速放入 250～350 ℃的盐浴炉中进行 0.5～1.5 h 的等温处理，然后取出空冷，使过冷奥氏体转变为下贝氏体。等温淬火后的组织为下贝氏体和球状石墨。等温淬火后不再回火。等温盐浴的冷却能力有限，一般只适用于截面尺寸不大的零件。

经等温淬火后，球墨铸铁的抗拉强度可达 1 200～1 500 MPa，硬度为 38～50 HRC，冲击吸收能为 K＝24～64 J。

4）调质处理

对于受力复杂、要求综合力学性能较高的球墨铸铁件，如柴油机曲轴、连杆等，可采用调质处理。方法是将铸件加热到860～920 ℃,保温后油冷,然后在550～620 ℃高温回火2～6 h,获得回火索氏体和球状石墨组织。这种组织的铸件强度高,塑性和韧性比经正火后的珠光体球墨铸铁好。调质处理只适合小尺寸铸件,尺寸过大时,因淬不透,调质效果不好。

3. 可锻铸铁

可锻铸铁是将白口铸铁通过石墨化或氧化脱碳退火处理,改变其金相组织或成分而获得具有较高韧性的铸铁,其石墨呈团絮状。

(1) 可锻铸铁的成分、组织和性能

可锻铸铁中碳、硅的含量较低,成分要求较严,一般为 $w_C=2.2\%\sim2.8\%$, $w_{Si}=1.2\%\sim2.0\%$, $w_{Mn}=0.4\%\sim1.2\%$, $w_S<0.1\%$, $w_P<0.2\%$。

按金相组织和性能不同,可锻铸铁有两种类型:

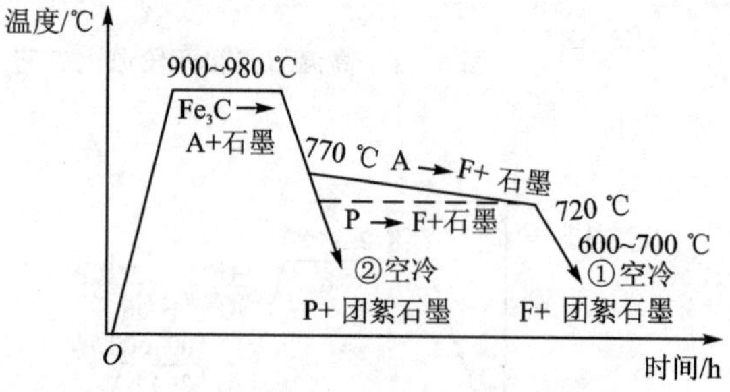

图4.15 可锻铸铁的石墨化退火工艺

1) 铁素体基体的可锻铸铁(又称为黑心可锻铸铁)和珠光体基体的可锻铸铁　这种类型的铸铁可通过对白口铸件采取不同的退火工艺来获得,其工艺曲线如图4.15所示。按图中曲线①的冷却方式进行冷却,将获得铁素体基体的可锻铸铁;按曲线②的冷却方式进行冷却,将得到珠光体基体的可锻铸铁。

2) 白心可锻铸铁　白心可锻铸铁是将白口铸铁放在氧化性介质中退火而得到的。这种铸铁生产中很少使用,因为白心可锻铸铁从表层到心部组织不均匀,其力学性能较差,而且要求较高的热处理温度和较长的热处理时间。

(2) 可锻铸铁的性能、牌号及用途

由于可锻铸铁中石墨为团絮状,因此与灰铸铁相比,可锻铸铁有较好的强度和塑性,特别是低温冲击性能较好;与球墨铸铁相比,具有成本低、质量稳定、铁液处理简便和利于组织生产的特点;可锻铸铁的耐磨性和减振性优于普通碳钢;切削性能与灰铸铁接近,适于制作形状复杂的薄壁中小型零件和工作中受到振动而强韧性要求又较高的零件。

常用两种可锻铸铁的牌号由"KTH＋数字－数字"或"KTZ＋数字－数字"组成。"KTH""KTZ"分别代表"黑心可锻铸铁"和"珠光体可锻铸铁",符号后的第一组数字表示最低抗拉强度(MPa),第二组数字表示最低伸长率(%)。

可锻铸铁因其较高的强度、塑性和冲击韧度而得名,实际上并不能锻造。常用可锻铸铁的牌号、性能及用途见表4.25。

GB/T 9440—2010

4. 蠕墨铸铁

蠕墨铸铁中的碳主要以蠕虫状石墨形态存在,其石墨的形态介于片状石墨和球状石墨之间,形状与片状石墨类似,但片短而厚,端部圆滑。

(1) 蠕墨铸铁的成分、组织及性能

蠕墨铸铁是在含 $w_C=3.5\%\sim3.9\%$、$w_{Si}=2.2\%\sim2.8\%$、$w_{Mn}=0.4\%\sim0.8\%$、$w_S<0.1\%$, $w_P<0.1\%$的铁液中,加入适量的蠕化剂并经孕育处理后而获得的,有铁素体、珠光体、铁素体＋珠光体三种基体组织的蠕墨铸铁。

表 4.25　黑心可锻铸铁和珠光体可锻铸铁的牌号、力学性能及用途(摘自 GB/T 9440—2010)

种类	牌号	试样直径 d/mm	R_m/MPa	$R_{p0.2}$/MPa	A/%	硬度 HBW	用途举例
			≥				
黑心可锻铸铁	KTH275-05	12 或 15	275	—	5	≤150	弯头,三通管件,中、低压阀门
	KTH300-06		300	—	6		
	KTH330-08		330	—	8		扳手、犁刀、犁柱
	KTH350-10		350	200	10		汽车、拖拉机后轮壳,减速器壳,转向节壳,制动器壳及铁道零件
	KTH370-12		370	—	12		
珠光体可锻铸铁	KTZ450-06		450	270	6	150～200	载荷较高和耐磨损零件,如曲轴、凸轮轴、连杆、齿轮、活塞环、轴套、耙片、万向接头、棘轮、扳手、传动链条
	KTZ500-05		500	300	5	165～215	
	KTZ550-04		550	340	4	180～230	
	KTZ600-03		600	390	3	195～245	
	KTZ650-02		650	430	2	210～260	
	KTZ700-02		700	530	2	240～290	
	KTZ800-01		800	600	1	270～320	

由于蠕墨铸铁中的石墨大部分呈蠕虫状,间有少量球状,所以其组织和性能介于相同基体组织的球墨铸铁和灰铸铁之间。强度、韧性、疲劳强度、耐磨性及耐热疲劳性比灰铸铁高,断面敏感性也小,但塑性、韧性都比球墨铸铁低。蠕墨铸铁的铸造性、减振性、导热性及切削加工性优于球墨铸铁,抗拉强度接近于球墨铸铁。在相同的蠕化率时,随着基体中珠光体量的增加,铁素体量减少,强度增加而塑性降低。

(2) 蠕墨铸铁的牌号及用途

蠕墨铸铁的牌号由"RuT+数字"组成。其中"RuT"表示是蠕墨铸铁,数字表示最小抗拉强度值(MPa)。蠕墨铸铁的牌号、性能及用途见表 4.26。

GB/T 26655—2011

(3) 蠕墨铸铁的热处理

蠕墨铸铁的热处理主要是为了调整其基体组织,以获得不同的力学性能要求。

① 正火　蠕墨铸铁正火的目的是增加珠光体量,提高强度和耐磨性。

② 退火　蠕墨铸铁的退火是为了获得 85%以上的铁素体基体或消除薄壁处的自由渗碳体。

表 4.26　蠕墨铸铁的牌号、性能及用途(摘自 GB/T 26655—2011)

主要基体组织	牌号	R_m/MPa	$R_{p0.2}$/MPa	A/%	硬度 HBW	用途举例
		≥				
铁素体	RuT300	300	210	2	140～210	增压器废气进气壳体、汽车底盘零件、排气管、变速箱体、液压件、纺织机、农机零件、钢锭模,大功率的轮船、机车、汽车和固定式内燃机缸盖

续表 4.26

主要基体组织	牌　号	R_m/MPa	$R_{p0.2}$/MPa	A/%	硬度 HBW	用途举例
		≥				
铁素体+珠光体	RuT350	350	245	1.5	160～220	机床底座,托架和联轴器,大功率的轮船、机车、汽车和固定式内燃机缸盖,钢锭模,铝锭模,焦化炉炉门、门框、保护板、桥管、阀体、装煤孔盖和孔座,变速箱体,液压件
	RuT400	400	280	1.0	180～240	内燃机缸体、缸盖,机床底座、托架、联轴器,载重卡车和机车车辆制动盘,泵壳,液压件,钢锭模,铝锭模,玻璃模具
珠光体	RuT450	450	315	1.0	220～250	汽车内燃机缸体和缸盖,气缸套,载重卡车制动盘,泵壳,液压件,玻璃模具,活塞环
	RuT500	500	350	0.5	220～260	高载荷内燃机缸体,气缸套

5. 合金铸铁

合金铸铁是指在铸铁熔炼时加入一些合金元素,从而改善其物理、化学和力学性能,或获得某些特殊性能的铸铁,如耐热、耐磨、耐蚀铸铁等。

(1) 耐磨铸铁

耐磨铸铁是指不易磨损的铸铁,按其工作条件大致可分为在有润滑条件下工作的减摩铸铁(如机床导轨、气缸套、环和轴承等)和在无润滑、受磨料磨损条件下工作的抗磨铸铁(如犁铧、轧辊及球磨机零件等)。

① 减摩铸铁　减摩铸铁在工作时,要求磨损少,摩擦系数小,导热性及加工工艺性好。常用的减摩铸铁有珠光体基体的灰铸铁和高磷铸铁 。

② 抗磨铸铁　抗磨铸铁用于在无润滑的干摩擦条件下工作的铸件,要求具有均匀高硬度的组织。常用的抗磨铸铁有冷硬铸铁、抗磨白口铸铁和中锰球墨铸铁。

(2) 耐热铸铁

耐热铸铁是指可以在高温使用,其抗氧化性或抗生长性能符合使用要求的铸铁。生长是指由于氧化性气体沿石墨片边界和裂纹渗入铸铁内部造成的氧化,以及因 Fe_3C 分解而发生的石墨化引起铸件体积膨胀。

为提高耐热性,可向铸铁中加入铝、硅、铬等元素,使铸件表面形成一层致密的 Al_2O_3、SiO_2、Cr_2O_3 等氧化膜,保护内层不被氧化。

耐热铸铁的种类很多,如硅系、铝系、铬系、硅铝系等。我国目前广泛采用的是硅系和硅铝系耐热铸铁。如高硅耐热铸铁(w_{Si}=4%～6%)具有很好的耐热性,其基体为单一的铁素体组织。硅对铁素体有固溶强化作用,在 700 ℃以下工作的铸铁件大多选用此种材料。采用w_{Si}=3.8%～5.0%、w_{Mo}=0.5%～1.2%的耐热球墨铸铁制作的汽车发动机排气管、蜗轮增压器等,可在 600～800 ℃范围内长期使用。

耐热铸铁主要用于制造加热炉炉底板、炉条、烟道挡板,换热器,粉末冶金用坩埚及钢锭模等。

(3) 耐蚀铸铁

耐蚀铸铁是指能耐化学、电化学腐蚀的铸铁。在铸铁中加入 Si、Al、Cr、Mo、Ni、Cu 等合金元素后，在铸件表面形成连续的、牢固的、致密的保护膜，并可提高铸铁基体的电极电位，还可使铸铁得到单相铁素体或奥氏体基体，显著提高其耐蚀性。

耐蚀铸铁广泛应用于石油化工、造船等产业中，用于制作经常在大气、海水及酸、碱、盐等介质中工作的管道、阀门、泵类、容器等零件。但各类耐蚀铸铁都有一定的适用范围，必须根据腐蚀介质、工况条件合理选用。

4.7　铁合金在航空领域的应用

轻质、高强和耐高温一直是航空结构材料追求的目标。随着新材料、新工艺的发展，航空装备中钢铁材料用量逐渐减少，但在一些服役条件比较严苛的环境中，钢铁材料仍不可替代。目前航空工业应用的钢铁材料有渗碳钢、调质钢、超高强度钢和不锈钢。

渗碳钢多用来制造齿轮、传动轴、销子等。12Cr2Ni4A、18Cr2Ni4WA 等都是在航空器上普遍使用的渗碳钢。

调质钢是使用最广泛的一类钢材，也是在航空工业中使用最多的合金结构钢。40CrNiMoA 钢在调质处理后，综合机械性能好，广泛用于制造高负荷、大尺寸的轴零件，如发动机的涡轮轴、曲轴螺旋桨轴及直升机旋翼轴等。30CrMnSiA 钢经调质处理后，可获得相当高的强度，工艺性能好，价格便宜，但淬透性不大，韧性也较小，广泛用于制造连接件、发动机架、大梁、螺栓等。

超高强度钢是应用范围很广的一类钢，大量应用于火箭发动机壳体、飞机起落架、防弹钢板等性能有特殊要求的领域。30CrMnSiNi2A 钢用于制造受力最大的重要飞机结构件，如起落架、机翼大梁、重要连接件、螺栓等。4340 钢(40CrNi2MoA)可用来制造主起减震器外筒、活塞杆、衬套和前起落架收放作动筒筒体等零件，是承力仅次于 300M 钢的材料。4340 钢的基础上加入 1.6%的 Si 和少量的 V，并略微提高 C 和 Mo 的含量，得到 300M 钢，使韧性得到提高。300M 钢在 1966 年后作为美国的军机和主要民航飞机的起落架材料而获广泛的应用。F－15、F－16、DC－10、MD－11 等军用战斗机都采用了 300M 钢，此外波音 747 等民用飞机的起落架及波音 767 飞机机翼的襟滑轨、缝翼管道等也采用 300M 钢制造。

航空工业中常用的不锈钢主要是沉淀硬化型不锈钢。17－7PH 属半奥氏体沉淀硬化不锈钢，主要用于制作中温承力件和发动机反推力装置构件、阀膜及各种不锈钢弹性元件，在国外广泛用于航空薄壁结构件、各种容器、导管、弹簧及压气机盘等。PH13－8Mo 属于马氏体沉淀硬化型不锈钢，是现有不锈钢中强度最高的，且塑性好(可冷锻紧固件头)、各向同性，工作温度较高，可用于紧固件、起落架零件、摇臂、操纵机构等。

本章小结

本章介绍了工业用钢的分类、牌号的表示方法，杂质元素对钢性能的影响，合金元素对钢的作用；对各类钢、铸铁的性能和用途做了比较详尽的阐述。

习题与思考题

一、名词解释

钢　石墨化　灰铸铁　可锻铸铁　球墨铸铁　蠕墨铸铁

二、填空题

1. Ni、Mn、C、N、Cu 等元素能________ Fe－Fe_3C 相图的 γ 区,使临界点 $A1$ ________,$A3$ ________。

2. 含 Cr、Mn 的合金结构钢淬火后在 550～600 ℃回火后,将出现第________类回火脆性。

3. 滚动轴承钢预先热处理球化退火的目的在于________,以利切削加工,并为零件的最终热处理作________准备。

4. 按化学成分分类,就含碳量而言,渗碳钢属________钢,调质钢属________钢,轴承钢属________钢。

5. 含 W、Mo、V、Cr 等元素的高合金钢,在回火的冷却过程中,残余奥氏体转变为________,淬火钢的硬度________,这种现象称为________。

6. 根据组织分类,40Cr13 属________不锈钢;10Cr17 属________不锈钢;06r18Ni11Ti 属________不锈钢。

7. 二次硬化效应产生的原因,一是________,二是________。

8. 低合金钢按主要质量等级分为________、________和________。

9. 铸铁是含碳量________的铁碳合金。当这些碳以渗碳体的形式存在时,该铸铁称为________,以片状石墨的形态存在的,称为________。

10. 根据铸铁中石墨的形态,铸铁又可分为________铸铁、________铸铁、________铸铁和________铸铁。

三、选择题

1. 汽车变速箱齿轮应选用(　　)。

A. 20Mn2B　　B. Cr12　　C. T12　　D. W18Cr4V

2. 制造手用锯条应当选用(　　)。

A. T12 钢经淬火和低温回火　　B. Cr12MoV 钢经淬火低温回火

C. 65 钢淬火后中温回火

3. 二次硬化属于(　　)。

A. 固溶强化　　B. 细晶强化　　C. 位错强化　　D. 第二相强化

4. 20CrMnTi 钢根据其组织和机械性能,在工业上主要作为一种(　　)使用。

A. 合金渗碳钢　　B. 合金弹簧钢　　C. 合金调质钢　　D. 滚动轴承钢

5. 除(　　)元素外,其他合金元素溶于奥氏体后,均能增加过冷奥氏体的稳定性。

A. Co　　B. Cr　　C. Mn　　D. Ti

6. 优质非合金钢的含硫量应控制在下列(　　)范围内。

A. 0.06%～0.05%　　B. 0.05%～0.040%

C. 0.040%～0.020%　　D. 0.02%～0.025%

7. 关于非合金钢分类，下列叙述不正确的是(　　)。

A. 按质量等级可分为普通质量、优质和特殊质量 3 类

B. 按组织可分为 F、P、P+Fe_3C 3 类

C. 按成分可分为亚共析钢、共析、过共析钢 3 类

D. 按冶炼方法可分为转炉、平炉和电炉 3 类

8. 关于优质碳素结构钢，正确的叙述是(　　)。

A. S、P 含量比普碳钢多而质优　　B. 钢号数字是含碳量的一千倍

C. 可附加符号 A 表示特级优质　　D. 含碳量越高，强度硬度越大

9. 有关 45 钢，正确的叙述是(　　)。

A. 含碳量为 4.5%　　B. 优质钢　　C. 低碳钢　　D. 过共析钢

10. 铸钢 ZG270－500，其中"270"和"500"分别表示材料的(　　)。

A. 冲击韧性和延伸率　　B. 屈服极限的冲击韧性

C. 强度极限的断面收缩率　　D. 屈服极限和强度极限

11. 碳素工具钢的数字表示钢中平均含碳量的(　　)。

A. 十倍　　B. 百倍　　C. 千倍　　D. 万倍

12. 锅炉钢的标志符号是(　　)。

A. g　　B. G　　C. R　　D. r

13. 滚动轴承钢的含碳量一般为(　　)。

A. ＜0.6%　　B. ＞0.6%　　C. ＜1.0%　　D. 1.0%左右

14. 常用的低合金刃具钢是(　　)。

A. T8　　B. 9SiCr　　C. W18Cr4V　　D. GCrl5

15. 不锈钢中的主要加入的合金元素是(　　)。

A. Mn　　B. Si　　C. Cr　　D. V

16. 耐热钢包括抗氧化钢和(　　)。

A. 热强钢　　B. 不锈钢　　C. 高速钢　　D. 锅炉钢

17. 下列牌号中为奥氏体不锈钢(　　)。

A. 12Crl3　　B. 06Crl3　　C. 06Cr25Ni20　　D. 40Cr13

18. 下列材料中属于铸钢牌号是(　　)。

A. GGrl5　　B. ZG230－450　　C. 20　　D. HT250

四、判断题

1. 要提高奥氏体不锈钢的强度，只能采用冷塑性变形予以强化。(　　)

2. 低碳钢或高碳钢为便于进行机械加工，可预先进行球化退火。(　　)

3. 以调质钢制造的工件，要获得具有良好综合力学性能的 $S_{回}$ 组织，其前提是淬火工序必须获得奥氏体组织。(　　)

4. 20CrMnTi 钢的淬透性及淬硬性均比 T10 钢要好。(　　)

5. 如以含碳量为 1.2%的碳素工具钢代替 20CrMnTi 钢制造汽车齿轮，不必渗碳而只要淬火加低温回火即可满足齿轮表硬心韧的性能要求。(　　)

6. 优质碳素结构钢的牌号用两位数字来表示，如 45 钢，该数字表示钢的 1/10 最低抗拉强度值。(　　)

7. 钢中的含硫量增加,其钢的热脆性增加。(　　)

8. 铸铁中碳存在的形式不同,则其性能也不同。(　　)

9. 球墨铸铁可以通过热处理改变其基体组织,从而改善其性能。(　　)

10. 可锻铸铁比灰口铸铁的塑性好,因此可以进行锻压加工。(　　)

11. 可锻铸铁只适用于薄壁铸件。(　　)

12. 白口铸铁件的硬度适中,易于进行切削加工。(　　)

13. 从灰口铸铁的牌号上可看出它的硬度和冲击韧性值。(　　)

五、综合题

1. 钢中常存杂质元素对钢的性能有哪些影响?钢中加入合金元素的主要作用是什么?

2. 解释下列钢的牌号含义、类别及热处理方法:

20CrMnMo	06Cr19Ni10	60Si2Mn	G8Cr15	35Si2Mn2MoVA
T8Mn	W18Cr4V	CrWMn	4CrNi4Mo	008Cr30Mo2
20Cr13	9Cr2	ZG100Mn13Cr2		

3. 今有W18Cr4V钢制铣刀,试制定其加工工艺路线,并说明热加工工序的目的试说明,淬火温度为什么要高达1 280 ℃?淬火后为什么要进行三次高温回火?能不能用一次长时间回火代替?

4. 什么叫铸铁的石墨化?其影响因素有哪些?

5. 何谓灰口铸铁?灰口铸铁有哪几种类型?

6. 简述超高强度钢在飞机结构中的应用。

第 5 章 非铁合金

铁合金以外的金属材料统称为非铁金属材料，通常称为有色金属。非铁金属材料种类很多，虽然产量和使用量不及钢铁材料多，但具有的某些独特性能，使其在国民经济中占有十分重要的地位。本章主要介绍铝、铜、钛、镁、镍及其合金等非铁金属。

5.1 铝及铝合金

5.1.1 工业纯铝

铝是一种具有银白色光泽的金属，熔点为 660 ℃，密度为 2.7 g/cm^3，约为纯铜的 1/3。其导电性、导热性仅次于银和铜，居第三位，约为纯铜电导率的 62%，可用来制造导线、电缆等各种导电制品和散热元件。铝在大气和淡水中的抗腐蚀性能好（因为其表面易形成致密的氧化铝膜，能阻止内部金属的进一步氧化），与浓硝酸、有机酸及食品基本不起反应。但其氧化膜在碱和盐溶液中的耐蚀性低，在热硝酸和硫酸中也极易溶解。

铝呈面心立方结构，强度低，塑性高，可进行各种冷、热加工，能轧制成很薄的铝箔和冷拔成极细的丝，焊接性能良好。工业纯铝不能热处理强化，可通过冷变形提高强度，唯一的热处理形式是退火。退火板材的 $R_m = 80 \sim 100$ MPa，$R_{eL} = 30 \sim 50$ MPa，$A = 35\% \sim 40\%$。

5.1.2 铝合金的分类

因纯铝的强度较低，不宜作承受较大载荷的结构材料，为了提高铝合金的力学性能，在纯铝中加入 Cu、Mg、Zn、Mn 和 RE 稀土元素等配制成铝合金。合金元素在固态铝中的溶解度一般都是有限的，所以铝合金的组织中除了形成铝基固溶体外，还有第二相出现。以铝为基的二元合金大都是按共晶相图结晶，如图 5.1 所示。

根据化学成分和生产工艺特点，可将其分为变形铝合金和铸造合金。如图 5.1 所示，成分在 D 点以左的合金，加热时能形成单相固溶体 α，其塑性较高，适用于压力加工，故称为变形铝合金。成分在 D 点以右的合金，由于有共晶组织存在，其流动性较好，其高温强度也较高，可以防止热裂现象，适于铸造，称为铸造铝合金。

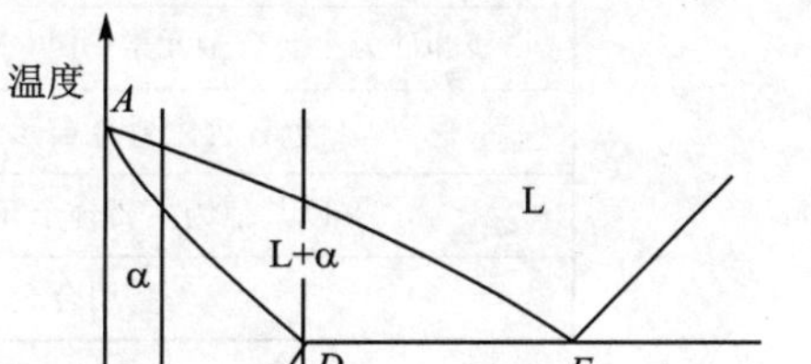

Ⅰ—变形铝合金；Ⅱ—热处理不可强化铝合金；
Ⅲ—热处理可强化铝合金；Ⅳ—铸造铝合金

图 5.1 铝合金分类示意图

变形铝合金又可分为不可热处理强化的铝合金和可热处理强化的铝合金。从图 5.1 可看出，在 F 点以左成分的合金，其固溶体成分不随温度变化，故不能进行热处理强化；在 F 点和 D 点之间的合金，其固溶体的成分将随温度的变化而变化,故可进行热处理强化。

5.1.3 变形铝及铝合金

1. 变形铝及铝合金的牌号

按 GB/T 16474—2011 规定,变形铝及铝合金采用国际四位数字体系牌号,可直接引用,未命名为国际四位数字体系牌号的应采用四位字符体系命名。

GB/T 16474—2011

铝含量不小于99.00%时为纯铝,其牌号用1×××系列表示。当最低铝百分含量精确到0.01%时,四位字符体系牌号的最后两位数字表示最低铝百分含量中小数点后面的两位。牌号第二位的字母表示原始纯铝的改型情况。如果第二位字母为A,则表示原始纯铝;如果为B～Y,则表示为原始纯铝的改型,与原始纯铝相比,其元素含量略有改变。

变形铝合金牌号用2×××系～9×××系表示。四位字符体系牌号第一、三、四位为阿拉伯数字,第二位为英文大写字母(C、I、L、N、O、P、Q、Z字母除外)。第一位数字表示铝及铝合金的组别,后两位数字没有特殊意义。除改型合金外,铝合金组别按主要合金元素(6×××系按 Mg_2Si)来确定。主要合金元素指极限含量算术平均值为最大的合金元素。当有一个以上的合金元素极限含量算术平均值同为最大时,应按Cu、Mn、Si、Mg、Mg_2Si、Zn、其他元素的顺序来确定合金组别。铝及铝合金的组别如表5.1所列。

表5.1 铝及铝合金的组别

组　别	牌号系列
纯铝(铝含量不小于99.00%)	1××
以铜为主要合金元素的铝合金	2××
以锰为主要合金元素的铝合金	3××
以硅为主要合金元素的铝合金	4××
以镁为主要合金元素的铝合金	5××
以镁和硅为主要合金元素,并以 Mg_2Si 相为强化相铝合金	6××
以锌为主要合金元素的铝合金	7××
以其他为主要合金元素的铝合金	8××
备用合金组	9××

变形铝合金的旧牌号采用汉语拼音字母加顺序号表示,防锈铝合金、硬铝合金、超硬铝合金、锻铝合金牌号分别为"LF"(防锈)、"LY"(硬铝)、"LC"(超硬)、"LD"(锻铝)。变形铝合金的新旧牌号对照如表5.2所列。

表5.2 变形铝合金的新旧牌号对照

旧牌号	新牌号	旧牌号	新牌号	旧牌号	新牌号
LF21	3A21	LY10	2A10	LD2	6A02
LF2	5A02	LY11	2A11	LD5	2A50

续表 5.2

旧牌号	新牌号	旧牌号	新牌号	旧牌号	新牌号
LF3	5A03	LY12	2A12	LD6	2B50
LF6	5A06	LY16	2A16	LD7	2A70
LY1	2A01	LC3	7A03	LD8	2A80
LY2	2A02	LC4	7A04	LD9	2A90
LY6	2A06	LC9	7A09	LD10	2A14

2. 常用变形铝合金

(1) 2×××系合金

以Cu为主要合金元素的铝合金，包括Al-Cu-Mg-(Mn)、Al-Cu-Mg-Fe-Ni、Al-Cu-Mn和Al-Cu-Mg-Si等，均属可热处理强化合金。合金的特点是强度高，通常称为硬铝合金。其耐热性能和加工性能良好，但耐蚀性不如大多数其他铝合金，在一定条件下会产生晶间腐蚀，因此板材往往需要包覆一层纯铝或对芯板有电化学保护的铝合金，以提高其耐腐蚀性能。

Al-Cu-Mg-(Mn)合金中多数的成分范围为1.5%～6.8%Cu、0.2%～0.8%Mg、0.2%～1.2%Mn，其中部分合金含有微量钒、锆，个别合金超出此成分范围。这类合金存在晶间腐蚀倾向，其薄板通常需包铝或包防锈铝。由于存在铁、硅杂质，与铝、铜、锰、硅等形成粗大化合物相，降低合金塑性。现已发展一些高纯Al-Cu-Mg-Mn合金，其断裂韧性明显提高。

Al-Cu-Mg-Fe-Ni合金的成分特点是Cu/Mg比值较低，铁、镍含量接近。室温强度与Al-Cu-Mg-Mn接近，耐热性好，服役温度更高，可超过150 ℃。

Al-Cu-Mn合金的铜含量较高，约为6%～7%，含锰0.2%～0.8%，不含或含少量镁，T相($CuMn_2Al_{12}$)的存在使其耐热性比Al-Cu-Mg-Fe-Ni更好，服役温度达200～300 ℃。

Al-Cu-Mg-Si合金是在Al-Mg-Si合金的基础上添加铜发展起来的，因含铜量超过镁、硅，故划归为2×××系合金。随含铜量增加，室温强度和耐热性明显提高，时效停放效应[①]减弱，但塑性和耐蚀性降低。该系列合金的强度一般较高，某些牌号的合金强度可与钢抗衡。因含铜量的差异，此系合金的强度、抗蚀性等在较宽范围内变化，可满足不同的需求。另外，该系合金的切削性能良好，焊接性能不好，在结合时，主要用铆接、焊接和螺栓连接。

2524-T3是一种高损伤容限型铝合金，F-35选用该材料制造蒙皮，B777飞机则大量选用该合金制造机身蒙皮和后舱壁。

(2) 3×××系合金

以Mn为主要合金元素的铝合金，属于不可热处理强化合金。Mn既能提高合金力学性能，又不使耐蚀性下降。添加少量Cu有利于将点腐蚀变为全面腐蚀。3×××系合金塑性好，焊接性能好，耐蚀性接近于纯铝。

(3) 4×××系合金

以Si为主要合金元素的铝合金，多数属于不可热处理强化合金，熔点低，熔体流动性好，

① 停放效应：固溶处理后，若在室温停放一段时间再进行人工时效，则会引起强化效果降低。

易补缩,并且不会使最终产品产生脆性,主要用作铝合金焊接材料,如钎焊板、焊条和焊丝等。添加少量Mg、Cu和Ni有助于提高硬度和高温强度,用于制造活塞和高温工作零件。含Si量4.5%~6.5%的合金经阳极化后呈灰色,适宜制作建筑材料及装饰件。

(4) 5×××系合金

以Mg为主要合金元素的铝合金,属于不可热处理强化合金,密度小,强度和韧性较好,耐大气和海水腐蚀性能优良。一般含Mg量控制在2%~9%,以保持合金的塑性和可焊性。含Mg量超过9%,压力加工困难。添加少量Mn、Cr能改善合金的抗蚀性与可焊接性,还有一定的强化作用;Ti、V一般用来细化晶粒;Be可减少合金热加工过程中的氧化倾向。

(5) 6×××系合金

以Mg和Si为主要合金元素并以Mg_2Si为强化相的铝合金,属于可热处理强化合金。合金强度中等,耐蚀性好,无应力腐蚀倾向,焊接性能良好,焊接区腐蚀性能不变。Al-Mg-Si-Cu是在Al-Mg-Si合金基础上发展起来的,加入Cu使合金的室温强度和耐热性明显增加,塑性有所降低,耐蚀性变差。6×××系合金应用最广的是6061和6063,主要产品为挤压型材,广泛用作建筑型材。

(6) 7×××系合金

以Zn为主要合金元素的铝合金,属于可热处理强化合金,包括Al-Zn、Al-Zn-Mg、Al-Zn-Mg-Cu合金。Al-Zn-Mg合金具有良好的热变形性能,淬火范围较宽,在适当的热处理条件下可获得较高强度,焊接性能良好,是高强可焊铝合金;Al-Zn-Mg-Cu合金是在Al-Zn-Mg合金基础上添加Cu发展起来的,强度高于2×××系合金,一般称为超高强度铝合金。屈强比、比强度高,塑性和高温强度较低,宜做常温下使用的结构件。

7050具有极高的强度、抗剥落腐蚀和抗应力腐蚀的性能,常用于飞机结构件用中厚板、挤压件、自由锻件与模锻件。7150和7055合金是在7050合金基础上改进的两种新型高强铝合金,主要用于制造翼梁、龙骨梁、长桁、座椅滑轨等。

部分变形铝合金的牌号及其应用见表5.3。

表5.3 部分变形铝合金的牌号及应用

牌 号	应 用
2011	螺钉及要求有良好切削性能的机械加工产品
2014	高强度与高硬度的场合,如飞机重型锻件、厚板
2618	高温下工作的锻件,如内燃机活塞,航空发动机汽缸、汽缸盖、轮盘等
2A11	飞机中等强度的结构件、螺旋桨叶片、铆钉等
2A70	高温下工作的航空发动机活塞、导风轮、轮盘等
3003	适用于要求可塑性、可焊性良好,抗蚀性较高的低载荷零件
3A21	塑性好、焊接性能良好,用于要求深冲压、受力不大的零件,如油箱、油管、铆钉等
4032	耐热性、耐磨性良好,热胀系数小,用于制作活塞、汽缸头等
4043	熔点低、流动性好、耐蚀性好,可做铝合金焊接材料。经阳极化后呈灰色,适宜制作建筑材料及装饰件
5052	中等强度,具有良好的塑性、抗蚀性、焊接性、疲劳强度,用于制造飞机油箱、油管等
5A05	受力零件,焊接油箱、油管,飞机蒙皮骨架等

续表 5.3

牌　号	应　用
6061	中等强度，具有良好的可塑性、可焊接性和耐蚀性，特别是无应力腐蚀开裂倾向，可制作卡车、铁道车辆、集装箱、家具等用的管、棒、型材。可阳极氧化着色，也可涂漆上珐琅，适应作建筑装饰材料
6101	公共汽车、地铁用高强度棒材、高强度母线、导电体与散热装置等
6A02	飞机发动机零件，形状复杂的锻件与模锻件，要求有高塑性和高抗蚀性的机械零件
7005	用于制造既要求高强度又要求高断裂韧性的焊接结构，如交通运输车辆的桁架、杆件、容器；大型热交换器以及焊接后不能进行固熔处理的部件；还可用于制造体育器材，如网球拍与垒球棒
7050	具有极高的强度及抗剥落腐蚀和抗应力腐蚀断裂的性能。常用于飞机结构件用于中厚板挤压件、自由锻打件与模锻件
7A04	结构中主要受力件，如飞机大梁、桁架、蒙皮、起落架等

5.1.4　铸造铝及铝合金

1. 铸造铝及铝合金牌号

铸造纯铝的牌号表示方法按 GB/T 8063—2017 规定进行。牌号由铸造代号“Z”、Al 元素符号及 Al 的名义含量的数字组成，如 ZAl99.5。

GB/T 8063—2017

铸造铝合金牌号由“Z”和基体金属的元素符号、主要合金元素符号以及表明合金元素名义含量的数字组成。当合金元素多于 2 个时，合金牌号中应列出足以表明合金主要特性的元素符号及其名义含量的数字。合金元素符号按其名义含量递减的次序排列。当名义含量相等时，则按元素符号字母顺序排列。当需要表明决定合金类别的合金元素首先列出时，不论其含量多少，该元素符号均应紧置于基体元素符号之后。除基体元素的名义含量不标注外，其他合金元素的名义含量均标注于该元素符号之后。当合金元素含量规定为大于或等于 1％的某个范围时，取其平均含量整数值，必要时也可用带一位小数的数字标注。合金元素含量小于 1％时一般不标注，只有对合金性能起重大影响的合金元素，允许用一位小数标注其平均含量。对具有相同主成分，需要控制超低间隙元素的合金，在牌号结尾加注(ELI)。对具有相同主成分，杂质限量有不同要求的合金，在牌号结尾加注“A、B、C……”等表示等级，如 ZAlSi7MgA。

铸造铝合金的代号按 GB/T 1173—2013 规定进行，由表示铸铝的汉语拼音字母“ZL”及其后面的三个阿拉伯数字组成。ZL 后面第一位数字表示合金的系列，其中 1、2、3、4 分别表示铝硅、铝铜、铝镁、铝锌系列合金，ZL 后面第二、三位数字表示合金的顺序号，优质合金在其代号后附加字母“A”，如 ZL102。

GB/T 1173—2013

铸造铝合金牌号也可采用国际上通用的四位数字标记法。第一位数字代表合金系，中间两位数字表示不同合金，小数点后的数字代表产品形式，0 为铸件，1 为铸锭，而四位数字前的字母表示合金改型，如 356.0 与 A356.0。

2. 常用铸造铝合金

(1) 铝-硅系

在 Al－Si 系铸造铝合金中，仅含有 Si(通常含 10％～13％Si)的铝合金称为简单硅铝明，代号为ZL102。成分位于共晶点附近,铸造性能好,铸造后几乎全部为(α+Si)共晶体组织。主要缺点是强度低,且不能热处理强化。由于ZL102铸造后的组织为粗大的针状共晶硅,使合金的强度和塑性都很低,因此,在合金中铸造过程加入变质剂以细化组织,改善合金的力学性能。简单硅铝明可用于制造形状复杂但承受载荷较小的铸件,如仪表外壳。

为了进一步提高铝硅系合金的强度,满足较大负荷零件的要求,合金中常加入铜、锰、镁等元素,由此得到的铸造铝硅合金称为复杂硅铝明。通过固溶+时效处理,形成时效强化相,进一步提高合金的力学性能。复杂硅铝明用于制造形状复杂的承受低、中等载荷的铸件,如内燃机活塞。

(2) 铝-铜系

Al-Cu系铸造铝合金具有较高的强度和耐热性,耐蚀性差,铸造性能不好,有热裂倾向。由于铜在铝中有较大的溶解度,且随温度的改变而改变,因此可进行热处理强化。这类合金主要用于制造在较高温度下工作且要求较高强度的零件。ZL201是典型的铸造铝合金,可用于300 ℃以下工作的形状简单的铸件,如活塞、增压器的导风叶轮。

(3) 铝-镁系

Al-Mg系铸造合金的特点是密度小,强度高,比其他铸造铝合金耐蚀性好,但铸造性能不如铝硅合金好,流动性差,线收缩率大,铸造工艺复杂。它多用于制造承受冲击载荷,耐海水腐蚀,外形不太复杂便于铸造的零件,如舰船零件。常用有ZL301、ZL303两种,应用最广的是ZL301。

(4) 铝-锌系

Al-Zn系铸造合金铸造性能很好,强度较高,焊接和切削加工性能好,价格低廉,但密度较大,耐蚀性较差。由于在铸造条件下锌原子很难从过饱和固溶体中析出,因此合金铸造冷却时能够自行淬火,经自然时效后就有较高的强度。该合金可以在不经热处理的铸态下直接使用,常用于汽车、拖拉机发动机的零件。常用的有ZL401、ZL402。

常见铸造铝合金的代号、牌号、机械性能及用途见表5.4。

表5.4 常见铸造铝合金的牌号、机械性能及用途(GB/T 1173—2013)

类别	牌号	代号	铸造方法	合金状态	力学性能(≥)			用途
					R_m(MPa)	A(%)	HBW	
Al-Si合金	ZAlSi7Mg	ZL101	JB	T4	185	4	50	形状复杂的零件,如飞机、仪器零件、抽水机壳体
			J、JB	T5	205	2	60	
			SB、RB、KB	T5	195	2	60	
			SB、RB、KB	T6	225	1	70	
			SB、RB、KB	T7	195	2	60	
	ZAlSi12	ZL102	SB、JB、RB、KB	T2	135	4	50	仪表、抽水机壳等形状复杂零件
	ZAlSi9Mg	ZL104	SB、JB、RB、KB	T6	230	2	70	形状复杂工作温度为200 ℃以下的零件,如电动机壳体、汽缸体
			J、JB	T6	240	2	70	

续表 5.4

类别	牌号	代号	铸造方法	合金状态	力学性能(≥)			用途
					R_m(MPa)	A(%)	HBW	
Al－Cu 合金	ZAlCu5Mn	ZL201	S、J、R、K	T4	295	8	70	工作温度在 175～300 ℃的零件，如内燃机汽缸头、活塞
			S、J、R、K	T5	335	4	90	
			S	T7	315	2	80	
	ZAlCu4	ZL203	S、R、K	T4	195	6	60	需有高强度、高塑性的零件以及工作温度不超过 200 ℃并要求切削性能好的小零件
			J	T4	205	6	60	
			S、R、K	T5	215	3	70	
			J	T5	225	3	70	
Al－Mg 合金	ZAlMg10	ZL301	S、J、R	T4	280	9	60	大气或海水中工作的零件，承受冲击载荷、外形不大复杂的零件，如舰船配件、氨用泵体等
Al－Zn 合金	ZAlZn11Si7	ZL401	S、R、K	T1	195	2	80	压力铸造零件，工作温度不超过 200 ℃的结构形状复杂的汽车、飞机零件
			J	T1	245	1.5	90	

注：S 为砂型铸造，J 为金属型铸造，R 为熔模铸造，K 为壳型铸造，B 为变质处理。

5.1.5 铝合金的强化

1. 固溶强化

纯铝中加入合金元素，形成铝基固溶体，造成晶格畸变，阻碍了位错的运动，起到固溶强化的作用。根据合金化的一般规律，形成无限固溶体或高浓度的固溶体型合金时，不仅能获得较高的强度，而且能保持良好的塑性，压力加工性能优良。Al－Cu、Al－Mg、Al－Si、Al－Zn、Al－Mn 等二元合金一般都能形成有限固溶体，并且均有较大的极限溶解度，因此具有较大的固溶强化效果。

2. 时效强化

在固溶度随温度降低而减小的合金中，合金元素含量超过一定限度后，淬火可获得过饱和固溶体，此时合金的强度和硬度并没有明显升高，这种热处理称为固溶处理。过饱和固溶体在一定温度下，随着时间的延长，析出第二相而使合金的强度、硬度显著升高，这一过程称为时效强化。室温下的时效称为自然时效，加热条件下的时效称为人工时效。

铝合金时效强化的效果与加热温度和保温时间有关，如图 5.2 所示。若人工时效的温度过高（或时间过长），反而使合金软化，这种现象称为过时效。

3. 过剩相强化

如果铝中加入合金元素的数量超过了极限溶解度，那么固溶加热时便有一部分不能溶入固溶体的第二相，称为过剩相。在铝合金中，这些过剩相通常是硬而脆的金属间化合物，它们

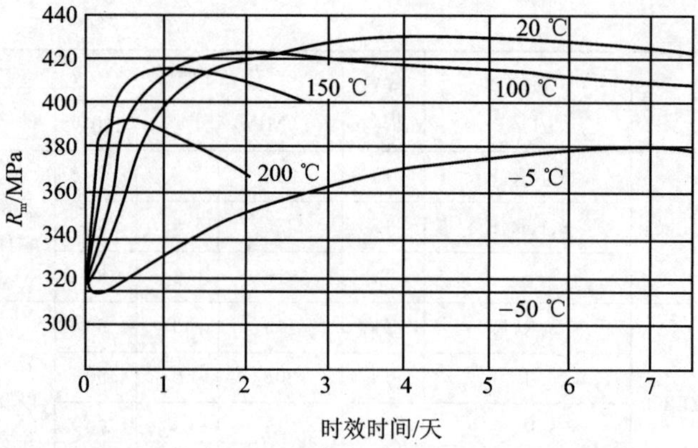

图5.2 w_{Cu}=4%的铝合金在不同温度下的时效曲线

在合金中起阻碍位错运动的作用,使强度和硬度升高,塑性和韧性下降。在生产中常常采用这种方式来强化铸造铝合金和耐热铝合金。

4. 细化组织强化

细化组织包括细化铝合金固溶体和过剩相组织。铸造铝合金中常加入变质剂来细化合金组织,提高强度和塑性。变质处理对于热处理不能强化或强化效果不大的铝合金,具有特别重要的意义,如ZL102加入2%~3%的变质剂进行变质处理,组织细化,可显著提高塑性和强度。变形铝合金中加入微量的Ti、Zr、Be及RE能形成难熔化合物,在结晶过程中作为形核中心,起到细化晶粒作用,提高合金强度和塑性。

5.1.6 铝合金在飞机上的应用

虽然复合材料和钛合金越来越多地用作飞机结构材料,但铝合金因其技术成熟、成本低,在相当长时期内仍将是亚声速飞机和低超声速飞机的主要结构材料之一。不同时期飞机选材结构比例见表5.5。

表5.5 不同时期飞机选材结构比例

机型	服役时间	铝合金/%	钛合金/%	钢/%	复合材料/%	其他/%
F-14	1974	39	24	17	1	19
F-15	1976	36	27	6	2	29
F-16	1978	83	2	5	3	7
F/A-18A/B	1980	50	12	15	9.5	13.5
F/A-18C/D	1986	50	13	16	10	11
F/A-18E/F	2002	29	15	14	23	19
F-22	2005	15	38.8	5	24	17.2
B-1	1986	41	21	9	29	0
B-2	1991	19	26	6	38	11
C-17	1992	69.3	10.3	12.3	8.1	0
B747	1970	81	4	13	1	1

续表 5.5

机　型	服役时间	铝合金/%	钛合金/%	钢/%	复合材料/%	其他/%
B757	1983	78	6	12	3	1
B767	1982	80	2	14	3	1
B777	1995	70	7	10	10	3
A320	1988	76.5	4.5	13.5	5.5	0
A340	1993	75	6	8	8	3
A380	2007	60	10	4	25	1
B787	2011	20	15	10	50	5

在早期的飞机结构上，易发生损伤的部位采用 2024 铝合金，强度要求高的部位采用 7075 铝合金。鉴于以往合金强度与抗蚀性、韧性不能兼顾，人们研制出了 7150－T77 铝合金，它们的强度、韧性和抗蚀性良好，被用于 C－17 军用运输机。后来人们又研制出了强度更高的 7055－T77 铝合金，被用于 B777。由于机身材料的断裂韧性是关键，在 B777 机身上还采用了 2×××－T3 铝合金，称为 C－188－T3。B777 主要部位选材见表 5.6。

表 5.6　铝合金在 B777 上的应用

序　号	应用部位	选用材料及状态	序　号	应用部位	选用材料及状态
1	上翼面蒙皮	7055－T7751	8	地板梁、尾翼翼盒	T800/3900－2
2	翼梁、长桁、龙骨、座椅滑轨	7150－T77511	9	起落架	高强度钢
3	长桁	7055－T77511	10	轮胎	Michelin AIR X 子午线轮胎
4	机翼前缘壁板、起落架舱门	玻璃-碳/环氧混杂复合材料	11	尾喷管、尾椎、后整流罩	β21S
5	锻件	7150－T77	12	刹车片	碳-碳复合材料
6	襟翼滑轨、起落架轮托架	Ti－10－2－3	13	雷达天线罩	S－2 玻纤环氧复合材料
7	机身蒙皮	C－188－T3			

与波音公司不同，空中客车公司在飞机的次要结构上大量采用铝锂合金。A380 上使用了 2099、2199、2196 等铝合金制作飞机的构件，如横梁、座椅滑轨、座舱及应急舱的地板结构等，可减重几百千克。

5.2　铜及铜合金

5.2.1　纯铜及其合金化

1. 纯　铜

纯铜呈玫红色，表面氧化后呈紫红色，俗称紫铜，相对密度为 8.94 g/cm^3，熔点为 1 083 ℃，具有面心立方晶格结构,无同素异构转变。纯铜的导电性和导热性优良,仅次于银,居于第二位;化学稳定性好,在大气、淡水及非氧化性酸中均有优良的抗蚀性,但在海水中的抗蚀性较差,在氧化性酸、盐中易被腐蚀。纯铜在含有 CO_2 的湿空气中,表面将产生碱性碳酸盐的绿色薄膜,又称铜绿。纯铜强度不高,硬度很低,不宜直接作为结构材料。纯铜主要用于制作导电、导热元件及配制铜合金。铜具有抗磁性,用于制造抗磁干扰的仪器、仪表零件,如罗盘、航空仪表等。纯铜的主要杂质有Pb、Bi、O、S、As、P等,都将降低纯铜的导电性。

GB/T 11086—2013

GB/T 29091—2012

根据GB/T 11086—2013、GB/T 29091—2012,纯铜一般指纯度高于99.70%工业用金属铜。纯铜牌号以“T+顺序号”或“T+第一主添加元素化学符号+各添加元素含量(数字间以“-”隔开)”命名,如T2表示铜含量≥99.90%的二号纯铜。如TAg0.1-0.01表示银含量为0.08%~0.12%、磷含量为0.004%~0.012%的银铜。

无氧铜是指不含氧化亚铜亦不含任何脱氧剂残留物的铜。以“TU+顺序号”命名,如TU00、TU0、TU1等。以Ag和Zr脱氧而制得的无氧铜分别用TUAg及TUZr表示,如TU00Ag0.06、TUAg0.03、TUZr0.15。弥散强化铜是指加入超细的弥散相粒子以获得强化效果的铜,如TUAl0.12表示加入超细的 Al_2O_3 粒子获得弥散无氧铜。脱氧铜不含氧化亚铜,但含有一定的金属或非金属脱氧剂(如P、Li、B、Ca)的铜。磷脱氧铜是最常用的脱氧铜,以“TP+顺序号”命名。无氧铜及脱氧铜的特点是含氧量极低,无“氢脆”现象。有更高的导电性、导热性、耐蚀性、可焊性、塑性,主要用于电真空件。

2. 铜的合金化

纯铜强度不高,虽然可以通过加工硬化提高其强度和硬度,但是塑性会急剧下降,而且导电性也大幅降低。因此,常采用合金化方法来获得高强度合金。铜中加入的合金元素主要有Zn、Sn、Al、Mn、Si、Ni等。主要强化方式为固溶强化、时效强化和第二相强化。

(1) 加工铜合金

含有少量特意加入的某些元素,以获得特定性能的铜称为微合金化铜。铜含量一般不低于99.3%。牌号以“T+顺序号”或“T+第一主添加元素化学符号+各添加元素含量(数字间以‘-’隔开)”命名。以铜为基体金属,加入一种或几种微量元素以获得某些预定特性的合金称为高铜合金。用于冷、热压力加工的高铜,铜含量一般在96.0%~99.3%的范围内。用于铸造的高铜,一般铜含量大于94%。高铜合金的牌号与微合金化铜的牌号表示方法相同,如TCr1-0.15表示铬含量为0.50%~1.5%、锆含量为0.05%~0.25%的铬铜。

以铜为基体金属,主要由铜和锌组成的合金,称为黄铜。黄铜可含有或不含有其他合金元素。不含有其他合金元素的黄铜称为简单黄铜(或称普通黄铜);含有其他合金元素的黄铜称为复杂黄铜(或称特殊黄铜),或依据第二合金元素命名,如镍黄铜、铅黄铜、锡黄铜、铝黄铜、锰黄铜、铁黄铜、硅黄铜等。当含有其他合金元素时,锌含量应占优势,超过其他任一合金元素;镍含量不超过6.5%;锡含量不超过3.0%;其他合金元素含量不做规定。

普通黄铜以“H+铜含量”命名,例如,铜含量为63.5%~68.0%的普通黄铜表示为H65。特殊黄铜以“H+第二主加元素的化学符号+铜含量+除锌以外的各添加元素含量(数字间以“-”隔开)”命名。例如,铅含量为0.8%~1.9%,铜含量为57.0%~60.0%的铅黄铜表示为HPb59-1。

以铜为基体金属，除锌和镍以外，其他元素为主添加元素的合金，称为青铜。根据主添加元素不同，可分为锡青铜（或称铜锡合金，包括铜锡、铜锡磷、铜锡铅合金等）、铝青铜（或称铜铝合金）、铬青铜（或称铜铬合金）、锰青铜（或称铜锰合金）、硅青铜（或称铜硅合金）等。青铜中可含有或不含有主添加元素以外的其他合金元素。当含有其他合金元素时，主添加元素含量应占优势，超过其他任一合金元素。硅青铜中，镍含量可大于硅含量，但不应大于5%。锡青铜中，当锡含量在3.0%以上时，锌含量可等于或大于锡含量，但不应大于10%。

青铜以“Q＋第一主添加元素的化学符号＋各添加元素的含量（数字间以“-”隔开）”命名。例如含锡6.0%～7.0%，磷0.10%～0.25%的锡磷青铜表示为QSn6.5-0.1。

以铜为基体金属，主要由铜和镍组成的合金，称为白铜。白铜中可含有或不含有其他合金元素。不含有其他合金元素的白铜称为简单白铜；含有其他合金元素的白铜称为复杂白铜，或依据第二合金元素命名，如铁白铜、锰白铜、铝白铜、锌白铜等。当含有其他合金元素时，镍含量应占优势，超过其他任一合金元素，但当镍含量小于4%时，锰含量可以超过镍含量。

普通白铜以“B＋镍含量”命名。复杂黄铜以“B＋第二主添加元素化学符号＋镍含量＋各添加元素含量（数字间以“-”隔开）”命名。

（2）铸造铜合金

铸造铜及铜合金牌号表示方法应符合GB/T 8063—2017的规定。铸造有色合金牌号由“Z”和基体金属的元素符号、主要合金元素符号以及表明合金元素名义含量的数字组成，如ZCuSn3Zn8Pb6Ni1。或者采用合金中主要元素的质量分数命名，如3-8-6-1锡青铜、38黄铜、25-6-3-3铅黄铜等。也可根据GB/T 29091—2012，在加工铜及铜合金牌号的命名方法的基础上，牌号的最前冠以“铸造”一词汉语拼音的第一个大写字母“Z”，如ZH62。

5.2.2　常用铜合金

1. 黄　铜

黄铜具有良好的力学性能，易加工成形，并对大气、海水有相当好的抗蚀能力，价格比较低。锌含量对黄铜的物理性能、力学性能及工艺性能有很大影响。图5.3所示为Zn含量对黄铜力学性能的影响。当锌含量小于30%时，抗拉强度和断后伸长率均增大。锌含量30%～32%，断后伸长率达到最大值，之后塑性急剧下降，抗拉强度一直增大到45%附近，当锌含量超过47%时，强度和塑性均很低，已无实用价值。因此，工业上使用的黄铜含锌量一般不超过47%。

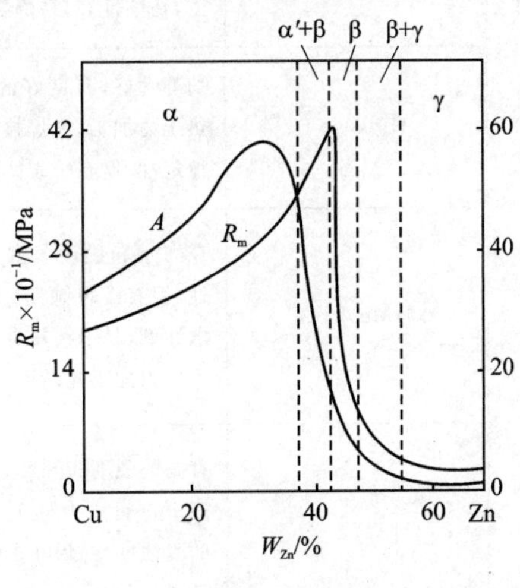

图 5.3　Zn 含量对黄铜力学性能的影响

单相黄铜（α 黄铜）塑性好，可进行冷、热加工，并具有良好的焊接性能。其中H70、H68称为三七黄铜，常用作弹壳，故又称弹壳黄铜。两相黄铜（α＋β′黄铜）的强度比单相黄铜高，在室温下塑性较差，只宜进行热轧或热冲压成型。常用的有H62、H59等，可用作散热器、机械、电器零件。

黄铜的耐蚀性与纯铜相近，在大气和淡水中是稳定的，在海水耐蚀性稍差。黄铜的主要腐蚀形式是“脱锌”和“季裂”。所谓脱锌是指黄铜在酸性或盐类溶液中，锌优先溶解而受到腐蚀，工件表面残存一层多孔(海绵状)的纯铜。季裂是指黄铜产品因存在残余内应力，在潮湿大气中，特别是含氨盐的大气中受到腐蚀而产生破裂的现象。

在普通黄铜基础上，加入锡、铅、铝、锰、硅、铁等合金元素构成三元、四元甚至五元合金，即为特殊黄铜。锡黄铜加入锡主要用于提高黄铜的耐蚀性，广泛用于制造船舶零件。铝黄铜加入铝主要用于提高黄铜的强度、硬度和耐磨性。铅黄铜加入铅主要用于提高黄铜的切削加工性和耐磨性。锰黄铜加入锰主要用于提高黄铜的力学性能和耐热性，同时也提高在海水、氯化物和过热蒸汽中的耐蚀性。硅黄铜加入硅主要用于提高黄铜的力学性能和耐磨性，同时也提高铸造性能和耐蚀性。

常用黄铜的牌号、主要特性及用途如表5.7所列。

表5.7　常用黄铜的牌号、主要特性及用途

类　别	牌　号	主要特性	用　途
普通黄铜	H95	强度比紫铜高，导热、导电性好，在大气和淡水中有高的耐蚀性，且有良好的塑性，易于冷、热压力加工，易于焊接、锻造和镀锡，无应力腐蚀破裂倾向	在一般机械制造中用作导管、冷凝管、散热器管、散热片、汽车水箱带以及导电零件等
	H68	有良好的塑性和较高的强度，切削加工性能好，易焊接，但在冷作硬化状态下有季裂倾向	用于复杂的冷冲件和深冲件，如散热器外壳、导管、波纹管、弹壳、垫片、雷管等
	H62	有良好的力学性能，热态下塑性好，冷态下塑性也可以，切削性好，易焊接，耐蚀性好，但在冷作硬化状态下有季裂倾向	用于的受力零件，如销钉、铆钉、垫圈、螺母、导管、气压表弹簧、筛网、散热器零件等
特殊黄铜	HSn62-1	在海水中有高的耐蚀性，有良好的力学性能，冷加工时有冷脆性，只适用于热压加工，切削性好，易焊接，但有季裂倾向	用作海水或汽油接触的船舶零件或其他零件
	HPb59-1	切削性好，有良好的力学性能，能承受冷、热压力加工，易焊接，对一般腐蚀有良好的稳定性，但有季裂倾向	适于以热冲压和切削加工制作的各种结构零件，如螺钉、垫圈、垫片、衬套、螺母、喷嘴等
	HMn58-2	在海水和过热蒸汽、氯化物中有高的耐蚀性，但有季裂倾向；力学性能良好，导热导电性低，易于在热态下进行压力加工，冷态下压力加工性尚可	用于腐蚀条件下工作的重要零件和弱电流工业用零件
	HA177-2	有高的强度和硬度，塑性良好，可在热态冷态下进行压力加工，对海水及盐水有良好的耐蚀性，并耐冲击腐蚀，但有脱锌及季裂倾向	在船舶和海滨热电站中用作冷凝管以及其他耐蚀零件

续表 5.7

类　别	牌　号	主要特性	用　途
铸造黄铜	ZCuZn40Mn3Fe1（40-3-1锰黄铜）	有高的力学性能，良好的铸造性能和可切削性能，在空气、淡水和海水中耐蚀性较好，有应力腐蚀开裂倾向	轮廓不复杂的重要零件，海轮上在300 ℃以下工作的管配件、螺旋桨等大型铸件
	ZCuZn25Al6Fe3Mn3（25-6-3-3铝黄铜）	有很高的力学性能，铸造性能良好，耐蚀性较好，有季裂倾向，可以焊接	适用高强、耐磨零件，如螺母、螺杆、耐磨板、滑块和蜗轮、衬套等
	ZCuZn16Si4（16-4铝黄铜）	具有较高的力学性能和良好的耐蚀性，铸造性能好；流动性高，铸件组织致密，气密性好	接触海水工作的管配件以及水泵、叶轮、旋塞和在空气、淡水、油、燃料，以及工作压力4.5MPa、250 ℃以下蒸气中工作的铸件

2. 青　铜

(1) 锡青铜

锡青铜是以锡为主要合金元素的铜合金。锡青铜的力学性能与锡含量有关，如图5.4所示。当锡的质量分数小于6%时，合金为单相固溶体，强度随锡含量的增加显著提高，塑性变化不大，适宜进行冷、热压力加工。当锡含量超过6%，组织中可能出现(α+δ)共析体，而δ相是一个硬而脆的相，虽然强度继续升高，但塑性却急剧下降，已不适宜压力加工，只适合铸造。当锡的质量分数超过20%时，不仅塑性极低，且强度急剧降低，工业上无实用价值，以前只用来铸钟。工业用锡青铜锡的质量分数一般为3%～14%。

锡青铜在大气、海水、淡水以及水蒸气中抗蚀性比纯铜和黄铜好，但在盐酸、硫酸及氨水中的抗蚀性较差。

锡青铜的结晶温度范围很宽，流动性差，易形成树枝状偏析和分散缩孔，收缩率很小，适合铸造形状复杂的零件，但铸件的致密性差，在高压下易渗漏。

锡青铜中还可以加入其他合金元素以改善性能。例如，加入锌可以提高流动性，并可以通过固溶强化作用提高合金强度；加入铅可以使合金的组织中存在软而细小的黑灰色铅夹杂物，提高锡青铜的耐磨性和切削加工性；加入磷，可以提高合金的流动性，并生成Cu_3P硬质点，提高合金的耐磨性。

(2) 铝青铜

铝青铜是以铝为主加元素的铜合金。铝青铜的强度和耐磨性均高于黄铜和锡青铜。铝青铜的力学性能受铝含量影响很大，如图5.5所示。当铝含量小于8%时，组织为单相固溶体，随着铝含量的增加，强度提高，塑性良好，适于冷、热变形加工。当铝含量大于8%时，塑性大幅降低，原因是组织中出现了含脆性相的共析体，能承受热压力加工，主要用挤压法获得制品。

铝青铜的结晶温度范围小，不易产生成分偏析，而且流动性好，分散缩孔倾向小，易获得致密铸件，但收缩率大，铸造时应在工艺上采取相应的措施。铝青铜的耐蚀性优良，在大气、海水、碳酸及大多数有机酸中具有比黄铜和锡青铜更好的耐蚀性。在过热蒸汽中，铝青铜的耐蚀性差。铝青铜可制造齿轮、轴套、蜗轮等高强度、耐磨的零件以及弹簧和其他耐蚀元件。

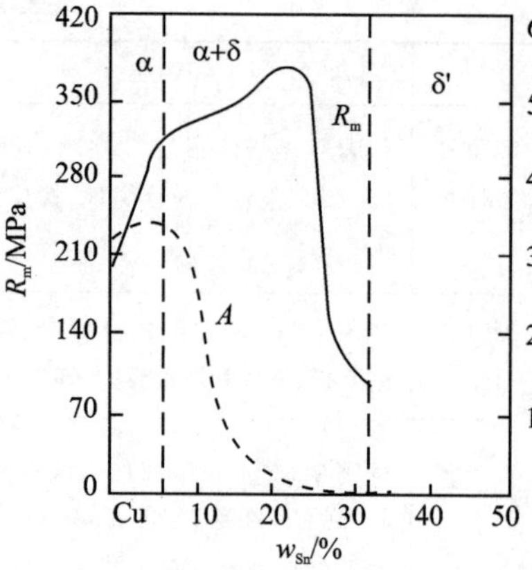

图 5.4 含锡量与铸造锡青铜力学性能关系曲线

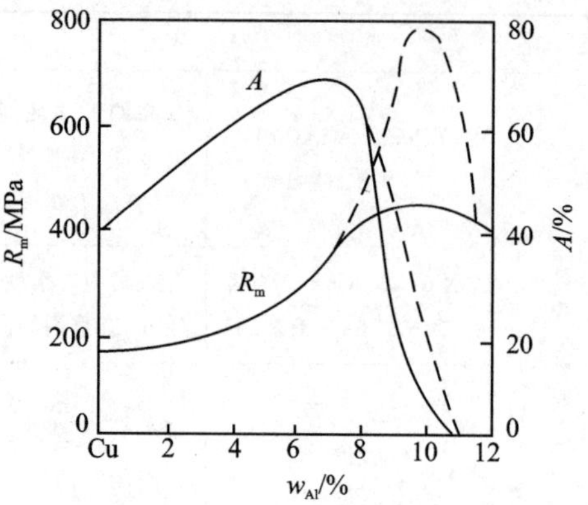

图 5.5 含铝量与铝青铜力学性能关系曲线

在二元铝青铜的基础上添加适量的铁、锰、镍元素可使合金的力学性能和工艺性能改善。常用青铜的牌号、主要特性和用途如表5.8所列。

表 5.8 常用青铜的牌号、主要特性和用途

类别	牌号	主要特性	用途
锡青铜	QSn4-3	耐磨性和弹性高,抗磁性良好,冷热加工性能好;在硬态下,可切削性好,易焊接,在大气,淡水和海水中耐蚀性好	用于制作弹簧及其他弹性元件、化工设备上的耐蚀零件、耐磨零件、抗磁零件和造纸工业用的刮刀
	QSn4-4-4	有高的减摩性和良好的可加工性,易于焊接,在大气、淡水中具有良好耐蚀性,只能在冷态下进行加工,因含铅,热加工时易引起热脆	用于制作在摩擦条件下工作的轴承、卷边轴套、衬套、圆盘以及衬套的内垫等
	QSn6.5-0.1	有高的强度、弹性、耐磨性和抗磁性,冷热加工性能好,可焊接,可切削性良好,在大气、淡水中耐蚀	用于制作弹簧和导电性好的弹簧接触片,精密仪器中的耐磨零件和抗磁零件,如齿轮、电刷盒、振动片、接触器等
铝青铜	QA15	有较高的强度、弹性和耐磨性,在大气、淡水、海水和某些酸中耐蚀性高,可电焊、气焊、不易钎焊,冷热加工性能好	重要用途的弹簧和弹性元件
	QAl10-4-4	强度高,耐热性能好,减摩性良好,在大气、淡水和海水中抗蚀性很好,热态下压力加工良好,可热处理强化,可焊接,不易钎焊,可切削性尚好	高强度耐磨件及500 ℃以下工作的零件

续表 5.8

类　别	牌　号	主要特性	用　途
硅青铜	QSi1－3	具有高的强度，相当好的耐磨性，能热处理强化，淬火回火后强度和硬度大大提高，在大气、淡水和海水中有较高的耐蚀性，焊接性和切削性良好	用于制造在 300 ℃以下，润滑不良、单位压力不大的工作条件下的摩擦零件，如发动机排气和进气门的导向套，以及在腐蚀介质中工作的结构零件
	QSi3－1	有高的强度、弹性和耐磨性，塑性好，低温下仍不变脆；焊接性能好；在大气、淡水和海水中的耐蚀性高，冷热加工性能好，不能热处理强化	用于制作在腐蚀介质中工作的各种零件，弹簧和弹簧零件，以及蜗杆、蜗轮齿轮、轴套、制动销和杆类耐磨零件
铸造青铜	ZCuSn5Pb5Zn5 （5－5－5 锡青铜）	耐磨性和耐蚀性好，易加工，铸造性能和气密性较好	在较高负荷，中等滑动速度下工作的耐磨耐腐蚀零件，如轴瓦、衬套、缸套、活塞离合器、泵件压盖以及蜗轮等
	ZCuSn10Pl （10－1 锡青铜）	硬度高、耐磨性较好，不易产生咬死现象，在大气和淡水中有良好的耐蚀性	可用于高负荷（20 MPa 以下）和高速度（8 m/s）下工作的耐磨零件，如连杆衬套、齿轮、蜗轮等
	ZCuPb30 （30 铅青铜）	有良好的自润滑性能，易切削；铸造性能差，易产生比重偏析	要求高滑动速度的双金属轴瓦，减磨零件等
	ZCuAl10Fe3 （10－3 铝青铜）	具有高的力学性能，耐磨性和耐蚀性能好，可以焊接，不易钎焊，大型铸件 700 ℃空冷可以防止变脆	要求强度高、耐磨、耐蚀的重要铸件，如轴套、螺母、蜗轮以及 250 ℃以下工作的管配件

3. 铍　铜

以铍为主加元素形成的铜合金称为铍铜（原国家标准称为铍青铜）。铍含量一般在 0.2%～2.1%，典型牌号 TBe2（旧牌号 QBe2），可热处理强化；经固溶时效处理后，其强度和硬度远远超过其他铜合金，与高强度合金钢相当。铍铜不仅具有高的强度、硬度、弹性极限、疲劳极限、耐磨性和耐蚀性，而且导电、导热性和耐寒性好。铍铜无磁性，受冲击时不产生火花。其缺点是价格太高，生产过程中有毒。铍铜常用来制造各种精密仪表的弹性元件及有特殊要求的耐磨件，还可用于制作各种转向开关、接触件、焊接用电极、防爆工具和精密模具等。

5.3　钛及钛合金

5.3.1　纯钛及其合金化

钛在地壳中的蕴藏量十分丰富，仅次于铝、铁、镁，居金属元素中的第四位。钛是银白色金属,密度为4.5 g/cm^3;熔点为1 668 ℃。纯钛具有同素异构转变,在882 ℃以下为密排六方晶格结构的α-Ti;在882 ℃以上直到熔点时为体心立方晶格结构的β-Ti。

微量杂质既能使钛的强度、硬度显著升高,又能使塑性、韧性急剧降低。工业纯钛中常含有氢、氧、碳、铁等杂质元素,实际上是钛与杂质元素形成的合金。工业纯钛具有较高的强度、良好的塑性及焊接性,可制成板、棒、管、线、带材,常用于制造350 ℃以下工作的飞机构件,超声速飞机的蒙皮、隔热板等。

钛合金常用的合金元素有Al、Zr、Sn、V、Mo、Mn、Cr、Fe、Cu、Si等。提高钛的β转变温度的元素称为α稳定元素,如Al、O、N、C等。O、N、C一般作为杂质元素,很少作为合金元素添加使用。降低钛的β转变温度的元素称为β稳定元素,如V、Mo、Nb、Mn、Fe、Cr、Si、Cu等。对钛的β转变温度影响不明显的元素称为中性元素,如Zr、Hf、Sn、Ce等。

钛及钛合金的主要优点是比强度高,与调质结构钢的强度相近,密度仅为钢的54%,热强性好,可与耐热钢相媲美。在常温下,钛表面极易形成氧化物和氮化物组成的致密钝化膜,在许多介质中具有很强的耐蚀性。纯钛在中性及氧化性介质中的耐蚀性很强,在海水中的耐蚀性优于不锈钢和铜合金,在碱性及大多数有机酸中也很耐蚀。因而在航天、航空、化工、舰艇等方面获得广泛应用。钛及钛合金的主要缺点是导热性差,摩擦系数大,耐磨性能也较差;切削时易黏刀,应使用特定刀具切削;屈强比高,冷变形易裂;化学活性大,在高温下易和许多元素反应。因此,钛及其合金的熔炼、浇铸、焊接、热处理等都要在真空或惰性气体中进行,加工条件严格,成本较高,使其应用受到限制。

5.3.2 钛合金的分类

1. 钛合金的分类

GB/T 3620.1—2016

根据GB/T 3620.1—2016标准规定,按退火(空冷)后的组织,可将钛及钛合金牌号分为α、α-β和β三类。牌号的第一位用大写字母“T”表示钛及钛合金;第二位表示合金的类型,A表示工业纯钛、α型和近α型合金,B表示β型和近β型合金,C表示α-β型合金;牌号中的阿拉伯数字按注册先后顺序排序。相同牌号的超低间隙合金[①]在数字后加大写字母“ELI”,数值与“ELI”之间无间隔。

(1) α型和近α型钛合金

α型钛合金主要合金元素为α稳定元素和中性元素,如铝、锡、锆,基本不含或含少量β稳定元素。合金强度较低,主要依靠固溶强化,不能热处理强化,退火组织为α固溶体。近α型钛合金含有少量β稳定元素,退火组织中有少量β相,具有一定的热处理强化效果。α型钛合金在高温下组织稳定,抗氧化能力强,热强性较好,但室温强度低于β型钛合金和α-β型钛合金。焊接性能也好,并可进行热变形加工。典型牌号TA7(Ti-5Al-2.5Sn)主要用于制造500 ℃以下长期工作的零件,如超声速飞机中的涡轮机匣、导弹燃料罐等。

(2) β型和近β型钛合金

β型钛合金含β稳定元素较多,通过水冷或空冷几乎得到全部亚稳β相组织或稳定β相组织。β型钛合金抗腐蚀性好,在固溶状态下具有良好的塑性,便于冷成形。稳定β钛合金不能

① 指氧、氮、碳、氢间隙元素含量特别低的钛合金。

热处理强化，近 β 型和亚稳 β 型钛合金可热处理强化。近 β 型和亚稳 β 型钛合金时效处理后可获得很高的强度，但组织不够稳定，耐热性不高，焊接性不好，不宜在高温下使用，一般用作紧固件及要求冷成形好的结构件。TB2(Ti－5Mo－5V－8Cr－3Al)为亚稳 β 型钛合金，固溶状态冷成形性好，800 ℃固溶，水冷，500 ℃时效 8 h，抗拉强度可达 1 400 MPa，可用于钣金件、紧固件和波纹壳体。TB6(Ti－10V－2Fe－3Al)为高强高韧近 β 型钛合金，适于作航空锻件。该合金是 B777 用量最大的 β 型钛合金，起落架几乎全部由该合金制成。

(3) α－β 型钛合金

α－β 型钛合金退火组织为(α＋β)相，也称两相钛合金。常加入 V、Mo、Cr 等 β 稳定元素起固溶强化作用和稳定 β 相，加入 α 稳定元素 Al 和中性元素 Sn 起固溶强化作用。α－β 型钛合金具有较高的强度和良好的热压力加工性能，抗蠕变性能及热稳定性也较好，焊接性能不如 α 型钛合金。此类合金可以在退火状态下使用，也可进行热处理强化。TC4(Ti－6Al－4V)是用量最大的两相钛合金，可用于制造发动机压气机盘、叶片以及飞机构件，如 B777 的鳍板、发动机引擎框架、连接件等。

5.3.3　钛合金的应用

钛合金具有比强度高、耐高温、耐腐蚀等优点，是飞机机体和发动机的重要结构材料之一。钛合金在商用和军用飞机领域的用量伴随产品的升级换代呈逐步增长趋势。图 5.6 所示为不同飞机钛合金用量随年代变化情况。

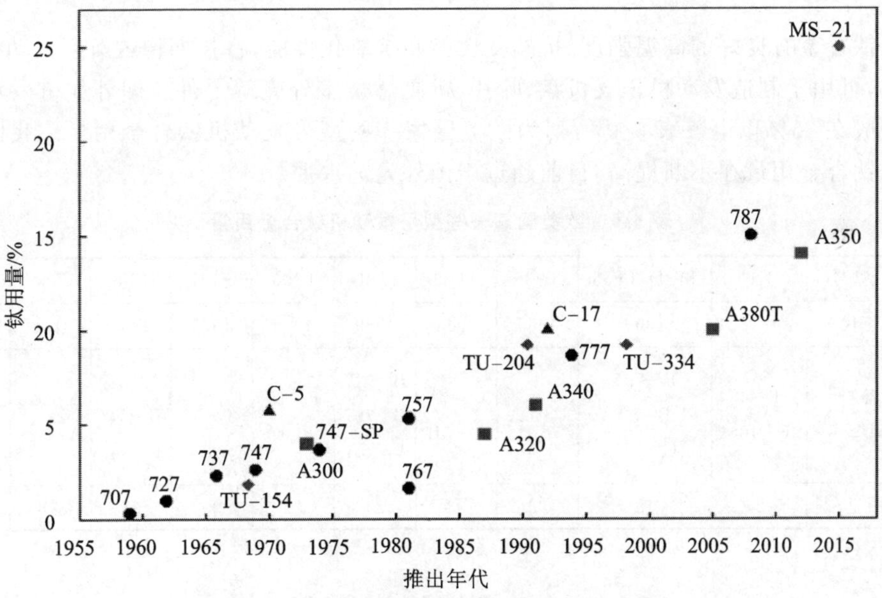

图 5.6　不同飞机钛合金用量随年代变化情况

初期，钛合金主要用于制作受力不大的结构件，如框架、隔热板、整流罩、蒙皮等。从 20 世纪 80 年代开始，随着钛合金成型技术和冶金质量的大幅提升，不少受力较大的构件也开始选用钛合金。在商用飞机领域，B787 钛合金用量为 15%。俄罗斯新一代客机 MS－21 钛合金用量达到 25%。在军用飞机领域，钛合金用量更大，F－22 用了 39%的钛，F/A－35 用了 27%的钛。B－1 和 B－2 轰炸机钛合金用量达到 20%以上。SR－71 侦察机钛合金用量更是高达

93%。美国的C-17和运-20用钛量都是10%左右。舰载机F-18E/F的用钛量是15%。

航空发动机材料总的趋势是从钢、铝时代逐渐转化为冷端以钛为主,热端以镍为主的镍、钛、钢"三足鼎立"的时代。未来的趋势是部分被树脂基、金属基、陶瓷基复合材料和金属间化合物所取代。图5.7所示为飞机材料用量随年代变化情况。

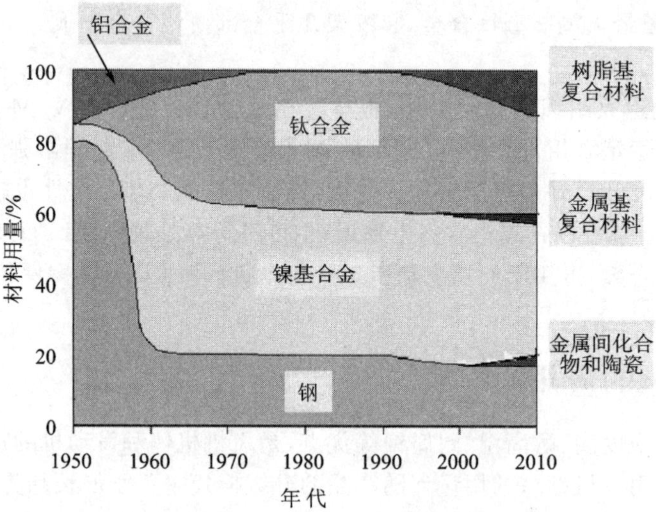

图5.7 飞机材料用量随年代变化情况

钛及钛合金有良好的高温强度、抗蠕变性能和抗氧化性能,将长期稳占航空发动机冷端的主体地位,可用于制造发动机压气机盘、叶片、机匣燃烧室外壳等零件。国外先进发动机钛合金用量一般在25%以上。表5.9所列为欧美国家一些型号发动机钛合金用量。我国一些航空发动机钛合金用量在不断提高,目前趋近于国外先进水平。

表5.9 欧美国家一些型号发动机钛合金用量

发动机型号	J79	JT3D/TF33	TF36	TF39	JT9D	F100	F101	CF6	V2500	F119
推出年代	1956	1960	1965	1968	1969	1973	1976	1985	1989	1997
装备机型	F-4 F-104	B-707 B-52 C-141	C-5A	C-5A C-5B	B-747 B-767 C-5A	F-15 F-16	B-1	A-330 B-747 B-767	A-320 A-321	F-22
钛合金用量/%	2	15	32	33	25	25	20	27	31	40

5.4 镁及镁合金

5.4.1 纯镁及其合金化

1. 纯 镁

镁为银白色金属,密度为1.74 g/cm^3(约为铝的2/3),熔点为650 ℃,密排六方晶格结构,无同素异构转变。镁的电极电位很低，在潮湿大气、淡水、海水及绝大多数酸、盐溶液中易受腐蚀，在碱和矿物油中比较稳定。在空气中容易氧化，因氧化膜疏松多孔，对镁基体没有明显的保护作用。在高温下氧化更剧烈，容易燃烧。纯镁的室温塑性和强度均较低，尤其塑性要比铝低得多，一般不用作结构材料。纯镁的高温塑性较好，可进行各种形式的热变形加工。

2. 镁的合金化

由于纯镁的强度低、耐蚀性差，一般在纯镁中添加 Al、Zn、Mn、Zr 和 RE 等元素制成镁合金。镁的合金化原理与铝合金相似，都是利用合金元素进行固溶处理和时效强化来改善合金的力学性能、耐蚀性能和耐热性能。Al 和 Zn 加入量较低时起固溶强化，加入量较高时，经固溶时效处理，分别与镁形成 $Mg_{17}Al_{12}$ 和 MgZn，起弥散强化作用，但 MgZn 的强化效果更好一些。Zr 在合金中的主要作用是细化晶粒和固溶强化。Mn 有一定的固溶强化效果，能提高合金的耐蚀性、耐热性。稀土元素的主要作用是提高镁合金的耐热性，改善铸造性能，此外还可以细化晶粒，提高合金耐蚀性。

镁合金的特点是比强度、比刚度均很高，比强度高于铝合金和钢，比刚度与铝合金、钢相当；弹性模量小，减振性好，适于制造承受冲击的零件；切削性很好，切削速度大幅高于其他合金。

按成形工艺不同，镁合金可分为变形镁合金和铸造镁合金两种。目前，铸造镁合金的应用比变形镁合金更为广泛。

5.4.2　镁及镁合金的牌号

根据 GB/T 5153—2016 标准规定，纯镁牌号以 Mg 加数字的形式表示，Mg 后面的数字表示 Mg 的质量分数，如 Mg99.95、Mg99.50(旧牌号 Mg1)、Mg99.00(旧牌号 Mg2)。

GB/T 5153—2016

变形镁合金的牌号以英文字母加数字再加英文字母的形式表示。前面的英文字母是其最主要的合金组成元素代号，其后的数字表示其最主要的合金组成元素的大致含量，最后面的英文字母为标识代号，用以标识具体组成元素相异或元素含量有微小差别的合金。如 AZ91D，A 表示 Al 含量大致为 9%，Z 表示 Zn 含量小于 1%，D 为标识代号。变形镁合金的新、旧牌号对照见表 5.11。

GB/T 19078—2016

表 5.11　变形镁合金的新、旧牌号对照表(摘自 GB/T 5153—2016)

新牌号	旧牌号	新牌号	旧牌号
VE82M	EK100M	VW75M	EW75M
VW64M	EQ90M	VW83M	VE84M

GB/T 1177—2018

铸造镁合金的牌号表示方法按 GB/T 8063—2017 规定执行。铸造镁合金代号按 GB/T 1177—2018 规定，由字母“ZM”(分别表示“铸、镁”汉语拼音第一个字母)及其后面的数字组成，其中数字表示合金的顺序号。对于 ZM5A，其中字母“A”表示该合金配料时所使用的镁锭是采用蒸馏法生产的高纯镁锭。镁合金铸件用的镁合金锭牌号与变形镁合金牌号表示方法相同，按照 GB/T 19078—2016 规定进行。

5.4.3 常用镁合金

1. 铸造镁合金

铸造镁合金共10个牌号,其中ZM5、ZM5A、ZM10属于Mg-Al-Zn系,ZM1、ZM2、ZM7属于Mg-Zn-Zr系,ZM3、ZM4、ZM6、ZM11属于Mg-RE-Zr系。

Mg-Al-Zn系和Mg-Zn-Zr系镁合金除主加Al、Zn、Zr外,还添加一些其他元素,如Mn、Ag、Ce,使合金的力学性能得到进一步改善。ZM5强度较高、塑性良好、易于铸造,适合生产各类铸件。ZM1的强度较ZM5高,铸造工艺性较差,氧化和热裂倾向大,焊接性差,在ZM1的基础上添加稀土元素发展为ZM2,从而改善了铸造性能。Mg-RE-Zr系镁合金高温持久性和蠕变强度较好。ZM3和ZM4均加入3%的铈混合稀土元素,后者含锌量高一些,因铈在镁中的固溶度小,时效强化效果不显著,一般在铸态下使用。这两种合金在200~300 ℃具有较好的耐热性,可制作此温度下的工作结构件。ZM6和ZM11均加入钕混合稀土元素,后者加入量多些,钕在镁中有较高的固溶度和时效强化能力,可制作在250 ℃以下工作且受力较大的构件。表5.12列出了铸造镁合金室温力学性能。

表5.12 铸造镁合金室温力学性能

合金牌号	合金代号	热处理状态	力学性能(≥)		
			抗拉强度 R_m/MPa	规定塑性延伸强度 $R_{p0.2}$/MPa	断后伸长率 A/%
ZMgZn5Zr	ZM1	T1	235	140	5.0
ZMgZn4RE1Zr	ZM2	T1	200	135	2.5
ZMgRE3ZnZr	ZM3	F	120	85	1.5
		T2	120	85	1.5
ZMgRE3Zn3Zr	ZM4	T1	140	95	2.0
ZMgAl8Zn ZMgAl8ZnA	ZM5 ZM5A	F	145	75	2.0
		T1	155	80	2.0
		T4	230	75	6.0
		T6	230	100	2.0
ZMgNd2ZnZr	ZM6	T6	230	135	3.0
ZMgZn8AgZr	ZM7	T4	265	110	6.0
		T6	275	150	4.0
ZMgAl10Zn	ZM10	F	145	85	1.0
		T4	230	85	4.0
		T6	230	130	1.0
ZMgNd2Zr	ZM11	T6	225	135	3.0

注:F—铸态;T1—人工时效;T2—退火;T4—固溶处理加自然时效;T6—固溶处理加完全人工时效。

2. 变形镁合金

变形镁合金包括 7 个组别，即 Mg－Al、Mg－Zn、Mg－Mn、Mg－RE、Mg－Gd、Mg－Y 和 Mg－Li。航空工业中应用较多的变形镁合金是 ZK61M，其含有较多的 Zn，可热处理形成 MgZn 强化相。ZK61M 焊接性能差，使用温度不超过 150 ℃，主要用于生产挤压制品和锻件，常用来制作受力较大的构件，如机翼长桁、翼肋、摇臂等。ZW62M 添加钇，改善了合金的耐热性和工艺性，主要用于生产厚板、型材和锻件，制造飞机内部构件。

Mg－Li 系合金是最具代表性的超轻、高比强度合金。根据锂含量和合金组织不同，Mg－Li 系合金可分三类：当 Li 含量低于 5.5％时，室温组织为锂固溶在镁中的 α 固溶体（密排六方晶格）；当 Li 含量为 5.5％～10.2％时，组织为 α 固溶体及不规则的片状 β 相；当 Li 含量高于 10.2％时，组织为镁固溶在锂中的 β 固溶体（体心立方晶格）。除 Li 外，还可以添加 Al、Zn、Si 等元素提高合金强度、耐蚀性等。α 型和 α＋β 型 Mg－Li 系合金的强度与 ME20M 相当，β 型 Mg－Li 系合金室温和低温塑性均很高，强度比 ME20M 低。Mg－Li 系合金主要优点是强度高（特别是压缩强度），塑性、韧性好，缺口敏感性小。此外，还具有优良的加工性能和焊接性能，在航空、航天和民用领域有良好的应用前景。其主要缺点是锂的化学活性很高，极易与空气中的氧、氮形成稳定化合物，因此熔炼和铸造必须在惰性气氛中进行。抗蚀性低于其他镁合金，应力腐蚀倾向严重。另一个缺点是耐热性很差，只适合在常温下工作。

5.5　镍及镍基合金

5.5.1　镍及其合金化

镍是一种银白色的铁磁性金属，面心立方晶格，无同素异构转变；密度 8.9 g/cm^3，熔点 1 455 ℃。镍在地壳中的含量高于常见的铅、锡等，但比铁低得多（约为铁的 1/600）。在自然界中，最主要的镍矿是红土镍矿或硫化物型镍矿。

镍质地坚硬，具有很好的延展性，适于冷、热加工。化学稳定性极高，500 ℃以下几乎不能氧化，常温下也不受潮气、水及某些盐类水溶液的作用。在盐酸、硫酸、有机酸和碱性溶液中溶解极慢，而在稀硝酸中溶解很快，在发烟硝酸中表面钝化。镍主要用于制造不锈钢、合金钢、镍基合金、电镀、电池及催化剂等。

表 5.13　镍中其他元素的极限含量

元素	极限含量（质量分数）/％
Co	1.5
Fe	0.5
O	0.4
每种其他元素	0.3

GB/T 25951.1—2010

根据 GB/T 25951.1—2010，纯镍是指镍加钴最小含量为 99.0％（质量分数）的金属，并规定除镍外其他元素的质量含量不超过表 5.13 中规定的极限值。镍合金是指镍在质量上占优势，超过每种其他元素的金属材料，并符合：①至少一种其他元素的含量高于表 5.13 规定的极限值;②除镍加钴外,其他元素的质量总含量超过1%。

镍合金添加的合金元素有两大类:一类是能与镍形成固溶体的元素,如铜、钴、铁、铬、钼、钨、锰等;另一类是与镍形成中间化合物的元素,如铝、硅、铍、钛、锆、铪、钒、铌、钽等。此外,为了特定的目的和用途,有时还添加一些微量元素,如稀土元素、硼、镁、钙、锶、钡等。

镍含量30%~50%,镍和铁含量之和不小于60%的合金称为铁镍基合金;镍含量不小于50%的合金称为镍基合金;镍含量不小于50%,镍和铜含量之和不小于90%的合金,称为镍铜合金,又称蒙乃尔合金。

GB/T 5235—2007

加工镍及镍合金的牌号表示方法应符合GB/T 5235—2007中的规定,纯镍的牌号表示方法为"N+序号",如N2表示二号镍。阳极镍的牌号表示方法为"NY+序号",如NY1表示一号阳极镍。镍合金的牌号表示方法为"N+主添加元素符号+各添加元素的含量(数字间以"-"隔开)"命名,如NMn4-1表示4-1镍锰合金。

GB/T 15007—2017

GB/T 15007—2017规定:变形耐蚀合金用"NS"作前缀,后接四位阿拉伯数字;铸造耐蚀合金用"ZNS"作前缀,后接四位阿拉伯数字;耐蚀合金复合板(或管)命名方式按"基层+复合层",如NS1402和碳钢Q345的复合板,牌号命名为Q345+NS1402,采用统一数字代号表示法,用英文字母"H"或"C"或"W"作前缀,后接五位阿拉伯数字。如果牌号与国际惯用牌号有对照关系,则应优先采用国际惯用牌号表示方法的编号,例如NS1102,统一数字代号为H08810;如果牌号与国际惯用牌号没有对照关系,则采用牌号中的四位特征数字,例如NS3101,统一数字代号为H03101。

5.5.2 镍合金

1. 镍基高温合金

以镍为基体(含量一般高于50%)在650~1 000 ℃范围内具有较高的强度和良好的抗氧化、抗燃气腐蚀能力的高温合金。镍基高温合金是高温合金中应用最广、高温强度最高的一类合金,用于制造航空发动机叶片、火箭发动机、核反应堆、能源转换设备上的高温零部件等(详见7.2节)。

2. 镍基耐蚀合金

镍基耐蚀合金主要合金元素是铜、铬、钼,成分与镍基高温合金不同,含碳量尽量控制在较低的水平,通常不超过0.05%。镍基耐腐蚀合金有如下几种类型:

① Ni系,近于纯镍,具有良好的导电性和耐蚀性,并具有良好的机械加工性能和成形性,如NS5200(Nickel 200)。

② Ni-Cu合金在还原性介质中耐蚀性优于镍,在氧化性介质中耐蚀性又优于铜,在非氧化性介质中,是耐高温氟气、氟化氢和氢氟酸的最好的材料,如NS6400(Monel 400)。Ni-Cr合金主要在氧化性介质条件下使用,抗高温氧化和含硫气体腐蚀性好,如NS3102(Inconel 600)、NS4301(Inconel 718)。

③ Ni-Mo合金主要在还原性介质腐蚀的条件下使用,是耐盐酸腐蚀的最好的一种合金,但在有氧或氧化剂存在时,耐蚀性会显著下降,如NS3202(Hastelloy B-2)。

④ Ni－Cr－Mo 合金兼有 Ni－Cr 合金、Ni－Mo 合金的性能，主要在氧化-还原混合介质条件下使用。这类合金在高温氟化氢气体、含氧或氧化剂的盐酸、氢氟酸溶液中以及在室温下的湿氯气中耐蚀性良好，如 NS3304(Hastelloy C－276)。

⑤ Ni－Cr－Mo－Cu 合金具有既耐硝酸又耐硫酸腐蚀的能力，在一些氧化-还原性混合酸中也有很好的耐蚀性，如 NS1401。

3. 镍基耐磨合金

镍基耐磨合金是指除承受磨料磨损、黏着磨损及其他类型的磨损外，还要经受介质腐蚀和高温氧化作用的一类镍基合金。其工作条件比一般的耐磨钢和耐磨铸铁要复杂得多。主要合金元素是铬、钼、钨，还含有少量的铌、钽和铟。即可用于制造在空气或低润滑介质中工作的耐磨零件，如石油化工设备、原子能设备以及喷气飞机和内燃机的阀门、活塞、活塞环、密封件、制动器及叶片等，也可作为包覆材料，即通过堆焊和喷涂工艺将其包覆在其他基体材料表面。

4. 镍基精密合金

镍基精密合金包括镍基软磁合金、精密电阻合金和弹性合金等。最常用的软磁合金是含镍 80%左右的坡莫合金，如 1J77(1J477)、1J79(1J479)等，具有高的初始磁导率，可用于在弱磁场中工作的各种变压器、互感器、磁放大器、扼流圈铁芯等。精密电阻合金具有较高的电阻率、较低的电阻率温度系数和良好的耐蚀性，如 6J10(6J410)、6J27(6J520)等，用于制作各种测量仪器、仪表等的电阻元件。弹性合金具有良好的耐腐蚀、高弹性、高强度和耐疲劳性能，如 3J21(3J240)，可用于 400 ℃以下工作的各种仪表弹簧及其他弹性元件。

5. 镍基形状记忆合金

形状记忆合金是指经过马氏体相的表观塑性变形后，经相变温度范围加热时，由于发生热弹性马氏体[①]相变，会产生变形回复的一类合金。镍钛形状记忆合金中两类原子比例接近 1∶1，属于金属化合物型合金，但是其热加工性良好，最佳成形温度为 800 ℃，可进行冷拉、冷轧等冷加工。合金易于点焊、钎焊或缝焊，但与其他材料构件接合时，宜采用机械连接。与其他形状记忆合金相比，镍钛具有比较好的疲劳性能。在 2%的变形量下，疲劳寿命可达 10^5 次，在 0.5%变形量下，高达 10^7 次。在镍钛的基础上还可加入铜、铌、铝等元素，使合金的某些性能得到改善。镍铁合金多用于制造航天器上使用的自动张开结构件、宇航工业用的自释放紧固件、生物医学上使用的人造心脏电动机等。

5.6　滑动轴承合金

滑动轴承合金是用来制造滑动轴承轴瓦及内衬(轴承衬)的合金材料。轴瓦可以直接由耐磨合金制成，也可以在钢基上浇注(或轧制)一层耐磨合金内衬。

5.6.1　轴承合金的性能要求与组织特征

滑动轴承是许多机器设备中对旋转轴起支承作用的部件，由轴承体和轴瓦两部分组成，轴瓦与轴颈直接接触，支承着轴工作。滑动轴承除经受交变载荷外，还与轴颈发生滑动摩擦，因

① 在冷却转变与加热逆转变中呈弹性长大与缩小的马氏体。

此轴承合金应满足下列性能要求：

① 良好的减摩性能及较低的摩擦系数，并能贮存润滑油，减少磨损；

② 适当的硬度，既保证有良好的磨合性，又保证本身一定的耐磨性；

③ 足够的抗压强度和疲劳强度，以承受较大的周期性载荷作用；

④ 足够的塑性和韧性，以抵抗冲击和振动；

⑤ 良好的耐蚀性；

⑥ 良好的导热性和小的热膨胀系数，以利于散热并防止发生咬合现象；

⑦ 良好的铸造性能。

为满足上述性能要求，轴承合金的组织应是在软基体上均匀分布着硬质点或在硬基体上均匀分布着软质点。软基体上分布硬质点，在轴承工作时，软的组织很快因磨损而凹陷，而硬质点(一般为化合物)相应凸出来，凹下的区域可以贮存润滑油，保证了轴瓦良好的润滑条件和低的摩擦系数，减轻轴与轴瓦的磨损。凸出表面的硬质点可以支承轴颈，使轴承具有一定的耐磨性和承载能力。属于此类组织的轴承合金有锡基轴承合金、铅基轴承合金和锡青铜等。与软基体分布硬质点的组织相比，硬基体分布软的质点的合金具有更大的承载能力，但磨合性能较差，常用于制造重载荷、高转速的重要轴承。属于此类组织的轴承合金有铝基轴承合金、铅青铜等。

5.6.2 常用的轴承合金

滑动轴承的材料主要是有色金属。按照化学成分不同，轴承合金可分为锡基、铅基、铜基与铝基等多种。使用最多的是锡基与铅基轴承合金，又称巴氏合金。

1. 巴氏合金

GB/T 8740—2013

按 GB/T 8740—2013 规定，铸造轴承合金按组成合金的主要成分分为锡基合金和铅基合金。

锡基合金是以锡为基体元素，加入锑、铜等元素组成的合金。锑能溶于锡形成 α 固溶体，又能形成 SnSb 化合物，铜能与锡形成 Cu_6Sn_5。在典型的锡基轴承合金中，软相为固溶体，硬相为金属间化合物。锡基轴承合金的热膨胀系数及摩擦系数小，具有良好的韧性、减摩性和导热性，主要有 SnSb4Cu4、SnSb11Cu6 等 6 个牌号，常用作重要的轴承，如发动机、压气机、汽轮机等巨型机器的高速轴承。其主要缺点是疲劳强度较低，工作温度不宜高于 150 ℃，且价格较高。

铅基轴承合金是以铅、锑为基础，加入锡、铜等元素组成的合金，同样也是软基体上分布硬质点的合金。软基体是 α+β 共晶体(α 是 Sb 溶入 Pb 中的固溶体，β 是 Pb 溶入 Sb 中的固溶体)，硬质点为先共晶 β 相、SnSb 和 Cu_3Sn 等。这类合金主要有 PbSb16Sn16Cu2、PbSb15Sn10 等 5 个牌号，强度、硬度、韧性、导热性和抗蚀性均低于锡基合金，而且摩擦系数较大。但该种合金价格低廉，常用于制造承受中、低载荷的中速轴承，如汽车、拖拉机的曲轴、连杆轴承、冲床及电动机轴承等。

2. 铜合金

青铜强度高、承载能力大、耐磨性和导热性优，工作温度达 250 ℃，可单独制成轴瓦，也可作为轴承衬浇注在钢或铸铁轴瓦上。青铜可塑性差、不易跑合，与之相配的轴径必须淬硬。铜合金价较高，有被新型滑动轴承合金取代的趋势。

锡青铜，如 ZCuSn10P1、ZCuSn5Pb5Zn5，适于制造中速、中载下工作的轴承，如电动机、泵上的轴承；铅青铜，如 ZCuPb30，适于制造高速、重载下工作的轴承，如高速柴油机、汽轮机上的轴承。

3. 铝合金

常用的铝基轴承合金是以铝为基体元素，以锡、锑、铜等为主加元素所组成的合金。其组织是在硬基体铝上均布着软质点锡。铝基轴承合金的密度小，导热性好，耐磨性和疲劳极限高，价格便宜，膨胀系数较大，抗咬合性低于巴氏合金。我国已逐步用铝基轴承合金代替巴氏合金和铜基轴承合金。广泛使用的铝基轴承合金有铝锑镁轴承合金和高锡铝轴承合金，常与 08 钢作衬背制成双金属轴承。

铝锑镁合金为含锑 3.5%～5%、含镁 0.3%～0.7%的铝合金，有较高的疲劳极限，适用于制造高速、载荷不超过 20 MPa、滑动速度不大于 10 m/s 的柴油机轴承。高锡铝轴承合金为含锡 5%～40%、含铜 0.8%～1.2%的铝合金，其中含锡 17.5%～22.5%的合金最常用。由于其有较高的疲劳极限，良好的耐磨性、耐热性和耐蚀性，因此成为了应用最广泛的铝基轴承合金，适用于制造高速、重载下工作的轴承，如汽车、拖拉机、内燃机轴承。

此外，珠光体灰口铸铁等也可作轴承合金。表 5.14 列举了各轴承合金的性能。

表 5.14　各种轴承合金性能比较

类　别	抗咬合性	磨合性	耐蚀性	耐疲劳性	硬度 HBW	轴颈处硬度 HBW	最大允许压力/MPa	最高允许温度/℃
锡基巴氏合金	优	优	优	劣	20～30	150	600～1 000	150
铅基巴氏合金	优	优	中	劣	15～30	150	600～800	150
锡青铜	中	劣	优	优	50～100	300～400	700～2 000	200
铅青铜	中	差	差	良	40～80	300	2 000～3 200	220～250
铝基合金	劣	中	优	良	45～50	300	2 000～2 800	100～150
铸　铁	差	劣	优	优	160～180	200～250	300～600	150

本章小结

本章介绍了铝及铝合金、铜及铜合金、钛及钛合金、镁及镁合金的分类、牌号、特性及应用。

铝呈面心立方结构，强度低，塑性高，可进行各种冷、热加工，能轧制成很薄的铝箔或冷拔成极细的丝，焊接性能良好。铝合金按照化学成分可分为变形铝合金和铸造铝合金。变形铝合金的强化方式有固溶强化、时效强化、过剩相强化、细化组织强化。读者须了解常用变形铝合金和铸造铝合金的性能及用途。

纯铜外观呈紫色，故俗称紫铜，导电性和导热性优良，仅次于银，居于第二位。纯铜具有面心立方晶格，强度不高，硬度很低，塑性极好，并有良好的低温韧性，可以进行冷、热压力加工。纯铜具有很好的化学稳定性，在大气、淡水及冷凝水中均有优良的抗蚀性。读者须了解黄铜、青铜、铍铜的性能及用途。

钛是银白色金属,纯钛具有同素异构转变,比强度高,可以直接用于制造航空产品。钛合金分为三类,即α型钛合金、β型钛合金、α-β型钛合金。α型钛合金具有良好的强度和韧性,在高温下组织稳定,抗氧化能力强,热强性较好。退火状态的β型钛合金的焊接和压力加工性能好,但性能不稳定,耐热性不高。α-β型钛合金兼有α型钛合金和β型钛合金的优点,有良好的高温性能和韧性,并可热处理强化。

镁为银白色金属,电极电位很低,在潮湿大气、淡水、海水及绝大多数酸、盐溶液中易受腐蚀。由于纯镁的强度低、耐蚀性差,故一般在纯镁中添加元素Al、Zn、Mn、Zr和RE等制成镁合金。镁合金的特点是比强度、比刚度均很高,比强度高于铝合金、钢,比刚度与铝合金、钢相当。弹性模量小,减振性好,适于制造承受冲击的零件。切削性很好,切削速度大大高于其他合金。

镍是一种银白色的铁磁性金属,镍质坚硬,具有很好的延展性,适于冷、热加工。化学稳定性极高,500 ℃以下几乎不能氧化,常温下也不受潮气、水及某些盐类水溶液的作用。镍合金按主要性能分为镍基高温合金、镍基耐蚀合金、镍基耐磨合金、镍基精密合金和镍基形状记忆合金。

此外,读者须了解轴承合金的性能要求和组织特征,常用轴承合金的性能特点。

习题与思考题

一、名词解释

固溶强化　　时效强化　　黄铜　　青铜　　铍铜　　脱锌　　季裂　　巴氏合金

二、填空题

1. 根据铝合金的成分及生产工艺特点,可将其分为________铝合金和________铝合金两大类。

2. 纯铝及防锈铝合金采用________的方法可以达到提高强度之目的。

3. 硬铝合金的热处理强化是先进行________处理,得到________组织,这时强度仍较低,接着经________处理,强度、硬度才明显提高。

4. Cu-Zn合金一般称为________,而Cu-Sn合金一般称为________铜。

5. 制造轴瓦及其内衬的合金叫作________。

6. 以轴承合金制造的轴瓦,应具有如下组织:在________基体上分布着________质点或在________基体上分布着________质点。

7. ________材料适合制作子弹壳,________材料适合制作船舶配件,________材料适合制作抗磁零件,________材料适合制作重要的弹性元件。

三、选择题

1. 船舶动力装置中应用紫铜管,主要是应用紫铜的(　　)。

A. 导热性好,塑性好　　B. 耐腐蚀性好　　C. 不易硬化　　D. A+B

2. "脱锌"和"季裂"是(　　)材料的最常见的缺陷。

A. 碳钢　　B. 铸铁　　C. 黄铜　　D. 铝合金

3. 关于黄铜的叙述,不正确的是(　　)。

A. 黄铜是铜锌合金　　B. 黄铜零件在大气、海水或有氨的介质中容易发生季裂

C. 黄铜易发生脱锌　　D. 单相黄铜强度高

4. 海军黄铜常用作船用海水热交换器和冷凝器的冷却管子,这种黄铜是(　　)。

A. 铅黄铜　　B. 锡黄铜　　C. 铝黄铜　　D. 锰黄铜

5.（　　）用于蜗轮蜗杆转动装置、轴承等材料。

A. 紫铜　　B. 黄铜　　C. 白铜　　D. 青铜

6. 在耐磨性、耐蚀性和耐热性以及强度方面优于锡青铜和黄铜的是（　　）。

A. 纯铜　　B. 白铜　　C. 紫铜　　D. 铝青铜

7. 以锡为基，加入锑、铜冶炼成的轴承合金称为（　　）。

A. 铜基轴承合金　　B. 铅基巴氏合金

C. 锡基巴氏合金　　D. 铝基巴氏合金

8.（　　）的组织是软的基体组织上分布着硬质点。

A. 巴氏合金　　B. 铜铅合金　　C. 低锡铝合金　　D. 高锡铝合金

9. 以工业纯铝制造的导线经过冷拔产生塑性变形后，其强度（　　）。

A. 提高　　B. 降低　　C. 不变

10. 超硬铝合金只有经过（　　）处理才能获得高的强度及硬度。

A. 淬火+时效　　B. 退火　　C. 冷变形

11. 硅铝明合金浇注前在液态合金中加入微量钠盐的操作称为（　　）处理。

A. 变质　　B. 调质　　C. 合金化

四、判断题

1. 纯铝具有较高的强度，常用作工程结构材料。（　　）

2. 黄铜中含锌量越高，其塑性也越高。（　　）

3. 特殊黄铜是不含锌元素的黄铜。（　　）

4. 含锡量大于10%的锡青铜塑性较差，只适于铸造。（　　）

5. 含锌量为30%左右的普通黄铜塑性最好。（　　）

6. 工业纯铝因表面形成一层极致密的氧化铝薄膜，有效隔绝铝和氧的接触，故具有良好的抗大气腐蚀性能。（　　）

7. 纯铜在熔点以下加热或冷却均无同素异构转变，故不能通过热处理方法加以强化。（　　）

8. 黄铜含锌量大于7%时，若经冷塑性变形，由于存在残余内应力，接触大气、水、氨等介质便易产生应力腐蚀。（　　）

五、综合题

1. 变形铝合金与铸造铝合金在成分选择上及其组织上有何差别？

2. 何谓硅铝明？属于哪一类铝合金？为什么硅铝明具有良好的铸造性能？

3. 铝合金中，牌号为2×××的合金元素是什么？牌号为7×××的合金元素是什么？

4. 为什么H62黄铜的强度高而塑性较低？而H68黄铜的塑性却比H62黄铜好？

5. 简述钛合金的分类、性能及应用。

6. 简述镁合金的性能特点及应用。

7. 滑动轴承合金必须具有什么特性？其组织有什么要求？举例说明常用巴氏合金的化学成分、性能和用途。

8. 说明下列材料牌号分别属于哪种类型的合金：

2A12	6061	Ti-6Al-4V(TC4)	ZK61M	H70	QSn6.5-0.1
2014	7A09	Ti-5Al-2.5Sn(TA7)	AZ91B	ZCuZn16Si4	QAl10-4-4

第6章　高分子材料

高分子材料是以高分子化合物为主要组分(适当加入添加剂)的材料,常称聚合物,包括人工合成高分子(如塑料、合成橡胶及合成纤维等)、天然高分子(如羊毛、纤维素纤维、天然橡胶等)两大类。

6.1　概　述

6.1.1　高分子材料的基本概念

1. 单体、链节和聚合度

虽然高分子化合物的相对分子量很大,微观结构复杂多变,但每个大分子都是由一种或几种简单的、结构相同的低分子化合物重复连接形成的链状结构。组成聚合物的低分子化合物称为单体。大分子链中重复的结构单元称为链节,也叫结构单元或单体单元。链节的重复数目称为聚合度。例如聚乙烯是由乙烯打开双键,彼此连接起来形成的大分子链,可用下式表示:

$$nCH_2=CH_2 \longrightarrow -[CH_2—CH_2]_n-$$

其中,乙烯$CH_2=CH_2$是聚乙烯$-[CH_2—CH_2]_n-$的单体,$-[CH_2—CH_2]-$是聚乙烯分子链的链节,n是聚合度。

2. 聚合反应的类型

将低分子化合物合成高分子化合物的基本方法有加成聚合、缩合聚合两种。由不饱和的单体聚合成为高分子的反应称为加成聚合反应,简称加聚反应,如烯烃和二烯烃等。由含两种或两种以上官能团的单体相互反应生成聚合物的反应称为缩合聚合反应,简称缩聚反应。可发生化学反应的官能团有羟基(—OH)、羧基(—COOH)及氨基(—NH_2)等。由一种单体合成聚合物称为均聚物,如聚乙烯、聚氯乙烯;由两种或两种以上单体合成的高聚物称为共聚物,如ABS塑料、SBS。

3. 高分子材料的分类与命名

(1)高分子的分类

① 按主链的化学成分分类可分为碳链高分子、杂链高分子、元素有机高分子和无机高分子四种。

碳链高分子是指高分子主链全部由碳原子以共价键相连接(—C—C—C—),如聚乙烯、聚丙烯、聚苯乙烯和聚二烯烃等。这类聚合物塑性好,容易成型;缺点是易燃、耐热性差和易老化等。

杂链高分子是指高分子主链除碳原子外,还有O、N、S和P等原子,它们以共价键连接,即—C—C—O—C—C—和—C—C—N—N—等,如聚甲醛、聚碳酸酯和聚酰胺等。主链上的苯环一般也看作杂元素。这类聚合物耐热性好、强度较高。

元素高分子是指高分子主链不含碳原子，一般由 Si、O、B、N、S 和 P 等元素组成，但侧链上含有有机基团，如二甲基硅橡胶和氟硅橡胶等。这类聚合物耐高温、绝缘性好。

无机高分子无论在主链还是侧链均没有碳元素，例如玻璃、陶瓷等均属此类。

② 按分子链几何形状分类，通常有线型高分子、支链型高分子和体型高分子，见图 6.1。

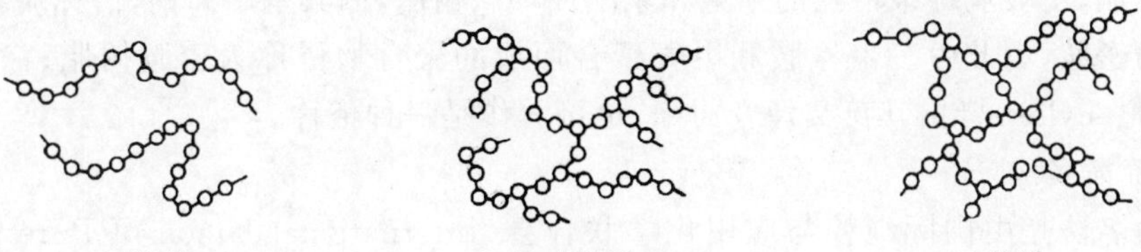

图 6.1　高分子链的空间几何形态

③ 按高聚物的热行为及成型工艺特点分类，可分为热塑性高分子、热固性高分子两类。

热塑性高分子是指那些加热软化（或熔融）和冷却固化过程可反复进行的高分子。聚乙烯、聚丙烯、聚氯乙烯、聚苯乙烯和涤纶树脂等均为热塑性高分子。热固性高分子是指那些经加热和加压成型后，不能再熔或再成型的高聚物。通过加入固化剂使流体状转变为固体状的高分子，也称为热固性高分子。典型的热固性高分子如酚醛树脂、环氧树脂、氨基树脂、不饱和聚酯、聚氨酯、硫化橡胶等。

④ 根据高分子的用途分类，可将其分为塑料、橡胶、纤维、涂料、黏合剂和功能高分子六大类。

(2) 高分子命名

1) 习惯命名法

习惯命名法是一种约定俗成的方法，目前最为通用。其方法为先对结构单元命名，然后在结构单元名称前加上“聚”字。如碳链聚合物聚丙烯、聚氯乙烯、聚苯乙烯，杂链聚合物聚对苯二甲酸乙二酯、聚已二酰已二胺，元素有机聚合物聚二甲基硅氧烷均按此法命名。

2) 结构命名法

结构命名法是对聚合物分子链中的特征结构进行命名的方法。如涤纶树脂分子链中含有酯基，因此称为“聚酯”；尼龙分子中含有酰胺基团，因此称为“聚酰胺”；由多元异氰酸酯和多元醇聚合而成的聚合物，分子链中含有氨基甲酸酯，因此称为“聚氨酯”。显然，这种方法命名的是一类聚合物，每一种名称中可能包含了许多聚合物，例如“聚酯”中包含有聚对苯二甲酸乙二酯、聚对苯二甲酸丁二酯、聚碳酸酯等。

3) 商业命名法

商业命名法主要是对橡胶和化学纤维而言。橡胶的商业名称通过在橡胶的结构单元名称中取典型文字构成基本名称，然后在其后加上“橡胶”两字。例如，由丁二烯和苯乙烯共聚而成的聚合物，称为丁苯橡胶；由丁二烯和丙烯腈共聚而成的聚合物，称为丁腈橡胶；由丁二烯聚合而成的顺式聚丁二烯橡胶，称为顺丁橡胶；由氯丁二烯聚合而成的橡胶，称为氯丁橡胶等；由乙烯、丙烯和二烯烃共聚而成的橡胶，称为三元乙丙橡胶。化学纤维一般为均聚物，其商业名称为取其结构单元名称中的一个特征文字，然后在后面加上“纶”字。例如，聚丙烯腈纤维称为腈纶；聚氨酯纤维称为氨纶；聚氯乙烯纤维称为氯纶；聚丙烯纤维称为丙纶等。特殊的情况：聚对苯二甲酸乙二酯纤维称为涤纶;聚乙烯醇缩甲醛纤维称为维尼纶;聚对苯二酰对苯二胺纤维称为芳纶。尼龙-6 纤维在我国首先是由锦西化工研究院研制而成,因此命名为锦纶。

4)俗　称

还有许多聚合物,人们根据它们的外观、形貌或特点来命名,并得到广泛认可,就形成了俗称。例如,聚甲基丙烯酸甲酯的板材、管材和棒材等,由于其透明度很高,类似于玻璃,人们称其为有机玻璃;由玻璃纤维增强的不饱和聚酯或环氧树脂,因其坚硬如钢,俗称玻璃钢;三聚氰胺的俗称为密胺,因此由三聚氰胺和甲醛聚合而成的聚合物俗称为密胺树脂;涤纶树脂(dacron)和尼龙(nylon)皆由其英文译音而来,也可看作是一种俗称。

5)系统命名法

系统命名法是由国际纯粹与应用化学联合会(International Union of Pure and Applied Chemistry, IUPAC)提出的规范方法。系统命名法较严谨,但往往名称很长,使用不便。IUPAC 不反对在一般场合使用习惯命名法和其他能反映聚合物特征的命名法,但在学术性较强的论文中鼓励使用系统命名法。IUPAC 不提倡采用商品名和俗称。

6)英文缩写

当聚合物结构较复杂时,聚合物名称往往较长,使用不便,因此常用英文缩写表示,例如 PE、PVC、PS、PVA、PC、PMMA、PET、PA、PUR。

6.1.2　高聚物的聚集态和物理状态

1. 高聚物的聚集态

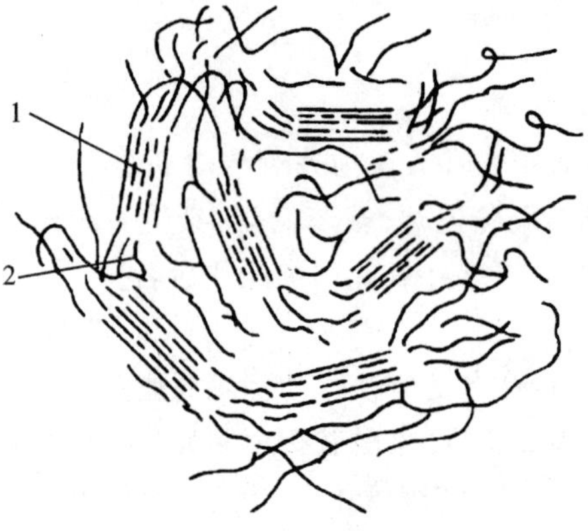

1—晶区; 2—非晶区

图 6.2　结晶型聚合物示意图

高聚物中大分子的排列和堆砌方式称为高聚物的聚集态。结晶型聚合物由晶区和非晶区组成。晶区由规整排列到晶格中的伸直链晶片或折叠链晶片组成。非晶区由未排列到晶格中的分子链和链段、折叠链晶片中的链弯曲部分、链末端、空洞等组成。晶区部分与非晶区部分没有明显的分界线,每个高分子可以同时贯穿几个晶区和非晶区,而在晶区和非晶区两相间的交替部分有着局部有序的过渡状态,即使晶区也存在许多缺陷,如图 6.2 所示。

晶区所占的质量百分数称为结晶度。结晶度对聚合物的性能有较大影响,结晶使大分子链规则而紧密,分子间的作用力大,使聚合物的强度、硬度、刚度及熔点、耐热性和耐化学性等性能有所提高,与链运动有关的性能(如弹性、伸长率和冲击强度等)则有所降低。

2. 高聚物的物理状态

聚合物在不同温度下所表现出来的分子热运动特征称为聚合物的物理状态。非晶态聚合物的物理状态分为玻璃态、高弹态、黏流态,晶态聚合物的物理状态分为玻璃态和黏流态,其变形-温度曲线如图 6.3 所示。

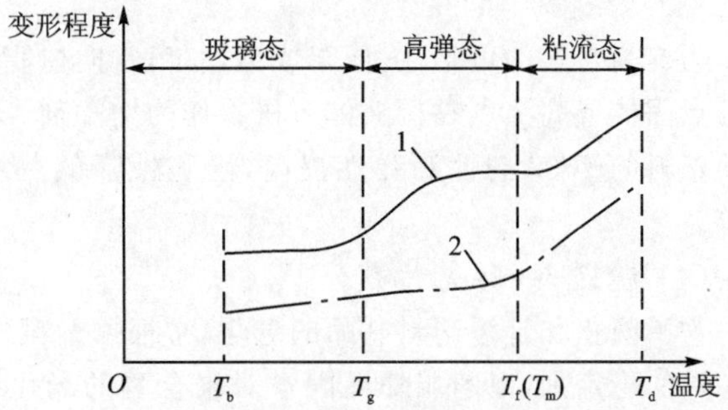

1—线型无定形聚合物；2—线型结晶聚合物
图 6.3　线型非晶态高聚物的变形-温度曲线

① 玻璃态　T_g 为非晶态高聚物玻璃化温度，是玻璃态和高弹态之间的转变温度。当温度低于 T_g，高于 T_b（脆化温度）时，高聚物呈现刚性固体，链段不能运动。在外力作用下，只发生大分子原子的微量位移，产生少量弹性变形。符合这种状态的材料有塑料和纤维。

② 高弹态　温度处于 T_g 与 T_f（黏流温度）之间时，分子活动能力增加，在外力作用下产生很大弹性变形。高弹态是橡胶的应用状态，橡胶的 T_g 均低于室温。

③ 黏流态　当温度继续升高到高于 T_f，低于 T_d（分解温度）时，高聚物处于黏流态，稍加外力就会产生明显的塑性变形。这是由于温度高，分子活动能力很大，不仅链段运动，而且能使整个分子链运动，高聚物称为流动的黏液。黏流态是高聚物的加工态。

结晶型聚合物没用明显的玻璃化温度，与 T_f 对应的温度称为熔点（T_m），是结晶型聚合物熔融和凝固之间的临界温度。完全结晶型聚合物在 $T_b \sim T_m$ 区间基本不呈高弹态，并且熔点很高，采用一般的成型方法难以使其成型。例如聚四氟乙烯塑件通常采用冷压后烧结成型的方法制成。

6.2　塑　料

塑料是以合成或天然的高分子化合物为基本成分，在其制造或加工过程中的某一阶段能流动成型或原位聚合而成型，在固化后能保持其形状，并能满足不同领域应用要求的有机材料。目前生产的塑料基本上是合成高分子塑料。

1. 塑料的组成

大多数塑料是以合成高分子化合物（树脂）为基本成分，平均分子量一般都大于 1 万，有的甚至可以达到百万级。聚合物虽然是塑料的主要成分，但是单纯的聚合物性能往往不能满足成型生产中的工艺要求和成型后的使用要求，要克服这一缺陷，必须在聚合物中添加一定数量的添加剂，并通过这些添加剂来改善聚合物的性能。例如，添加增塑剂可以改善聚合物的流动性能和成型性能，添加增强剂可以提高聚合物的强度等，因此可以认为，塑料是由聚合物和某些添加剂结合而成的。

（1）合成树脂

树脂是决定塑料性能和使用范围的主要组成物，起黏结其他组分的作用。塑料中合成树脂的含量一般为 30%～100%（不含添加剂的塑料称为单组分塑料，其余称多组分塑料）。

（2）填　料（填充剂）

填料按其形状可分为粉状、纤维状和片状，用量一般为 20%～50%。填充剂的作用是调整塑料的物理化学性能，提高材料强度，扩大使用范围以及减小合成树脂的用量，降低塑料成本。例如，加入纤维可提高塑料的强度，加入铝粉可提高塑料的反光和防老化能力。

(3) 增塑剂

为提高塑料的可塑性,便于成型加工,常向树脂内加入一些相对分子量较小,难以挥发的低熔点固体或高沸点黏稠液体有机物作为增塑剂。加入增塑剂后,降低了塑料的软化温度,并且使塑料的塑性、韧性和弹性提高,硬脆性降低。常用的增塑剂有邻苯二甲酸酯类、磷酸酯类等。

(4) 稳定剂(防老化剂)

为了防止和延缓塑料制品的老化,常根据塑料的品种、结构特征、性能要求和使用条件加入少量的稳定剂,以削弱外界因素对聚合物的老化作用,控制大分子的裂解和交联反应的发生,提高大分子链结构的稳定性。例如,在聚氯乙烯中加入硬脂酸盐,可以防止热成形时的受热分解;在塑料中加入炭黑作吸收剂,可以提高其耐光辐射能力。

(5) 固化剂(硬化剂或交联剂)

固化剂的主要作用是使热塑性的线型高聚物在加热成型时交联成体型结构,使固化后的塑料制品更加坚硬。常用的固化剂有胺类、酸酐类等,如环氧树脂中加入乙二胺。

(6) 润滑剂

润滑剂是为了防止加工成型过程中塑料与模具或其他成型设备之间的黏结,便于脱模,保证制品表面光洁美观。常用的润滑剂有硬脂酸及其盐类。

(7) 着色剂

着色剂是赋予塑料颜色的助剂。着色剂应满足着色能力强、色泽鲜艳等要求。着色剂包括颜料、染料和色母料,较常用的是颜料和色母料。

(8) 阻燃剂

阻燃剂作用是阻止燃烧或造成自熄。目前比较成熟的阻燃剂有溴系、磷系等有机物和红磷、氧化锑等无机物。

此外,塑料中还可加入其他添加剂,如抗静电剂(提高塑料表面的导电性,防止静电积聚,保证加工或使用过程的安全)以及发泡剂(在塑料中形成气孔,降低材料密度)、稀释剂等。各种添加剂除满足其使用性能要求外,还必须确保不与树脂或其他组成物发生有害的物理、化学反应,并能在塑料中分散均匀、稳定存在。

2. 塑料的分类

(1) 根据原料来源分类

根据原料来源不同,塑料可分为合成塑料和半合成塑料两类。

① 合成塑料　是用低分子化合物经化学反应制成高分子化合物,再经加工制成的塑料制品或在生成高分子化合物的同时进行成型的塑料制品。这类塑料品种有聚苯乙烯、酚醛树脂、聚氯乙烯等。

② 半合成塑料　是指用天然高分子材料制造的塑料,如纤维素塑料,乳酪素塑料等。

(2) 根据塑料热行为分类

根据塑料热行为不同,塑料可分为热塑性塑料和热固性塑料。

1) 热塑性塑料

热塑性塑料受热时可以塑化和软化,冷却时则凝固成型。温度的改变,可令其反复变形。这类塑料的高分子链结构通常是线型或支化度较低,而其黏流温度低于其热分解温度。

热塑性塑料又有结晶性塑料和非结晶性塑料之分。一般说来,结晶性塑料(如聚乙烯、聚丙烯等)的分子排列规整有序,具有较高的机械强度,溶解性能较差,耐溶剂性较好,有较明显的熔点,耐热和透明度较差;而非结晶性塑料,只是结晶度小些,并非绝对没有结晶,也可以说它们的分子排列是远程无序,近程有序。这类聚合物有聚苯乙烯、ABS 树脂、聚氯乙烯等。

2) 热固性塑料

热固性塑料受热时塑化和软化,发生化学交联反应并固化定型,冷却后如再次受热不再发生塑化变形。这类塑料又可分为两类:

① 甲醛交联型塑料　包括酚醛塑料、氨基塑料(脲-甲醛树脂、二聚氰胺甲醛树脂)、酚醛-三聚氰胺树脂。这些塑料一般由平均官能度大于 2 的单体聚合,在反应程度低于凝胶点时停止反应,制成所谓的无规预聚物,然后在成型过程中加入填料和增强材料,受热时进一步发生体型交联反应,使之固化成型。

② 其他交联型塑料　包括不饱和聚酯、环氧树脂、苯二甲酸二烯丙酯树脂等品种。这类塑料通常是预先合成的,具有线型的、经特殊设计的基团结构,且分子量可控、有特定的活性端基或侧基的"结构预聚物"。结构预聚物一般不能进一步聚合和交联,在塑料成型时须加入催化剂和可反应性物质,与活性端基或侧基发生交联反应而固化。

(3) 按使用领域分类

按使用领域不同,塑料可分为通用塑料和工程塑料。

① 通用塑料　生产成本低,产量大,性能多样化,主要用于生产日用品或一般工农业用材料,如人造革、塑料薄膜、泡沫塑料、电缆绝缘层等,如聚氯乙烯、聚乙烯、聚丙烯、聚苯乙烯、酚醛、脲醛等。

② 工程塑料　成本较高,产量不大,但是有优良的机械强度和耐摩擦、耐热、耐化学腐蚀等特性,可作为工程材料,制成轴承、齿轮等机械零件,可代替金属、陶瓷等,如聚甲醛、聚酰胺、聚碳酸酯、聚酯、ABS 树脂、聚苯醚和改性聚苯醚、聚砜、聚酰亚胺、聚苯硫醚、聚四氟乙烯、改性聚丙烯、聚芳酯、芳族聚酰胺、聚苯酯、聚醚醚酮等。

3. 塑料的性能及应用

(1) 物理性能

① 密度　塑料的密度均较小,一般为 $0.9\sim2.0\ g/cm^3$,相当于钢密度的 1/4～1/7,可以大幅减轻零部件的重量。

② 导热性　塑料的热导率较小,一般为金属的 1/500～1/600,具有良好的绝热性,但易摩擦发热,这对运转零件是不利的。

③ 热膨胀性塑料的热膨胀系数比较大,是钢的 3～10 倍,所以塑料零件的尺寸精度不够稳定,受环境温度影响较大。

④ 电绝缘性　由于塑料分子的化学键为共价键,不能电离,没有自由电子,因此是良好的电绝缘体。当塑料的组分变化时,电绝缘性也随之变化,如塑料由于填充剂、增塑剂的加入使电绝缘性降低。

(2) 化学性能

塑料的化学性能主要有耐蚀性、耐候性、耐老化性、光稳定性等。塑料的耐蚀性十分优良,对酸、碱、盐和大气都具有良好的抗腐蚀能力,其中聚四氟乙烯还能耐强氧化剂"王水"的侵蚀。但是,聚酯、聚酰胺类塑料在酸、碱的作用下会发生水解,使用时应当注意。

与其他材料相比,塑料的耐候性、耐老化性和光稳定性较差,部分塑料易降解和老化。

(3) 力学性能

① 强度、刚度和韧性　塑料的强度、刚度和韧性都很低,只能用作承载不大的零件。但由于塑料密度小,因此其比强度,比模量很高。

对于能够发生结晶的塑料,当结晶度增加时,材料强度可提高。此外,热固性塑料由于具有交联的网状结构,强度比热塑性塑料高。

② 蠕变和应力松弛　塑料在外力作用下表现出的是一种黏弹性的力学特征,即形变与外力不同步。蠕变是指材料在一定温度和在恒定载荷作用下,形变随着时间的延长逐渐增加的现象。应力松弛是指在恒温、保持形变不变的条件下,材料内应力随时间延长而逐渐衰减的现象。塑料的耐蠕变性能较差,易发生应力松弛。

③ 减摩性　塑料的硬度虽低于金属,但摩擦系数小,具有良好的减摩性能,大多数塑料具有自润滑性能,在无润滑或少润滑的摩擦条件下,其减摩性能是金属材料无法比的。工程上已用这类材料来制造轴承、轴套、衬套及机床导轨贴面等,取得了较好的效果。常用工程塑料的性能与应用见表6.1。

表6.1　常用工程塑料的性能与应用

名称(代号)	结构特点	使用温度/℃	特　点	应用举例
聚酰胺(尼龙)(PA)	线型结晶	低于100(尼龙-6)	坚韧、耐磨、耐疲劳、耐油、耐水、抗霉菌、无毒、吸水性大	轴承、齿轮、凸轮、导板、轮胎帘布等
聚甲醛(POM)	线型结晶	-40～100	良好的综合性能,强度、刚度、疲劳、蠕变等性能均较高,耐磨性好,吸水性小,尺寸稳定性好	轴承、衬套、齿轮、叶轮、阀、管道、化工容器等
聚砜(PSF)	线型非结晶	-100～150	优良的耐热、耐寒、抗蠕变及尺寸稳定性,耐酸、碱及高温蒸汽,良好的可电镀性	精密齿轮、凸轮、真空泵叶片、仪表壳、仪表盘、印制电路板
聚碳酸酯(PC)	线型非结晶	-100～130	突出的冲击韧性,良好的力学性能,尺寸稳定性好,吸水性小,耐热性好,不耐碱、酮,有应力开裂倾向	齿轮、齿条、蜗轮、蜗杆、防弹玻璃、电容器等
共聚丙烯腈-丁二烯-苯乙烯(ABS)	线型非结晶	低于70	较好的综合性能,耐冲击,尺寸稳定性好	齿轮、泵、叶轮、轴承、仪表盘、仪表壳、管道、容器、飞机隔音板等
聚四氟乙烯(F4,PTFE)	线型结晶	-180～250	优异的耐蚀性、耐老化及电绝缘性,吸水性小,加热后黏度大,不能注射成型	化工管道泵、内衬、电气设备隔离防护屏等
聚甲基丙烯酸甲酯(PMMA)	线型非结晶	低于80	透明度高,密度小,高强度,韧性好,耐紫外线和防大气老化,但硬度低,耐热性差;易溶于极性有机溶剂	光学镜片、飞机座舱盖、窗玻璃、汽车风挡、电视屏幕等

续表 6.1

名称(代号)	结构特点	使用温度/℃	特　点	应用举例
不饱和聚酯树脂(UP)	体型	大多数 50～60	耐水、稀酸、稀碱的性能较好,耐有机溶剂的性能差;较高的拉伸、弯曲、压缩强度;介电性能良好;价格较低	品种多,主要用作复合材料基体
酚醛塑料(PF)	体型	低于 200	力学性能变化范围宽,耐热性、耐磨性、耐蚀性能好,良好的绝缘性	齿轮、耐酸泵、制动片、仪表外壳、雷达罩等
环氧树脂(EP)	体型	一般 80～100,有的可高达 200	比强度高,耐热性、耐蚀性、绝缘性能好,易于加工成型,但价格昂贵	模具、精密量具、电气和电子元件等
脲醛塑料(UF)	体型	与配方有关,最高可达 200	耐有机溶剂,不耐碱和强酸;表面光滑、坚硬;耐电弧、耐火焰;电绝缘性能好,价格比酚醛贵得多	电绝缘零件、日用品、黏合剂、层压、泡沫制品

6.3 橡　胶

橡胶是指在使用温度范围内处于高弹态,具有轻度交联的线型或支链型高分子材料。根据原材料来源不同,可分为天然橡胶和合成橡胶两类。

1. 橡胶的组成

橡胶是以生胶为基本原料,加入适当的配合剂,经硫化后得到的高分子弹性材料。

1) 生　胶

未加配合剂、未经硫化的橡胶称为生胶,又称胶料。生胶是橡胶制品的主要成分,决定了橡胶的基本性能。

2) 配合剂

加入配合剂的主要目的是提高橡胶制品的使用性能和工艺性能。常用的配合剂有硫化剂、硫化促进剂、活化剂、填料、防老剂、软化剂等。不同橡胶制品加入的添加剂种类和数量有所不同。

能与橡胶发生硫化反应或使之交联的物质统称硫化剂,又称交联剂。硫化是在橡胶中加入硫化剂和其他配合剂,加温、加压并保持一定时间,使线型大分子转变为三维网状结构的过程。未经交联(硫化)的橡胶没有使用价值。硫化剂种类很多,而且还在不断增加,已经使用的硫化剂有硫黄、硒、碲、含硫化合物、金属氧化物、过氧化物、树脂、醌类和胺类等。

受热时能分解成活性分子,促使橡胶在较低温度下交联,加快硫化反应速度,减少硫化剂用量,并能提高或改善硫化胶物理性能、机械性能的物质统称为硫化促进剂,简称促进剂。按其化学组成和性质可分为两大类:无机促进剂、有机促进剂。目前普遍采用的都是有机促进剂。

硫化活性剂又称活性剂、活化剂、助促进剂。它参与橡胶的硫化反应,提高促进剂活性并充分发挥其效能,减少促进剂用量,既能提高硫化速度又提高交联程度,影响交联结构改善硫化胶物理机械性能。活性剂种类很多,最常见的是氧化锌和硬脂酸一起使用。橡胶制品生产中常用的活性剂分为无机和有机两种。无机活性剂以氧化锌为主,氧化镁、氧化铅较为常见;

有机活性剂中最常用的是硬脂酸,其他弱酸类、聚合醇类、氨基醇类也有应用。在实际生产中,不同的橡胶制品需要配合不同品种、不同用量的活性剂。

填料可以提高橡胶的强度、耐磨性、抗疲劳性等。常用的填料有炭黑和白炭黑(水合二氧化硅)。防老剂用于抵制、减缓橡胶制品老化,延长使用寿命。软化剂的作用是调节橡胶的塑性和柔软性,改善橡胶的加工性能,同时提高耐低温性能。

2. 橡胶的性能及应用

橡胶除具有高弹性的特点外,还有良好的绝缘性、耐磨性、密封性、减震性和隔声性等特点,使得橡胶材料和橡胶制品的应用范围特别广泛。橡胶质软,硬度低,柔软性好,透气性差,可作气密性材料及防水性材料等。

除易老化外,天然橡胶的耐燃性也很差,在汽油、煤油中会溶解,力学性能较低。由于橡胶存在明显不足,所以不宜直接作为承力零件使用。飞机起落架的轮胎、软油箱、各种缓冲器、密封零件等均采用橡胶制成。

常用橡胶的性能与用途见表6.2。

表6.2 常用橡胶的性能与用途

名称(代号)	化学组成	使用温度/℃	特点	主要用途
天然橡胶(NR)	以聚异戊二烯为主,含有少量蛋白质、脂肪酸、糖类等	最高使用温度:100 长期使用温度:−55~70 脆化温度:−70~−50	弹性大、定伸应力[①]大、抗撕裂性和电绝缘性优良,耐磨性和耐寒性良好,加工性能佳,易与其他材料黏合;耐氧及臭氧性差、容易老化,耐油和耐溶剂性不好,抵抗酸碱腐蚀能力差	轮胎、胶鞋、胶管、胶带、电线电缆的绝缘护套及其他通用场所
丁苯橡胶(SBR)	丁二烯和苯乙烯的聚合物	最高使用温度:120 长期使用温度:−45~100 脆化温度:−60~−30	性能接近天然橡胶,耐磨性、耐老化性、耐热性优于天然橡胶,质地比天然橡胶均匀;弹性较低,抗曲挠、抗撕裂性能差,加工性能差,特别是自黏性差、生胶强度低,制成的轮胎使用时发热量大、寿命较短	代替天然橡胶制作轮胎、胶板、胶管、胶带及其他通用场所
顺丁橡胶(BR)	由丁二烯聚合而成的顺式结构橡胶	最高使用温度:120 长期使用温度:−70~100 脆化温度:−73	弹性与耐磨性优良,耐老化性好,耐低温性好,动负荷发热量小,易与金属黏合;强力较低,抗撕裂性差,加工与自黏性差,产量仅次于SBR	与天然橡胶或丁苯橡胶混用,制作轮胎胎面、运输带和特殊耐寒制品
异戊橡胶(IR)	以异戊二烯为单体聚合而成的一种顺式结构橡胶	最高使用温度:100 长期使用温度:−55~70 脆化温度:−70~−50	化学组成、立体结构均与天然橡胶相似。具有天然橡胶的大部分优点,耐老化性优于天然橡胶,弹性和强度较天然橡胶差,加工性差,成本高	可代替天然橡胶制作轮胎、胶板、胶管、胶带及其他通用场所

① 定伸应力的定义是使试样拉伸达到给定长度所需施加的单位截面积上的负荷量,是橡胶材料等的一项指标。

续表 6.2

名称(代号)	化学组成	使用温度/℃	特　点	主要用途
氯丁橡胶(CR)	由氯丁二烯作单体乳液聚合而成的聚合物	最高使用温度：150 长期使用温度：−40～120 脆化温度：−42～−35	含有氯原子，有抗氧、臭氧性，不易燃、着火后能自熄，耐油、溶剂、酸碱、老化，气密性好，可作通用橡胶和特殊橡胶使用；比重大，成本较高，电绝缘性差，加工性差，生胶稳定性差、不易保存，产量次于 SBR、BR	抗臭氧、耐老化性高的重型电缆护套，耐油、化学腐蚀的胶管、胶带，化工设备衬里，地下设备及各种垫圈、密封圈，黏结剂
丁基橡胶(IIR)	异丁烯和少量异戊二烯或丁二烯的共聚体	最高使用温度：170 长期使用温度：−40～130 脆化温度：−55～−30	气密性好，耐臭氧、老化，耐强酸和一般有机溶剂，吸振及阻尼性能良好、电绝缘性好；弹性差、加工性能差、硫化速度慢、黏着性和耐油性差	内胎、水胎、气球、电缆绝缘层、化工设备衬里及防振、耐热运输带、耐热耐老化胶布
丁腈橡胶(NBR)	丁二烯和丙烯腈的共聚体	最高使用温度：170 长期使用温度：−10～120 脆化温度：−20～−10	耐油、耐热性好，气密、耐磨、耐水性较好，黏结力强；耐寒、耐臭氧性较差，弹性和强度低，耐酸性、电绝缘性差，耐极性溶剂差	制作各种耐油制品(胶管、密封圈、储油槽衬里)，耐热运输带
乙丙橡胶(二元 EPM，三元 EPDM)	乙烯、丙烯的二元共聚物或乙烯、丙烯和二烯类烯烃三元共聚物	最高使用温度：150 长期使用温度：−50～130 脆化温度：−60～−40	综合性能略次于天然橡胶而优于丁苯橡胶。化学稳定性最好(浓硝酸除外)，耐臭氧、老化性好，电绝缘性好，耐极性溶剂(耐酮、脂，不耐脂肪酸及芳香经)，容易稳定着色，比重最小(0.865)，成本较低；黏着性差、硫化速度慢	化工设备衬里、电线电缆包皮、蒸汽胶管、耐热运输带、汽车配件及其他工业制品
硅橡胶(甲基 MQ、甲基乙烯基 VMQ、甲基乙烯基苯基 PVMQ)	主链由硅和氧原子交替构成的特殊橡胶	最高使用温度：315 长期使用温度：−100～250 脆化温度：−120～−70	无毒、无味，耐高低温，电绝缘性好，耐氧化和臭氧，化学惰性大；机械强度低，耐油、耐溶剂、耐酸碱性差，难硫化，价格较高	高低温制品(胶管、密封件)、高温电缆绝缘层、食品及医药工业
氟橡胶(FPM)	主链或侧链的碳原子上含有氟原子的合成高分子弹性体	最高使用温度：315 长期使用温度：−10～280 脆化温度：−50～−10	高度的化学稳定性，耐油、耐酸碱、耐化学品腐蚀，耐臭氧、耐老化，抗辐射，高真空性，电绝缘性较好，优良的机械性能；加工性差，价格高，弹性、透气性低	国防及要求高的密封场所，如气门、密封圈

续表 6.2

名称(代号)	化学组成	使用温度/℃	特 点	主要用途
聚氨酯橡胶(聚酯型 AU、聚醚型 EU)	聚酯(或聚醚)与二异氰酸酯类化合物聚合而成	最高使用温度:80 长期使用温度:-30～70 脆化温度:-60～-30	耐磨性能高,强度、弹性高,气密性较好,耐油性好,耐臭氧;耐水及耐酸碱性差,耐氯化烃及芳香族有机溶剂差	制作轮胎及耐磨、耐油、耐苯条件下高强度零件
丙烯酸酯橡胶(丙烯酸酯 ACM、乙烯与丙烯酸甲酯 AEM)	丙烯酸酯为主单体共聚而成或乙烯与丙烯酸甲酯共聚物	最高使用温度:180 长期使用温度:-10～180 脆化温度:-30～0	兼有良好的耐热、耐油性能(可在 180 ℃油中使用),耐老化、耐氧及臭氧,抗紫外线,气密性好;在水中会膨胀,耐芳烃类溶剂差,弹性、耐磨差,电绝缘性差,加工性能差	制作耐油、耐热、耐老化的制品,如密封件、耐油软管、化工衬里
氯磺化聚乙烯橡胶(CSM)	以聚乙烯主原料,经氯化、氯磺化反应而制得	最高使用温度:150 长期使用温度:-30～130 脆化温度:-60～-20	耐臭氧、耐老化、耐候性好,耐燃、耐热、耐大多数化学试剂、耐酸碱亦可;可溶于芳烃和卤代烃,抗撕裂性差,加工性差,价格贵	臭氧发生器、密封件、耐油垫圈、耐腐蚀材料、衬里
氯醚橡胶(均聚 CO、共聚 ECO)	环氧氯丙烷均聚或由环氧氯丙烷与环氧乙烷共聚而成	最高使用温度:— 长期使用温度:-40～140 脆化温度:—	耐脂肪烃及氯化烃溶剂,耐碱、水、老化、臭氧,耐候性好,气密性高,抗压缩、黏结性好,易加工,价格低;强伸力低、弹性差、电绝缘性差	胶管、密封件、薄膜和容器衬里,油箱、胶辊,尤其宜作油封、密封件
氯化聚乙烯橡胶(树脂型 CPE、橡胶型 CM)	聚乙烯经氯取代反应制成	最高使用温度:—— 长期使用温度:-20～120 脆化温度:——	性能与氯磺化聚乙烯接近,流动性好,易加工,耐大气老化、耐臭氧,耐电晕性好,耐热、耐酸、碱、油;弹性差,压缩变形较大,电绝缘差	胶管、胶带、胶辊化工衬里

6.4 化学纤维

纤维通常是指长径比在 10^3 数量级以上,直径为几微米到上百微米的柔软细长体,有连续长丝和短纤之分。按来源和习惯分为天然纤维和化学纤维两大类。天然纤维分为动物纤维、植物纤维、矿物纤维。化学纤维分为再生纤维、合成纤维和无机纤维。再生纤维是以天然产物(纤维素、蛋白质等)为原料,经纺丝过程制成的化学纤维。合成纤维是以有机单体等化学原料合成的聚合物制成的化学纤维。无机纤维是以矿物质等为原料制成的纤维。

化学纤维具有优良的物理性能、机械性能和化学性能,如强度高、密度小、弹性高、耐磨性好、吸水性低、保暖性好、耐酸碱性好、不会发霉或虫蛀等。某些特种纤维还具有耐高温、耐辐射、高强力、高模量等特殊性能。化学纤维除了用于纺织工业外，还逐渐应用到国防工业、航空航天、交通运输、医疗卫生、海洋水产、通讯联络等重要领域。例如，民用上可制成轻、暖、耐穿的各种服装面料、装饰品；工业上可制成轮胎帘子布、运输带、传送带、渔网、绳索、工作服等；高性能特种化学纤维可制成降落伞、飞行服等；在复合材料工业上用作增强材料。

6.5　胶粘剂

胶粘剂(粘合剂)是指通过物理或化学作用，能使被粘物结合在一起的材料。胶粘剂通常由粘料及配合剂如固化剂、稀释剂、填料、增韧剂、偶联剂、触变剂、稳定剂等组成。

胶粘剂按化学成分可分为有机胶粘剂和无机胶粘剂。有机胶粘剂又分为天然有机胶粘剂与合成有机胶粘剂。天然有机胶粘剂包括动物胶、植物胶和矿物胶。合成有机胶粘剂包括合成树脂型和合成橡胶型，如聚酰胺、环氧树脂、氯丁橡胶等。无机胶粘剂主要有硅酸钠、磷酸-氧化铜、石膏、硫磺等。按用途分为结构胶、非结构胶和特种胶。结构胶粘剂中用于受力结构件胶接。非结构胶粘剂适用于非受力结构胶接。特种胶粘剂和医用胶粘剂具有某些特殊性能，如导电、导热、导磁胶粘剂和医用胶粘剂以及光敏胶粘剂等。按固化方式分为介质挥发型、化学反应型、热熔型和压敏型。另外，胶粘剂还可以按物理形态等很多方法进行分类。

使用胶粘剂将被粘物连接在一起的方法称为胶接。胶接构件具有抗振性、耐蚀性、密封性好，应力分布均匀等特点，在许多场合可以代替焊接、铆接、螺栓连接等工艺，并可连接难以焊接或无法焊接的金属，还可以用于金属与塑料、橡胶、陶瓷等非金属材料的连接。

6.6　涂　料

涂料是应用于物体表面能结成坚韧保护膜的物质的总称。最早使用的涂料是用植物油或天然树脂熬炼而成的，习惯上称为油漆材料或油漆。涂料能提高被涂物的使用寿命和使用效能。一些特种涂料还可具有防污、导电、伪装等一系列特殊性能。

目前使用的涂料大都以植物油和树脂为主要成膜物质，现代涂料工业中常用合成树脂为主要成膜物质，如醇酸树脂，丙烯酸树脂等。颜料、填料、染料属次要成膜物质。辅助成膜物质包括助剂和溶剂，助剂主要包括催干剂、流平剂、增塑剂等；溶剂作为分散介质，对涂料的粘度、光泽、流平性、湿润性、附着力等性能有很大影响。使用较多的溶剂有油基涂料溶剂和树脂涂料溶剂两类。

本章小结

本章主要介绍高分子材料的基本概念、聚集态和物理状态；塑料组成、分类、性能及应用；橡胶的组成、性能及应用；简要介绍了化学纤维、胶粘剂、涂料的基本概念及主要应用。

习题与思考题

一、填空题

1. 高分子材料是最重要的一类非金属材料。按用途分为________、________、________涂料、黏合剂和功能高分子六大类。

2. 碳链高分子主链完全由碳原子组成,如聚乙烯、聚丙烯,其特点是不溶于水,塑性________,容易成型,但耐热性________。

3. 元素有机高分子主链上没有碳原子,主链原子由Si、B、Al、O、N、S、P等杂原子组成,如硅橡胶,能在−123 ℃使用,耐________性好。

4. 由单体聚合成聚合物的反应有加聚反应和________反应两种类型。

5. 玻璃化温度是________的最高使用温度。

6. 在塑料的各组成中,主要决定塑料性能和使用范围的成分是________。

7. 在塑料的各组成中,能提高塑料的硬度、耐热性,并能降低塑料成本的组分是________。

8. 在橡胶的组成中,硫化剂的作用是________。

9. 聚氯乙烯属于________性树脂;环氧树脂属于________性树脂。

10. 塑料的玻璃化温度较橡胶________。

二、选择题

1. 制作电源插座选用(　　),制作飞机窗玻璃选用(　　),制作化工管道选用(　　),制作齿轮选用(　　)。

   A. 酚醛树脂　　B. 聚氯乙烯　　C. 聚甲基丙烯酸甲酯　　D. 尼龙

2. 橡胶是优良的减震材料和摩阻材料,因为它具有突出的(　　)。

   A. 高弹性　　B. 黏弹性　　C. 塑料　　D. 减摩性

3. (　　)阻燃作用为通用胶最好的。

   A. 氯丁橡胶(CR)　　B. 天然橡胶(NR)

   C. 硅橡胶(Q)　　D. 丁苯橡胶(SBR)

4. 综合性能好,可以生产多种制品的橡胶(　　)。

   A. 聚氨酯橡胶(PUR)　　B. 天然橡胶(NR)

   C. 硅橡胶(Q)　　D. 顺丁橡胶(BR)

5. 能与橡胶大分子起化学作用,使橡胶线形大分子交联形成空间网状结构,提高性能,稳定形状的是(　　)

   A. 增塑体系　　B. 防护体系　　C. 硫化体系　　D. 补强填充体系

6. 塑料的主要组成材料是(　　)。

   A. 合成橡胶　　B. 合成树脂　　C. 合成纤维　　D. A+B+C

7. 由一种单体经过加聚反应生成的聚合物称为(　　)。

   A. 均聚物　　B. 共聚物　　C. 缩聚物　　D. 加聚物

8. 在下列塑料中,属于热固性塑料的是(　　)塑料。

   A. 聚氯乙烯　　B. 聚乙烯　　C. 不饱和聚酯　　D. 聚丙烯

9. 在下列塑料中属于热塑性塑料的是(　　)。

A. 酚醛塑料　　B. 聚酯树脂　　C. ABS 塑料　　D. 氨基塑料

10. 玻璃化温度 T_g 低于常温的高分子聚合物是(　　)。

A. 塑料　　B. 橡胶　　C. 煤焦油　　D. 石油沥青

11. 工作状态属于玻璃态的高分子聚合物是(　　)。

A. 塑料　　B. 橡胶　　C. 煤焦油　　D. 石油沥青

12. 晶态聚合物的结晶度愈高,聚合物的(　　)。

A. 熔点愈高,强度愈低　　B. 熔点愈低,强度愈低

C. 熔点愈高,强度高　　D. 熔点愈低,强度愈高

13. 能使线型高聚物交联为体型高聚物的称为(　　)。

A. 固化剂　　B. 填料　　C. 稳定剂　　D. 增塑剂

三、判断题

1. 塑料之所以用于机械结构是由于其强度和硬度比金属高,特别是比强度高。(　　)

2. 玻璃化温度是非晶态热塑性塑料使用的上限温度,是橡胶使用的下限温度。(　　)

3. 聚甲基丙烯酸甲酯是塑料中最好的透明材料,但其透光率仍比普通玻璃差得多。(　　)

4. 酚醛树脂具有较高的强度和硬度、良好的绝缘性等性能,因此是用于电子、仪表工业中的最理想的热塑性塑料。(　　)

5. 环氧树脂本身是线型结构的热塑性分子,其固化是通过加入固化剂来实现的。(　　)

6. 氨基树脂漆是以氨基树脂和醇酸树脂为主要成膜物质的一类涂料。(　　)

7. 不挥发分或称固体分指的是涂料组分中经过施工后留下成为涂膜的部分,它的含量高低对形成的涂膜质量和涂料使用价值有直接关系。(　　)

8. 橡胶硫化的实质是使线型橡胶分子交联形成立体网状结构。(　　)

四、简答题

1. 试述常用工程塑料的种类、性能和应用。

2. 简述常用橡胶的种类、性能和应用。

第7章　陶瓷材料与高温材料

7.1　陶瓷材料

传统意义上的陶瓷(包括陶器和瓷器)是采用天然硅酸盐类矿物制成,也称硅酸盐陶瓷。现代意义的陶瓷原料除硅酸盐外,还包括氧化物、氮化物、碳化物、硼化物、硅化物、氟化物等非硅酸盐材料。它同金属材料、高分子材料并称为三大固体材料。

7.1.1　陶瓷材料的分类与性能

1. 陶瓷材料的分类

(1) 按化学成分分类

可将陶瓷分为氧化物陶瓷、碳化物陶瓷、氮化物陶瓷及其他化合物陶瓷。

(2) 按原材料分类

可将陶瓷分为普通陶瓷和特种陶瓷两大类。普通陶瓷以天然原料如长石、黏土和石英等作为原料。特种陶瓷以高纯度人工合成的材料作原料。国内外关于特种陶瓷的技术术语有很多,如先进陶瓷、新型陶瓷、精细陶瓷、现代陶瓷、高技术陶瓷等。

(3) 按性能和用途分类

可将陶瓷分为结构陶瓷和功能陶瓷两大类。结构陶瓷以利用其力学性能和耐热性能为主。功能陶瓷以利用其电、磁、声、光、热、化学等性能及其相互转化功能为主。

2. 陶瓷材料的性能

(1) 力学特性

大多数陶瓷材料的硬度高,其硬度大多在1 500 HV以上。弹性模量大,脆性大,几乎没有塑性。抗压强度较高,抗拉强度较低。

(2) 热性能

陶瓷材料熔点高(大多在2 000 ℃以上),抗蠕变能力强,并具有高的硬度;导热性低于金属材料;线膨胀系数小,当温度发生变化时,陶瓷具有良好的尺寸稳定性。

(3) 电绝缘性

大多数陶瓷具有良好的电绝缘性,用于制作各种电压(1～10 kV)的绝缘器件。少数陶瓷还具有半导体的特性,可作整流器。

(4) 化学性能

陶瓷材料的化学稳定性很高,在高温下不易氧化,且对酸、碱、盐具有良好的抗腐蚀能力。

(5) 其他性能

某些陶瓷还具有光、声、磁等特殊性能。

7.1.2　陶瓷材料的结构

陶瓷是由金属元素和非金属元素形成的无机化合物构成的多相多晶固体材料,它的结构远比金属合金复杂得多。通常认为其组织结构由晶相、玻璃相和气相组成，图 7.1 为陶瓷显微组织示意图。各相的结构、数量、形态、大小和分布对陶瓷有明显影响。

晶相是陶瓷材料中主要的组成相，对陶瓷材料的性能起决定性作用。晶相主要是某些固溶体和化合物，其结构、形态、数量及分布决定了陶瓷材料的特性和用途。陶瓷的主晶相有含氧酸盐（如硅酸盐、钛酸盐）、氧化物（如氧化铝、氧化锆）、非氧化物（如碳化硅、氮化硅）等。晶相一般由离子键和共价键结合而成，通常是两种键的混合。有些晶相（如 CaO、MgO、Al_2O_3 和 ZrO_2 等）以离子键为主，属于离子晶体；有些晶相（如 Si_3N_4、SiC 和 BN 等）以共价键为主，属于共价键晶体。

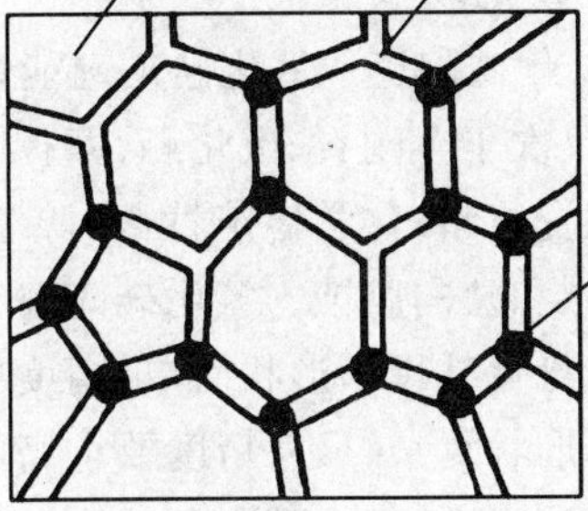

图 7.1　陶瓷显微组织示意图

玻璃相是陶瓷材料中原子不规则排列的组成部分，其结构类似于玻璃，作用是充填晶粒间隙、黏结晶粒、提高材料致密度、降低烧结温度和抑制晶粒长大。玻璃相对陶瓷强度、介电常数、耐热性能是不利的。

气相是陶瓷气孔，是陶瓷烧结过程中产生的，陶瓷的气孔率通常为 5%～10%，特种陶瓷控制在 5%以下。气孔对陶瓷性能有显著影响（多孔陶瓷除外），使陶瓷强度降低，介电损耗增大，电击穿强度下降。

7.1.3　常用工业陶瓷

1. 普通陶瓷

普通陶瓷是以黏土、长石、石英为原料，经成型、烧结而成的。其组织中主晶相为莫来石（$3Al_2O_3 \cdot 2SiO_2$），占 25%～30%，玻璃相占 35%～60%。普通陶瓷加工成型性好，成本低，产量大，除日用陶瓷外还大量用于电器、化工、建筑、纺织等工业领域。

2. 特种陶瓷

（1）氧化物陶瓷

① 氧化铝陶瓷　氧化铝陶瓷以 Al_2O_3 为主要成分，含有少量 SiO_2 的陶瓷，又称高铝陶瓷。根据主晶相的差异，可分为刚玉瓷、刚玉-莫来石瓷和莫来石瓷。以 $\alpha-Al_2O_3$ 为主晶相的氧化铝陶瓷称为刚玉瓷，包括高纯氧化铝瓷、99 瓷、95 瓷、85 瓷等品种。以 $\alpha-Al_2O_3$ 和 $3Al_2O_3 \cdot 2SiO_2$ 为主晶相的称为刚玉-莫来石瓷，如 75 瓷。氧化铝陶瓷机械强度高、热导率和抗热震性好，热膨胀系数低，介电损耗小，抗生物腐蚀性好，广泛用作耐火材料、电绝缘材料等，如耐火砖、坩埚、热电偶套、高速切削刀具、金属拔丝模、量具。

② 氧化锆陶瓷　纯氧化锆有立方、四方、单斜三种晶型。三种晶型之间可以相互转化，其中 $t-ZrO_2$（四方相）→$m-ZrO_2$（单斜相）的转变属于马氏体型转变，会产生较大的体积变化，容易造成产品的开裂，限制了纯氧化锆在高温领域的应用。通常加入 CaO、MgO、Y_2O_3 或稀土氧化物作为稳定剂使立方相和四方相存在于室温。氧化锆中加入某些氧化物能形成稳定立方固溶体，不再发生相变，具有这种结构的氧化锆称为完全稳定氧化锆（FSZ）。减少加入的氧化物数量，使一部分氧化锆稳定，称为部分稳定氧化锆（PSZ）。作为亚稳态的四方相，在裂纹

尖端应力作用下会诱发马氏体转变,这种转变将吸收能量而使裂纹尖端的应力场松弛,阻碍裂纹扩展,从而大幅提高陶瓷材料的韧性。氧化锆的比热容小,韧性好,化学稳定性好,高温时耐酸碱性好。氧化锆陶瓷可作为耐火材料、发动机构件、模具、切削工具等。

(2) 氮化物陶瓷

① 氮化硅陶瓷 氮化硅是键能高而稳定的共价键晶体。其特点是强度、比强度、比模量高;硬度仅次于金刚石、碳化硼;摩擦系数小,仅为0.1~0.2;热膨胀系数小;抗热震性大大高于其他陶瓷材料;化学稳定性高,除不耐氢氟酸和浓NaOH外,能耐所有的无机酸和某些碱液、熔融碱和盐的腐蚀。氮化硅陶瓷制造的方法不同,得到的陶瓷性能不同,应用领域也不同。热压烧结氮化硅用于形状简单、精度要求不高的零件,如切削刀具、高温轴承等。反应烧结氮化硅用于形状复杂、尺寸精度要求高的零件,如机械密封环等。

② 氮化硼陶瓷 氮化硼有六方和立方两种晶体结构。六方氮化硼是一种软质材料,机械强度低;耐热性非常好,使用温度900 ℃以下,无明显熔点;热膨胀系数低,热导率高,抗热震性好;电绝缘性好;化学稳定性优良。立方氮化硼硬度与金刚石相近,但比金刚石耐高温和抗氧化性更好;强度和模量较低;高温下绝缘性好;耐酸、碱性好。

③ 氮化钛陶瓷 氮化钛陶瓷硬度大,化学稳定性好,是一种很好的耐熔、耐氧化、耐磨材料;具有较高的导电性,可用作熔盐电极及电触头材料;具有较高的超导临界温度,是一种优良的超导材料。

(3)碳化物陶瓷

① 碳化硅陶瓷 碳化硅(SiC)是通过键能很高的共价键结合的晶体。碳化硅是用石英砂(SiO_2)加焦炭直接加热至高温还原而成。碳化硅硬度高、高温强度好,具有高的热导率和较小的热膨胀系数,电绝缘性好,耐大多数无机酸;缺点是断裂韧性较低,脆性大。碳化硅的烧结工艺也有热压烧结和反应烧结两种。由于碳化硅表面有一层薄氧化膜,很难烧结,故需添加烧结助剂促进烧结,常加的助剂有硼、碳、铝等。碳化硅陶瓷用于制造火箭喷嘴、浇注金属的喉管、热电偶套管、炉管等。

② 碳化锆陶瓷 熔点高,热膨胀系数低,耐氧化,不溶于盐酸但溶于硝酸。采用粉末冶金法制备。

7.2 高温合金和金属间化合物高温材料

高温合金通常是以铁、钴、镍为基,能在600 ℃以上、一定应力条件下长期工作的一类材料。金属间化合物是由金属与金属或金属与类金属(B、N、Si等)按一定原子比组成的化合物。

7.2.1 高温合金和金属间化合物高温材料的分类和牌号

1. 高温合金和金属间化合物高温材料的分类

GB/T 14992—2005

按GB/T 14992—2005规定,根据合金的基本成形方式或特殊用途,将合金分为变形高温合金、铸造高温合金(等轴晶铸造高温合金、定向凝固柱晶高温合金和单晶高温合金)、焊接用高温合金、粉末冶金高温合金和弥散强化高温合金。根据金属间化合物高温材料的基本组成元素,将高温材料分为镍铝系金属间化合物高温材料和钛铝系金属间化合物高温材料。

2. 高温合金和金属间化合物高温材料的牌号

高温合金和金属间化合物高温材料的牌号，采用字母加阿拉伯数字相结合的方法表示。根据特殊需要，可以在牌号后加英文字母表示原合金的改型合金，如表示某种特定工艺和特定化学成分等。高温合金和金属间化合物高温材料的牌号的一般形式如下：

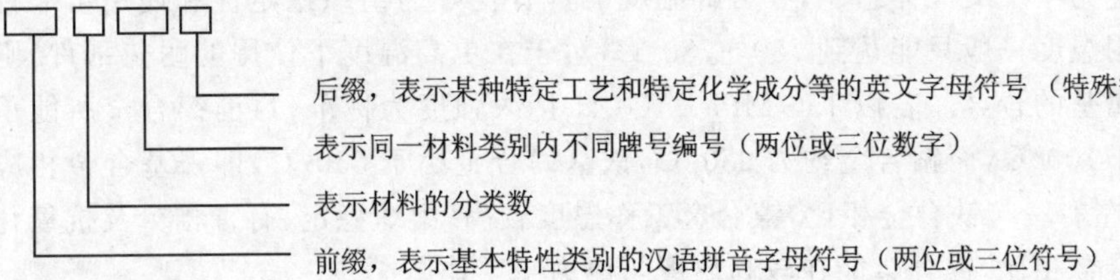

（1）牌号前缀

变形高温合金牌号采用汉语拼音字母“GH”作前缀（“G”和“H”分别为“高”和“合”字汉语拼音的第一个字母）。等轴晶铸造高温合金牌号采用汉语拼音字母“K”作前缀；定向凝固柱晶高温合金牌号采用汉语拼音字母“DZ”作前缀（“D”和“Z”分别为“定”和“柱”字汉语拼音的第一个字母）；单晶高温合金牌号采用汉语拼音字母“DD”作前缀（“D”和“D”分别为“定”和“单”字汉语拼音的第一个字母）。焊接用高温合金牌号采用汉语拼音字母“HGH”作前缀（“GH”符号前的“H”为“焊”字汉语拼音的第一个字母）。粉末冶金高温合金牌号采用汉语拼音字母“FGH”作前缀（“GH”符号前的“F”为“粉”字汉语拼音的第一个字母）。弥散强化高温合金牌号采用汉语拼音字母“MGH”作前缀（“GH”符号前的“M”为“弥”字汉语拼音的第一个字母）。金属间化合物高温材料牌号采用汉语拼音字母“JG”作前缀（“J”和“G”分别为“金”和“高”字汉语拼音的第一个字母）。

（2）阿拉伯数字

1）变形高温合金和焊接用高温合金丝

前缀后采用四位数字，第一位数字表示合金分类号；第二至第四位数字表示合金编号，不足位数的合金编号用数字“0”补齐。“0”放在第一位表示分类号的数字与合金编号之间。

分类号第一位数字按合金主要使用的强化类型确定，单数表示固溶强化型，双数表示时效强化型。具体规定如下：1 表示铁或镍（镍小于 50%）为主要元素的固溶强化型合金类；2 表示铁或镍（镍小于 50%）为主要元素的时效强化型合金类；3 表示镍为主要元素的固溶强化型合金；4 表示镍为主要元素的时效强化型合金；5 表示钴为主要元素的固溶强化型合金；6 表示钴为主要元素的时效强化型合金；7 表示铬为主要元素的固溶强化型合金；8 表示铬为主要元素的时效强化型合金。焊接用高温合金丝牌号中的第一位数字没有强化类型的含义，只是沿用变形高温合金牌号的数字。

2）其他高温合金和金属间化合物高温材料

铸造高温合金前缀后一般采用三位阿拉伯数字。第一位数字表示合金分类号；第二、三位数字表示合金编号，不足位数的合金编号用数字“0”补齐。“0”放在第一位表示分类号的数字与合金编号之间。

粉末冶金高温合金、弥散强化高温合金、金属间化合物高温材料前缀后采用四位阿拉伯数字。阿拉伯数字的规定同变形高温合金。

第一位数字(分类号)的规定如下:1 表示钛铝系金属间化合物高温材料,2 表示铁或镍(镍小于 50%)为主要元素的合金,4 表示镍为主要元素的合金和镍铝系金属间化合物高温材料,6 表示钴为主要元素的合金,8 表示铬为主要元素的合金。

7.2.2 高温合金

高温合金为单一奥氏体组织,在各种温度下具有良好的组织稳定性和使用可靠性。铁基高温合金使用温度一般只能达到 750~780 ℃,对于在更高温度下使用的耐热部件,则采用镍基和难熔金属基的合金。若以 150 MPa-100 H 持久强度为标准,目前镍合金所能承受的最高温度大于 1 100 ℃,而钴合金约为 950 ℃,铁基的合金小于 850 ℃,即镍基合金相应地高出 150~250 ℃左右。与铁合金相比,镍合金工作温度较高,组织稳定、有害相少及抗氧化腐蚀能力大。与钴合金相比,镍合金能在较高温度与应力下工作。

1. 变形高温合金

(1) 铁及铁镍基高温合金

铁及铁镍基高温合金是从奥氏体不锈钢发展起来的。在 18-8 型不锈钢中加入钼、铌、钛等元素,可提高这种钢在 500~700 ℃条件下的持久强度。国外牌号有 Incoloy A-286、Incoloy 901 等。中国牌号有 GH1140、GH2180、GH1035 等。按强化类型不同,可分为固溶强化型和时效强化型两大类,固溶强化型具有更高的热稳定性,时效强化具有更高的热强度。GH1035、GH1140、GH1131 属于固溶强化型,组织稳定性好,压力加工性和焊接性好,用于制造形状复杂,受力不大,要求 800~900 ℃工作的零件,如燃烧室,火焰筒等。GH2036、GH2132、GH2180 属于时效强化型,组织不够稳定,抗氧化性较差,高温强度不足,可用于制造 800 ℃以下工作的受力零件,如涡轮盘、涡轮叶片以及其他承力件、紧固件等。

(2) 镍基高温合金

以镍为基体(含量一般大于 50%),在 650~1 000 ℃范围内具有较好的组织稳定性,高温强度较高,比铁基高温合金有更好的抗氧化性和抗腐蚀性。镍具有很大的合金能力,甚至添加十余种合金元素也不出现有害相,这就为改善镍的各种性能提供潜在的可能性。主要合金元素有铬、钨、钼、钴、铝、钛、硼、锆等。其中,Cr 主要起抗氧化和抗腐蚀作用,其他元素主要起强化作用。镍基合金是高温合金中应用最广、高温强度最高的一类合金,常用于制造航空发动机叶片和火箭发动机、核反应堆、能源转换设备上的高温零部件。GH3030 具有优良的热稳定性和热疲劳性能,冷压和焊接性能良好,常作燃烧室联焰管、引燃管等。GH3044 用于 950~1 100 ℃工作的燃烧室、鱼鳞片内腹板等冷压焊接件。GH4169 可用于发动机涡轮转子和主轴。

(3) 钴基高温合金

含钴量 40%~60%的奥氏体高温合金,工作温度 730~1 100 ℃。因钴在 417 ℃以下是密排六方晶格结构,在更高温度下转变为面心立方晶格结构,为得到低温稳定的奥氏体结构,合金中必须加入扩大奥氏体区的合金元素。实际上,所有钴基合金均添加镍,以便在室温到熔点温度范围内使组织稳定化。除镍外,还加入相当数量的铬和少量的钼、铌、钽、钛、镧等固溶强化和碳化物形成元素,有的也还含有钨和铁。与其他高温合金不同,钴基高温合金是由已被固溶强化的奥氏体基体和少量碳化物组成(铸造钴基高温合金却在很大程度上依靠碳化物强化)。钴基高温合金的抗氧化能力不如镍,但耐热腐蚀和热疲劳方面优于镍,适于制造高温低应力长期使用的静态部件，如航空喷气发动机、工业燃气轮机、舰船燃气轮机的导向叶片与喷嘴导叶、柴油机喷嘴等。GH5188 用于液体火箭姿态控制器、发动机头部与身部结合处的弹性密封件。

2. 铸造高温合金

铸造高温合金是指可以或只能用铸造方法成型零件的一类高温合金。根据合金基体成分，可以分为铁基铸造高温合金、镍基铸造高温合金和钴基铸造高温合金。按结晶方式，又可以分为等轴晶铸造高温合金、定向凝固柱晶高温合金和单晶高温合金。与变形高温合金相比，铸造高温基合金有如下特点：由于不必兼顾其变形加工性能，可以集中考虑优化其使用性能，因此可提高合金化程度；铸造合金的组织稳定性和使用温度比变形合金高；可通过对冷却速度的控制获得所需晶粒度，改善力学性能。

根据铸造合金的使用温度，可以分为以下三类：

① 在－253～650 ℃使用的等轴晶铸造高温合金。这类合金在很宽的范围温度内具有良好的综合性能，特别是在低温下能保持强度和塑性均不下降。如在航空、航天发动机上用量较大的 K4169 合金，其 650 ℃拉伸强度为 1 000 MPa、屈服强度 850 MPa、拉伸塑性 15%，650 ℃、620 MPa 应力下的持久寿命为 200 h，已用于制作航空发动机中的扩压器机匣及航天发动机中各种泵用复杂结构件等。

② 在 650～950 ℃使用的等轴晶铸造高温合金。这类合金在高温下有较高的力学性能及抗热腐蚀性能。例如 K419 合金，950 ℃时，拉伸强度大于 700 MPa、拉伸塑性大于 6%，在 950 ℃、200 h 的应力持久强度极限大于 230 MPa。这类合金适于用作航空发动机涡轮叶片、导向叶片及整铸涡轮。

③ 在 950～1 100 ℃使用的定向凝固柱晶和单晶高温合金。这类合金在此温度范围内具有优良的综合性能和抗氧化、抗热腐蚀性能。例如，DZ404、DZ402 和 DZ422B 已在现役航空发动机中投入批量生产。DD402 单晶合金，在 1 100 ℃、130 MPa 的应力下持久寿命大于 100 h。这是国内使用温度最高的涡轮叶片材料，适用于制作新型高性能发动机的一级涡轮叶片。

3. 粉末冶金高温合金

粉末冶金高温合金采用雾化高温合金粉末，经热等静压成型或热等静压后再经锻造成型的生产工艺制造出高温合金粉末的产品。由于粉末颗粒细小，冷却速度快，因此具备成分均匀、无宏观偏析、晶粒细小、热加工性能好、金属利用率高等特点，合金的屈服强度和疲劳性能有较大提高。粉末冶金高温合金可以满足应力水平较高的发动机使用要求，是高推重比发动机涡轮盘、压气机盘和涡轮挡板等高温部件的选择材料。粉末制备是生产中最重要的环节，粉末质量直接影响零件性能，主要采用氩气雾化（AA）、旋转电极（PREP）和溶氢雾化（SHA）工艺。俄罗斯和我国采用 PREP 工艺，美国等国家采用 AA 工艺。

7.2.3　金属间化合物高温材料

金属间化合物材料是一种新型材料。它不是以相图端际固溶体为基体，而是以相图中间部分的有序金属间化合物为基体。由于其晶体的有序结构以及金属键与共价键共存，因此具有一些独特的性能。高温强度高（有些金属间化合物的屈服强度随温度的升高而升高），其耐热性能介于高温合金和陶瓷材料之间；密度低，比刚度高；铝化物、硅化物还具有良好的抗氧化性能等。

金属间化合物作为结构材料长期未能得到应用,主要问题是其室温脆性。近些年,对金属间化合物的基础性研究、合金设计、工艺流程的开发以及应用研究已经成熟,尤其 Ni - Al、Ti - Al、Fe - Al 和 Nb - Si 系金属间化合物的研究相对比较深入,一些材料已经在航空航天领域获得应用。

1. Ni - Al 系金属间化合物

Ni_3Al 金属间化合物具有较高的高温强度、蠕变抗力和高的比强度,且屈服强度在峰值温度以下具有正温度效应,但也存在室温塑性低、低温脆性大的问题,影响其在工程上的应用。通过添加微量的硼元素显著改善了 Ni_3Al 的室温塑性,克服了 Ni_3Al 在工程应用上的最大障碍。在实际应用中,Ni_3Al 基合金大多引入一定量的奥氏体相(γ 相),致使其相较于传统镍合金,密度降低幅度及熔点提高幅度有限,不能满足具有更高热效率和更大推重比的新型发动机叶片的需要。Ni_3Al 基合金可制造发动机热端结构件、耐烧蚀件及抗汽蚀件。如美国橡树岭国家实验室开发的 IC 系列,广泛用于高温加热炉、轧辊等;北京航空材料研究院开发的 JG4006(IC6),应用于航空发动机涡轮导向叶片;钢铁研究总院高温材料研究所开发的 JG4246(MX246),应用于尾喷管。

NiAl 基合金具有熔点高、密度低、极高的导热性以及良好的抗氧化性、抗热腐蚀性,是一种很有潜力的高温材料。NiAl 基合金最主要的问题是室温塑性和韧性差,高温强度不足。但到目前为止,还未研制出一种兼有足够高温强度和良好室温塑性的 NiAl 基合金。NiAl 基主要用于制造航空发动机的涡轮导向叶片、涡轮叶片和燃烧室的某些零件或用作高温合金的抗氧化、抗腐蚀涂层。

2. Ti - Al 系金属间化合物

Ti - Al 系金属间化合物具有密度低,比强度、比刚度高以及优良的高温性能,是航空、航天飞行器理想的新型高温结构材料。但 Ti - Al 系化合物塑性差、断裂韧性低、裂纹扩展速率大,限制了它们的应用。典型的 Ti - Al 系金属间化合物包括 Ti_3Al、TiAl 和 $TiAl_3$。

Ti_3Al 在 800 ℃以下具有良好的抗氧化性能和耐热性能。通过加入 β 相稳定元素 Nb、V、Mo 等降低 Ti_3Al 的脆性,其中 Nb 的作用最为显著。Nb 的加入使合金的强度、韧性、蠕变抗力均得到提高,而且缺口敏感性低。Ti_3Al 基合金中的 JG1301(TAC - 1)和 JG1302(TAC - 1B)合金具有优良的热、冷加工性能、机械切削性能,能加工成棒、管、板等各种型材,已是具有工程意义的先进高温轻质结构材料,在航空航天等领域应用极具潜力。Ti_2AlNb 基合金可部分替代高温合金制作高性能发动机的涡轮盘,可减重 35%~40%,大大提高航空发动机的推重比。Ti_2AlNb 基合金箔材与 SiC 纤维增强制作复合材料,可作为航天飞机的蒙皮及发动机部件用材,其成本和重量都低于传统材料。

TiAl 金属间化合物在 600~750 ℃具有良好的蠕变性能,使其可能替换某些镍基高温合金部件。TiAl 基合金具有良好的阻燃能力,可替换一些昂贵的阻燃设计用钛合金。其主要缺点是抗损伤能力较低、室温脆性大、断裂韧性低和裂纹扩展速率高。

$TiAl_3$ 金属间化合物是 Ti - Al 系中密度最低的一种材料,在较高温度时有较高的强度和良好的抗氧化性。通过添加 Fe、Ni、Mn 等元素初步改善了其塑性,但幅度不大,离工程应用还有较大差距。此外,$TiAl_3$ 工作温度相对较低。

7.2.4　高温合金的应用

1. 航空发动机

在现代先进的航空发动机中,高温合金材料用量占发动机总量的 40%～60%。在航空发动机上,高温合金主要用于燃烧室、导向叶片、涡轮叶片和涡轮盘四大热端零部件;此外,还用于机匣、环件、加力燃烧室和尾喷口等部件。

燃烧室的功用是把燃油的化学能释放变为热能,是动力机械能源的发源地。燃烧室内产生的燃气温度在 1 500～2 000 ℃范围内。其余的压缩空气在燃烧室周围流动,穿过室壁的槽孔使室壁保持冷却。燃烧筒合金材料承受温度可达 800～900 ℃以上,局部可达 1 100 ℃。因此,燃烧筒的材料要求具有高温抗氧化和抗燃气腐蚀性能,以及良好的冷热疲劳性能。燃烧室材料以镍基或钴基高温合金为主。第四代战机燃烧筒主要是镍基高温合金并涂覆陶瓷热障涂层,并且采用新的燃烧室结构,如 F119 和 F135 采用了浮动壁结构,而 F136 发动机采用了 Lamilloy 结构高温合金。第五代战斗机多使用 Lamilloy 结构的高温合金、耐高温陶瓷复合材料和热障涂层。受合金熔点的限制,传统的高温合金基本已经达到其极限使用温度,难以进一步发展,因此为了适应航空发动机高的推重比的要求,研发全新耐高温的基体材料和制备工艺的是目前航空航天领域的迫切需求。

导向叶片是调整从燃烧室出来的燃气流动方向的部件,是航空发动机上受热冲击最大的零件之一。它是静止的,所受的机械负荷并不大。根据导向叶片工作条件,要求材料具有足够的持久强度、良好的热疲劳性能和较高的抗氧化、抗腐蚀能力。在熔模精铸技术突破后,铸造高温合金成为导向叶片的主要制造材料,代表性高温合金有 K214、K232、K406 等。采用定向合金和单晶合金制造导向叶片的工艺也有所突破,典型牌号有 DZ404、DZ405、DZ422、DD402、DD403 等。此外,FWS10 发动机涡轮导向器后篦齿环制造采用了氧化物弥散强化高温合金。

涡轮盘在四大热端部件中所占质量最大。涡轮盘工作时,轮缘部位比中心部位承受更高的温度,产生很大的热应力;榫齿部位承受最大的离心力,所受的应力更为复杂;启动和停止过程中承受大应力低周疲劳。对涡轮盘材料的要求是具有高的屈服强度和蠕变强度,良好的冷热和抗机械疲劳性能,同时线膨胀系数要小,无缺口敏感性,具有较高的低周疲劳性能。用于涡轮盘制造的主要材料是变形高温合金,其中 GH4169 合金是用量最大、应用范围最广的一个主要品种。

近年来,随着航空发动机性能不断提高,对涡轮盘要求也越来越高,粉末涡轮盘组织均匀、晶粒细小、强度高、塑性好等优点使其成为航空发动机上理想材料。1965 年,高纯预合金粉末技术被研发出来,此后,美国 P&WA(Pratt&Whitney Aircraft)公司开创了粉末高温合金盘件用于航空发动机的先河;1972 年,IN100 粉末高温合金涡轮盘被用于 F100 发动机上,开启了粉末高温合金的实际应用阶段。我国的粉末高温合金的研究起步于 20 世纪 70 年代后期,陆续开展了 FGH95(FGH4095)、FGH96(FGH4096)、FGH97(FGH4097)等合金的研制,其中 FGH95(FGH4095)是目前强度最高的粉末高温合金,最高使用温度达 650 ℃,主要用于制备发动机的涡轮盘挡板以及直升机用涡轮盘。但我国生产的粉末涡轮盘夹杂物较多,有待改进。

涡轮工作叶片是涡轮发动机上最关键的构件之一。虽然它的工作温度比导向叶片要低,但是受力大且复杂,工作条件恶劣。因此,涡轮叶片材料要求具有高的抗氧化和抗腐蚀能力、高的抗蠕变和持久断裂的能力、良好的机械疲劳和热疲劳性能及良好的高温和中温综合性能。

涡轮叶片最初普遍采用变形高温合金，目前涡轮叶片制造的主材材料是铸造高温合金，典型牌号有K403、K417、K418等。在航空发动机不断追求高推重比的前提下，促使国内外自20世纪70年代以来，先后研制了定向凝固高温合金、单晶高温合金等具有优异高温性能的新材料，其中单晶高温合金材料成为目前主流的涡轮盘材料。近年来，日本相继成功地研制了承温能力更高的第四、五、六代单晶合金TMS-138、TMS-162、TMS-238等。我国的单晶高温合金研究是20世纪80年代初开始的，如DD3(DD403)、DD6(DD406)、DD402单晶合金已在部分应用。

2. 航天发动机

航天发动机用高温合金原则上都可以采用航空发动机用高温合金，但航天发动机材料不仅对高温高压下的性能有较高要求，同时要求在低温、较高温度梯度变化的环境下进行稳定工作。由于高温合金精密铸造工艺限制，因此过去形状极其复杂的结构件在航天发动机上一直没有真正加以应用。随着工艺的进步，航天发动机上的许多关键热部件都采用了无余量整体精密铸造的高温合金精铸件，简化了发动机结构，降低了发动机重量，减少了焊接部分，缩短了研制和生产周期，降低了研制和生产成本，提高了发动机可靠性。随着航天发动机技术的进步，航天发动机用高温合金逐渐呈现出复杂化、薄壁化、复合化、多位一体、无余量的趋势，典型的有涡轮转子、导向器、泵壳体等。

我国的"长征"系列火箭以及"神舟"系列飞船的发动机的核心部分都采用了高温合金材料。目前，航天领域使用的液氧煤油和液氧液氢航天运载发动机、小型涡喷涡扇发动机已经定型，并开始批量生产，国内对航天用高温合金母合金和精铸件的需求也在不断增长。

3. 民用高温合金

(1) 各类燃气轮机

燃气轮机除用于发电外，还用于舰船动力、天然气输送压气站等。与航空发动机类似，高温合金也广泛应用于燃气轮机的热端部件。工业燃气轮机叶片应用最广的是K438(IN738)，美国Cannon-Muskegon公司开发了应用于工业燃气轮机涡轮叶片的单晶高温合金CMSX-11B和CMSX-11C。

(2) 汽车领域

高温合金主要用于汽车涡轮增压器的涡轮叶轮。汽车内燃机的阀座、镶块、进气阀、密封弹簧、火花塞、螺栓等部件也可以采用高温合金材料。

(3) 石油化工

在石油和天然气深井开采中，钻具处于高温酸性环境中，且存在泥沙等，须采用耐腐蚀耐磨高温合金。在石化生产中，高温合金主要用于各种阀门、管道等。

(4) 核工业

核工业中的各种金属零部件在工作时需要承受高温，并且需要较高的蠕变强度，因此大量采用高温材料。高温材料主要用于燃料元件包壳材料、结构材料、燃料棒定位格架以及高温气体炉热交换器等。

(5) 其他领域

高温合金在冶金、玻璃制造、医疗器械等领域也有广泛应用，例如冶金生产中加热炉的垫块、线材连轧导板等；生产玻璃棉的火焰坩埚钳、生产平板玻璃的碾拉管机零部件、玻璃窑炉的料道、闸板等；医疗器械领域的人工关节等；垃圾高温分解炉内部件、垃圾焚烧热交换器与加热管、纸浆和纸张工业炉内部件与加热管；陶瓷煅烧窑内部件等。

本章小结

本章简要介绍陶瓷材料的分类、性能、结构及常用陶瓷材料，详细介绍高温材料的分类牌号以及典型高温材料、高温材料的应用。

习题与思考题

一、填空题

1. 陶瓷材料具有________熔点、________硬度、________化学稳定性、弹性模量________等特点，但塑性、韧性、可加工性、抗热震性、使用可靠性比金属材料________。

2. 普通陶瓷的主要原料是________、________、________。

3. 结构陶瓷作为结构材料用来制造结构零部件，主要利用其________性能。

4. 陶瓷生产工艺过程比较复杂，但基本的工艺可分为原料配制________、________三大步骤。

5. 根据 Al_2O_3 陶瓷瓷坯中主晶相的不同，可将 Al_2O_3 陶瓷分为________、________、________等。

6. SiC 陶瓷具有________硬度和________强度，在 1 400 ℃高温下仍能保持相当高的抗弯强度，所以它主要用作高温结构材料。另外，它有很高的________能力，可用于制作高温下的热交换器、核燃料包装材料等。

7. 高温合金通常是以铁、钴、镍为基，能在________ ℃以上，一定应力条件下长期工作的一类材料。

8. 根据合金的基本成形方式或特殊用途，将合金分为________、铸造高温合金、焊接用高温合金、________和弥散强化高温合金。

9. 根据金属间化合物高温材料的基本组成元素，将高温材料分为________金属间化合物高温材料和________金属间化合物高温材料。

10. 变形高温合金牌号采用汉语拼音字母“________”作前缀。前缀后采用四位数字，第一位数字表示________；第二至四位数字表示________，不足位数的合金编号用数字“0”补齐。“0”放在第一位表示分类号的数字与合金编号之间。

11. 金属间化合物材料高温强度________，其耐热性能介于________和________之间。

二、选择题

1. 传统陶瓷材料的主要原料有(　　)。

A. 树脂　　B. 生胶　　C. 黏土　　D. 金属氧化物

2. 陶瓷的显微组织中包括(　　)、玻璃相和气相组成。

A. 硅酸盐　　B. 氧化物　　C. 非氧化物　　D. 晶相

3. 陶瓷材料的热性能包括熔点、热容、导热性、(　　)及热稳定性等。

A. 热膨胀性能　　B. 硬度　　C. 塑性　　D. 弹性模量

4. 下列变形高温合金使用温度最高的是(　　)。

A. 铁基高温合金　　B. 钴基高温合金

C. 镍基高温合金　　D. 铁镍基高温合金

三、判断题

1. 陶瓷的物理、化学、力学性能主要取决于主晶相。(　　)

2. 莫来石是特种结构陶瓷的主晶相。(　　)

3. 陶瓷制品完全可以被塑料制品所替代。(　　)

4. 陶瓷制品容易导电,可以做电线。(　　)

5. 应用于航天飞机上是因为陶瓷有耐高温的特点。(　　)

6. Ti-Al系金属间化合物合金由于其密度高,比强度、比刚度高以及优良的高温性能是航空、航天飞行器理想的新型高温结构材料。(　　)

7. NiAl基合金具有熔点高、密度低,良好的抗氧化性,极高的导热性及较高的高温强度。(　　)

8. NiAl基合金最主要的问题是室温塑性和韧性差,高温强度不足。(　　)

四、简答题

1. 陶瓷材料的特点有哪些?

2. 试述高温材料在航空发动机上的应用。

第 8 章　复合材料

复合材料使用的历史可以追溯到古代。6 000 多年前,陕西半坡人就懂得用草梗和泥筑墙;闻名世界的漆器是由麻纤维和土漆复合而成的,至今已有 4 000 多年的历史。20 世纪 40 年代,诞生了玻璃纤维增强不饱和聚酯树脂,开辟了现代复合材料的新纪元。20 世纪 50 年代国外开始使用“复合材料”一词,50 年代以后陆续发展了碳纤维、石墨纤维和硼纤维等高强度和高模量纤维,70 年代出现了芳纶纤维和碳化硅纤维。这些高强度、高模量纤维能与合成树脂、碳、石墨、陶瓷、橡胶等非金属基体或铝、镁、钛等金属基体复合,构成各具特色的复合材料。

随着新型复合材料的不断涌现,复合材料不仅应用在导弹、火箭、人造卫星、航空航天等尖端工业中,而且在汽车、造船、建筑、电子、桥梁、机械、医疗和体育等行业也得到应用。

8.1　复合材料概述

8.1.1　复合材料的定义

国际标准化组织(ISO)为复合材料所下的定义:复合材料是由两种或两种以上物理和化学性质不同的物质组合而成的一种多相固体材料。从定义可以看出,复合材料有两个显著的特征:其一是复合材料不仅保留了原组成材料的特点,而且通过各组分的相互补充和关联可以获得原组分所没有的新的优越性能;其二是复合材料的可设计性,如结构复合材料不仅可根据材料在使用中受力的要求进行组元选材设计,更重要的是还可进行复合结构设计,即增强体的比例、分布、排列和取向等的设计。

8.1.2　复合材料的结构

复合材料由两种以上组分以及它们之间的界面构成。组分材料主要指增强体和基体,它们也被称为复合材料的增强相和基体相。增强相和基体相之间的界面区域因为其特殊的结构与组成也被视作复合材料中的“相”,即界面相。增强相和基体相是根据组分的物理和化学性质以及在最终复合材料中的形态来区分的。其中,一个组分呈细丝(连续或短切)、薄片或颗粒状,一般具有很高的力学性能或特殊的功能性,主要作用是承受载荷或显示功能,称为增强相或增强体。它们在复合材料中呈分散形式,被基体相隔离包围,也称作分散相。另一组分是保持材料的基本特性,其作用是将增强体固结成整体,起传递和均衡应力的作用,称为基体相。基体材料在制造前的形状可以是薄片、粉末、块体或无定形的流体,在与增强相固结后,基体相在复合材料中就成为包裹增强相的连续体,因此基体相也称作连续相。基体材料主要有聚合物、金属、无机非金属。复合材料的各种结构形态如图 8.1 所示。

8.1.3　复合材料的增强体

增强体应具有能明显提高基体某种所需特性的性能,如高比强度(强度/密度)、高比模量(弹性模量/密度)、高导热性、耐热性、耐磨性、低膨胀性,良好的化学稳定性。同时,增强体与

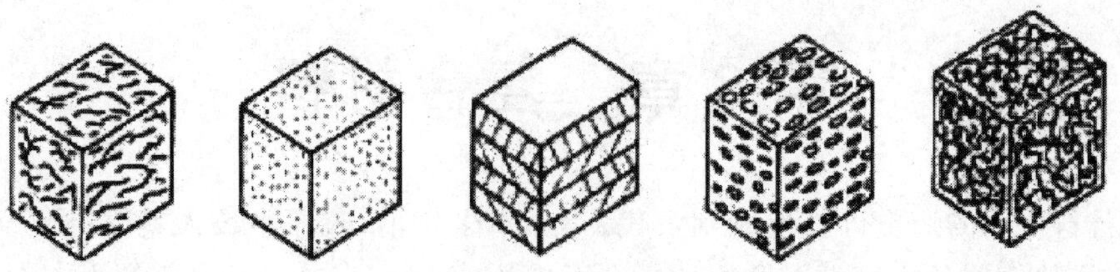

(a)纤 维　(b)颗 粒　(c)叠 层　(d)片 状　(e)填 充

图8.1 复合材料结构示意图

基体有良好的润湿性，或通过表面处理能与基体有良好的润湿性。

1. 增强体的分类

复合材料的增强体按几何形状划分有纤维(连续纤维、非连续纤维、编织纤维)、晶须、颗粒、片状等。纤维包括金属纤维，如W、Mo丝等;无机纤维，如C、B、SiC、Al_2O_3纤维等;有机纤维，如芳纶、尼龙纤维等。晶须包括金属晶须(如Fe、Cu晶须等)、陶瓷晶须(如SiC、Al_2O_3晶须等)。

纤维在复合材料中起增强作用，是主要承力组分。纤维不仅能使材料显示出较高的抗拉强度和刚度，而且能减少收缩，提高热变形温度和低温冲击韧性等。复合材料的性能在很大程度上取决于纤维的性能、含量及使用状态。如聚苯乙烯塑料，加入玻璃纤维后，拉伸强度可从600 MPa提高到1 000 MPa，弹性模量可从3 000 MPa提高到8 000 MPa，其热变形温度可从85 ℃提高到105 ℃，可使−40 ℃以下的冲击韧性提高10倍。

晶须是在人工控制条件下以单晶形式生长的一种纤维。晶须的直径一般为几微米，长几十微米，是一种无缺陷的理想完整晶体。晶须可用作高性能复合材料的增强材料，可以增强金属、陶瓷和聚合物。晶须是目前已知纤维中强度最高的一种，其机械强度几乎等于相邻原子间的作用力。

颗粒增强体用以改善复合材料力学性能，提高断裂性、耐磨性和硬度，增进耐腐蚀性能的颗粒状材料。按照基体的不同，颗粒增强体可以分为颗粒增强陶瓷、颗粒增强金属和颗粒增强聚合物。颗粒在聚合物中还可以用作填料，目的是降低成本，提高导电性、屏蔽性或耐磨性。

2. 常用增强体

(1) 玻璃纤维

玻璃纤维是一类重要的复合材料增强体，以玻璃球或废旧玻璃为原料经高温熔制、以极快的速度拉成细丝而成。它具有拉伸强度高，防火、防霉、防蛀，耐高温和电绝缘性能好等优良性能。缺点是脆性大，易折断，模量低，不耐磨，长期放置强度会稍有下降，对人的皮肤有刺激性。

1) 以玻璃原料成分分类

① E玻璃纤维(无碱玻璃纤维)　以钙铝硼硅酸盐组成的玻璃纤维，强度较高，耐热性和电性能优良，能抗大气侵蚀，化学稳定性好，但不耐酸。

② C玻璃纤维(中碱玻璃纤维)　碱金属氧化物含量在11.5%～12.5%范围内，主要成分为钠硼硅酸盐。它的主要特点是耐酸性好，但强度不如E玻璃纤维高。它主要用于耐腐蚀领域中，价格较低。

③ A玻璃纤维(有碱玻璃纤维)　此种玻璃由于含碱量高，强度低，对潮气侵蚀极为敏感，

因而很少作为增强材料。

④ S玻璃纤维(特种玻璃纤维)　如由纯镁铝硅三元组成的高强玻璃纤维,镁铝硅系高强高弹玻璃纤维,硅铝钙镁系耐化学介质腐蚀玻璃纤维,含铅纤维,高硅氧纤维,石英纤维等。其强度和弹性模量均优于E玻璃纤维,高温性能好,主要用于飞机和火箭的高强度部件。

⑤ M玻璃纤维　氧化铍含量高,其弹性模量比一般玻璃纤维高1/3,主要用于航空航天领域。

2) 以单丝直径分类

①粗纤维:30 μm;②初级纤维:20 μm;③中级纤维:10~20 μm;④高级纤维:3~10μm,也称纺织纤维。

3) 根据纤维的性能分类

根据纤维的性能,可分为高强玻璃纤维、高模量玻璃纤维、耐高温玻璃纤维、耐碱玻璃纤维、耐酸玻璃纤维、普通玻璃纤维。

(2) 碳纤维

针对玻璃纤维的模量低、耐热性不理想,难以满足航空航天工业受力结构的要求,20世纪60年代研制出碳纤维。碳纤维是由不完全石墨结晶沿纤维轴向排列的一种多晶的新型无机非金属材料,化学组成中碳元素含量达90%以上。它不同于有机纤维或无机纤维,不能用熔融法或溶液法直接纺丝,只能以有机物为原料,采用间接方法制造。一般是利用含碳量较高的有机纤维、沥青纤维经过严格控制的热处理碳化成含碳量90%~99%的纤维。

碳纤维制造工艺分为有机先驱体纤维法和气相生长法。有机先驱体纤维法制得的碳纤维是由有机纤维经高温固相反应转变而成,应用的有机纤维主要有聚丙烯腈(PAN)纤维、人造丝和沥青纤维等,目前世界各国发展的主要是PAN碳纤维和沥青碳纤维。工业上生产石墨纤维是与生产碳纤维同步进行的,但需要再经高温(2 000~3 000 ℃)热处理,使乱层类石墨结构的碳纤维变成高均匀、高取向度结晶的石墨纤维。气相生长法制得的碳纤维称为气相生长碳纤维。

碳纤维按力学性能又分为通用级(GP)和高性能级(HP)。通用级碳纤维拉伸强度小于1.4 GPa,拉伸模量小于140 Gpa。在高性能级碳纤维中,对高强型、高模型、高强中模型、高强高模型碳纤维无严格的区分指标。

碳纤维具有低密度、高强度、高模量、耐高温、抗化学腐蚀、低电阻、高导热、低热膨胀、耐化学辐射等特性,此外还具有纤维的柔顺性和可编性,比强度和比模量优于其他无机纤维。但碳纤维性脆,抗冲击性和高温抗氧化性差,主要作为树脂、碳、金属、陶瓷、水泥基复合材料的增强体。

(3) 硼纤维

就其本质来说,硼是一种脆性材料,很难直接制成纤维状。一般是通过在超细的芯材(载体)上化学气相沉积(CVD)硼来获得表层为硼、含有异质芯材的复合纤维。芯材通常选用钨丝或碳丝,也可用涂碳或者涂钨的石英纤维。硼纤维具有较低的密度、较高的强度、很高的弹性模量和熔点,以及较高的高温强度。缺点是密度大、直径较粗及生产工艺复杂、成本高、价格高昂。

(4) 碳化硅纤维

碳化硅纤维是典型的陶瓷纤维,按其形态可分为连续纤维、晶须、短切纤维;按其结构可分为单晶纤维和多晶纤维;按其直径可分为单丝纤维和束丝纤维。碳化硅纤维具有优异的力学性能、耐热氧化性能、耐化学腐蚀性能。

碳化硅纤维的制造方法有两种:一种类似于硼纤维的气相沉积法,将碳化硅沉积到底丝上制得;另一种是先驱体转化法,用有机碳硅化合物,通过添加催化剂、加热(光辐射)缩聚形成以硅-碳为主链的碳化硅高聚物,然后将其溶解抽丝,经预氧化和碳化处理后制得碳化硅纤维。这种方法可生产连续碳化硅纤维,是制造碳化硅纤维技术的重大突破。

(5) 氧化铝纤维

氧化铝纤维是多晶陶瓷纤维,以 Al_2O_3 为主要成分,含有少量的 SiO_2、B_2O_3、Zr_2O_3、MgO。通常情况下,将氧化铝含量大于70%的纤维相称为氧化铝纤维;将氧化铝含量小于70%,其余为二氧化硅和少量杂质的纤维称为硅酸铝纤维。这类纤维强度较高,热导率低,并具有独特的电学性能和抗腐蚀性能,主要用作增强材料和耐高温绝热材料,可用于增强Al、Ti、SiC和其他氧化物陶瓷基体,纤维与基体之间有良好的相容性。制造氧化铝纤维的原料是容易得到的金属氧化物粉末、无机盐或铝凝胶等,生产过程简单,设备要求不高,不需要惰性气体保护等,与其他高温陶瓷纤维相比有较高的性价比,是广泛应用于军事、民用复合材料的增强体品种。

氧化铝纤维的拉伸强度最高可达3.2 GPa,模量达420 GPa,长时间使用温度在1 000 ℃以上。由于 Al_2O_3 纤维中的成分都是高温下稳定的氧化物,因此其高温抗氧化性好。其他元素的加入可以控制晶粒在高温下长大,保证高温下的力学性能。

Al_2O_3 纤维由于制备方法不同,性能差异较大。主要原因是 Al_2O_3 从中间过渡态向稳定的 $\alpha-Al_2O_3$ 转变温度为1 000~1 100 ℃,在此温度下结构和密度的变化导致强度显著下降。添加Si、B、Mg可以控制这种转变并实现 Al_2O_3 自发形核,有利于提高纤维的耐热性。

(6) 芳　纶

芳纶是由芳香族聚酰胺树脂纺成的纤维,国外商品牌号称凯芙拉(Kevlar)纤维,我国命名为芳纶纤维。芳纶具有高的轴向拉伸强度和弹性模量,可以通过分子沿着纤维轴取向获得。单丝强度可达3 773 MPa,254 mm长的纤维束的拉伸强度为2 744 MPa,大约为铝的5倍。弹性模量可达1.27~1.577 GPa,比玻璃纤维高一倍,为碳纤维0.8倍。冲击性能好,大约为石墨纤维的6倍,为硼纤维的3倍,为玻璃纤维0.8倍。断后伸长率在3%左右,接近玻璃纤维,高于其他纤维。密度小,只有铝的一半。

(7) 玄武岩纤维

玄武岩纤维是以纯天然火山岩为原料,在1 450~1 500 ℃熔融后,通过铂铑合金拉丝漏板高速拉制而成的连续纤维,以玄武岩纤维为增强体可制成多种复合材料。玄武岩连续纤维属于非晶态物质,化学稳定性好,使用温度范围大(工作温度约为−269~900 ℃),具有良好的力学性能,导热系数及吸湿能力低且不随温度变化,无毒、不易燃,废弃后可天然降解,是一种绿色环保材料。

8.1.4 复合材料的分类与命名

1. 复合材料的分类

按基体材料类型可以分为聚合物基、金属基和无机非金属基复合材料三大类。按聚合物类型可分为树脂基、橡胶基和木质基，按树脂种类又有热固性树脂基和热塑性树脂基之分。按金属种类可以分为铝基、铜基、镁基和钛基等。无机非金属基则可以分为玻璃基、陶瓷基、水泥基和碳基，按陶瓷种类又有氧化物基、碳化物基、氮化物基等。

按增强体几何形态分为连续纤维增强复合材料、短纤维增强复合材料、颗粒增强复合材料、晶须增强复合材料和层状复合材料。连续纤维增强复合材料包括单向纤维、无纬布叠层、二维织物层合、多向编织复合材料以及混杂复合材料。短纤维增强复合材料主要指晶须、短切纤维无规则分散在基体材料中制成的复合材料。颗粒增强复合材料包括弥散增强复合材料（颗粒等效直径为 0.01～0.1 μm，粒子间距为 0.01～0.3 μm）和粒子增强复合材料（颗粒等效直径为0.01～0.1 μm，粒子间距为 1～25 μm）。层状复合材料是指平面二维增强材料与基体复合而成的材料。

此外，复合材料按功能可分为功能复合材料和结构复合材料，结构复合材料是以承重为主要目的复合材料，为此特别注意其力学性能；功能复合材料范围很宽，可以认为除结构复合材料以外的其他复合材料均为功能复合材料，它们突出的是除力学性能以外的其他性能（如热、电、声、磁等）。

2. 复合材料的命名

复合材料在世界各国还没有统一的名称和命名方法。比较共同的趋势是根据增强体和基体的名称来命名，一般有以下三种情况：

① 强调基体时以基体材料的名称为主。如树脂基复合材料、金属基复合材料、陶瓷基复合材料等。

② 强调增强体时以增强体材料的名称为主。如玻璃纤维增强复合材料、碳纤维增强复合材料、陶瓷颗粒增强复合材料等。

③ 基体材料名称与增强体材料名称并用。这种命名法习惯上把增强体材料的名称放在前面，基体材料的名称放在后面，再加上“复合材料”即可。如玻璃纤维增强环氧树脂复合材料，可简称为玻纤/环氧复合材料或玻纤/环氧，我国常把这类复合材料通称为玻璃钢。

国外还常用英文编号来表示，如 MMC（Metal Matrix Composite）表示金属基复合材料，FRP（Fiber Reinforced Plastics）表示纤维增强塑料。

8.2　聚合物基复合材料

聚合物基复合材料（PMC）是指以聚合物为基体材料制作的复合材料。聚合物基体材料虽然强度低，但其黏接性能好，能把纤维等增强体牢固地黏接起来，同时还能使载荷均匀分布，并传递到增强体上。聚合物基复合材料的突出优点是比强度、比模量高。除此之外，还具有疲劳强度高、阻尼减振性好、断裂安全性较好、成型工艺性好等特点。

8.2.1　聚合物基复合材料的基体

用于复合材料的聚合物基体按树脂热行为可分为热塑性和热固性两类。热塑性基体如聚丙烯、聚酰胺、聚碳酸酯、聚醚砜、聚醚醚酮等，它们是一类线形或有支链的固态高分子，可溶可熔，可反复加工成型而无任何化学变化。热固性基体如环氧树脂、酚醛树脂、双马树脂、不饱和聚酯等，在制成最终产品前，通常为分子量较小的液态或固态预聚体，经加热或加固化剂发生化学反应固化后,形成不溶不熔的三维网状高分子。

8.2.2 聚合物基复合材料的成型工艺

聚合物基复合材料的制造与传统的金属材料制造完全不同,大部分聚合物基复合材料的制造实际上是把复合材料的制造和产品的制造融合为一体。聚合物基复合材料的原材料是纤维等增强体和聚合物基体,聚合物基复合材料的制造主要涉及怎样把增强体均匀分布在基体树脂中,怎样按产品设计要求实现成型、固化等。根据增强体和基体材料种类的不同,需要采用不同的制造工艺和方法。聚合物基复合材料的制造方法很多,主要制造方法可以按基体材料不同分为两类:一类是热固性树脂复合材料的制造方法,主要有手糊成型法、热压罐成型法、喷射成型法、模压成型法、注射成型法、拉挤成型法、纤维缠绕成型法、RTM 成型法等;另一类是热塑性树脂复合材料制造方法,类似于热固性树脂复合材料成型方法,主要有压缩成型法、注射成型法、纤维缠绕成型法、RTM 成型法等。

(1) 手糊成型

手糊成型又称接触成型,采用手工方法将纤维增强材料和树脂胶液在模具上铺敷成型、室温(或加热)、无压(或低压)条件下固化,脱模成制品的工艺方法。其工艺流程如下:

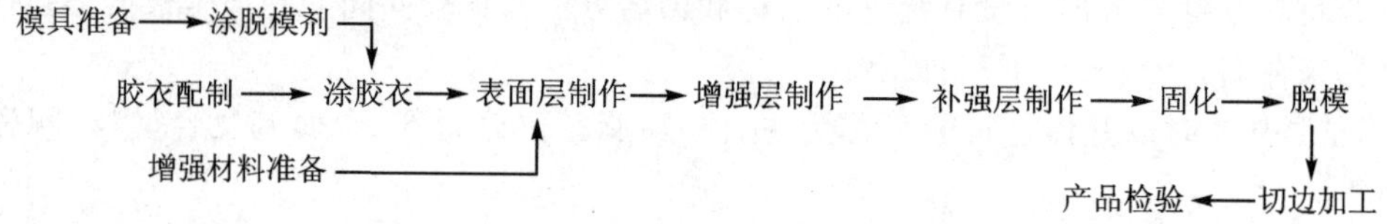

手糊成型工艺不受产品尺寸和形状限制,适宜尺寸大、批量小、形状复杂产品的生产;设备简单、投资少、设备折旧费低;工艺简单,易于满足产品设计要求,可以在产品不同部位任意增补增强材料;制品树脂含量较高,耐腐蚀性好。但是,手糊成型工艺生产效率低,劳动强度大,生产环境条件差;产品质量稳定性差,受人的因素影响大。

(2) 喷射成型工艺

通过喷枪将短切纤维和雾化树脂同时喷射到模具表面,经辊压、固化制得复合材料制件的方法。喷射成型也称为半机械化手糊法,与手糊法相比,生产效率高,劳动强度低,能制作大尺寸及形状比较复杂的制品,但厚度和纤维含量较难精确控制。其工艺流程如下:

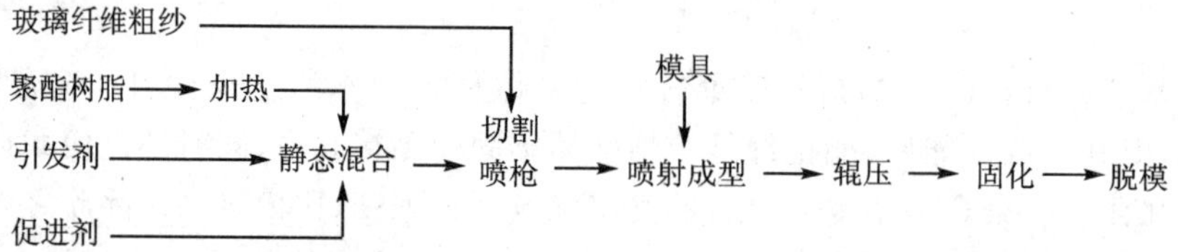

喷射成型工艺具有生产效率较高(比手糊高 3～5 倍),劳动强度低;玻纤为无捻粗纱,材料成本低;制品整体性好,无搭接缝;产品形状和尺寸不受限制;可调节产品厚度、纤维与树脂比例;施工现场污染大,产品树脂含量高,强度小的特点。

(3) 模压成型工艺

模压成型工艺是一种古老的技术,早在 20 世纪初就出现了酚醛塑料模压成型。模压成型是一种对热固性树脂和热塑性树脂都适用的纤维复合材料成型方法。其工艺流程如下:

模具预热 → 涂脱模剂 ↓
模压料称量 → 预热 → 装模 → 压制 → 脱模 → 后处理 → 检验 → 制品

模压成型工艺有较高的生产效率，制品尺寸准确，表面光洁，多数结构复杂的制品可一次成型，无需二次加工，制品外观及尺寸的重复性好，容易实现机械化和自动化等。但是，模具设计制造复杂，压机及模具投资高，制品尺寸受设备限制，一般只适合批量制造中小型制品。

(4) 纤维缠绕成型

缠绕成型工艺是将浸渍了树脂胶液的连续纤维(或布带、预浸纱)按照一定规律缠绕到芯模上，常压下在室温或较高温度下固化成型的一种制备各种尺寸回转体的简单方法。

根据纤维缠绕成型时树脂基体的物理化学状态不同，分为干法缠绕、湿法缠绕和半干法缠绕三种。湿法缠绕是将增强材料浸渍液态基体和缠绕成型相继连续进行；干法缠绕又称预浸带缠绕，为浸渍工艺和缠绕成型分别进行。半干法是干法工艺的发展，不同之处仅在于树脂基体不存在凝胶化的阶段，仍处于"湿"状态。湿法工艺对各类制品的适用性强，应用广泛。湿法工艺流程如下：

芯模准备 ↓
胶液配制 → 浸胶 → 缠绕 → 固化 → 检验 → 修整 → 产品
纤维烘干 ↑

纤维缠绕成型具有能保持纤维连续完整，制品强度高；可连续化、机械化生产，生产周期短，劳动强度小；产品尺寸、外形准确，不需机械加工；设备复杂，技术难度大，工艺质量不易控制等特点。

(5) 树脂传递模塑

将热固性树脂及固化剂混合均匀后注入事先铺有玻璃纤维增强材料的密封模内，经固化、脱模制得制品的过程称为树脂传递模塑，简称(RTM)。其工艺流程如下：

模具准备 → 预成型体制造和安放 → 合模 → 树脂注入 → 开模 → 脱模 → 后处理 → 制品

树脂传递模塑优点如下：可以制造两面光的制品，尺寸稳定，容易组合；成型效率高，适合于中等规模的玻璃钢产品生产(20 000 件/年以内)；RTM 为闭模操作，不污染环境，不损害工人健康；增强材料可以任意方向铺放，容易实现按制品受力状况铺放增强材料；原材料及能源消耗少；建厂投资少。树脂传递模塑缺点如下：不易制作较小产品；因要承压，故模具较手糊与喷射工艺用模具要重和复杂，价位也高一些；有未被浸渍的材料，导致边角料浪费；工艺难度大，注胶周期长，注胶质量不易控制。

(6) 注射成型工艺

注射成型是根据金属压铸原理发展起来的一种成型方法。该方法是将颗粒状树脂、短纤维送入注射腔内，加热熔化、混合均匀，并以一定的注射压力，注射到温度较低的密闭模具中，经过冷却定型后，开模便得到复合材料制品。它适用于热塑性和热固性复合材料，但以热塑性复合材料应用最广。其工艺流程如下：

模具准备 → 涂脱模剂 ↓
树脂、增强体混合物 → 注射机 —加热塑化→ 注射成型 → 固化 → 脱模

(7) 自动铺放技术

自动铺放技术包括自动铺带技术(ATL)和自动铺丝技术(AFP),是实现复合材料制品低成本、高性能的重要手段之一,整个过程由计算机测控、协调系统完成。自动铺放技术特别适用于大型复合材料构件的制造,在各类飞行器中,尤其是大型飞机结构制造中所占的比重越来越大。

自动铺带技术是针对机翼、壁板构件等大尺寸、中小曲率的部件开发的一种复合材料自动化制造技术。自动铺带技术以带有背衬纸的预浸带为原材料,通过自动铺带机完成预浸带的剪裁、定位、铺叠、辊压动作铺贴到模具表面。

自动铺丝技术是在纤维缠绕和自动铺带技术的基础上发展起来的一种先进的复合材料成型技术。自动铺丝技术综合了纤维缠绕和自动铺带技术中的优点,铺丝头把缠绕技术中不同丝束独立输送和自动铺带技术的压实、切割、重送等功能结合起来,由铺丝头将数根预浸纱在压辊下集束成一条宽度可变的预浸带,宽度大小通过程序控制,预浸纱根数自动调整后铺放到模具表面,加热软化预浸纱并压实定型。

8.2.3 聚合物基复合材料的应用

树脂基复合材料由于重量轻、技术较成熟等特点被最大限度地应用于一直以减重为需要的航空领域。早在 20 世纪 40 年代,在战斗机、轰炸机上就开始采用玻璃纤维增强塑料作雷达罩;60 年代,美国在 F-4、F-111 等军用飞机上采用了硼纤维增强环氧树脂作方向舵、水平安定面、机翼后缘、舱门等;70 年代后,采用芳香聚酰胺纤维代替玻璃纤维增强环氧树脂,强度又大幅提高,而重量减轻。第三代歼击机(如法国的 Raflae、瑞典的 JAS-39)树脂基复合材料用量分别达到 40%和 30%,第四代歼击机(如美国的 F-22 和 F-35)树脂基复合材料用量分别达到 24%和 30%以上。表 8.1 给出了树脂基复合材料在各部分的应用情况。F-22 主要应用耐热 150 ℃以上 IM7 中模量碳纤维增强韧性 BMI 复合材料,应用的主要部位包括前/中机身、机翼蒙皮、框、梁、壁板等。

表 8.1 树脂基复合材料在各部分的应用情况

机 型	使用部位	用量/%
F-14	平尾蒙皮、水平安定面等	0.8
F-15	垂尾及平尾蒙皮、方向舵、减速板等	1.6
F-16	垂尾、方向舵、平尾蒙皮等	3.4
幻影 2000	垂尾蒙皮、方向舵、副翼、起落架舱门等	7
F-18	垂尾、平尾、减速板、操纵面、机翼等	12
AV-8B	机翼蒙皮、翼盒、前机身、平尾等	26
Refale	中机身、蒙皮、鸭翼、机翼、垂尾、副翼等	24
JAS-39	前机身、进气道、鸭翼、机翼、垂尾等	25~30
EF-2000	机身、机翼、垂尾、方向舵等	35~40
F-22	机身、机翼、襟翼、垂尾、副翼等	24
MFI(俄)	机身、机翼、鸭翼、控制面	40 左右
F-35	机身、机翼、进气道、操纵面、副翼、垂尾等	26

树脂基复合材料在大涵道比发动机上的帽罩前锥、风扇转子叶片、风扇机匣及包容环、风扇出口导流叶片、风扇静子叶片、发动机短舱及反推装置、消音结构等部件上得到广泛应用，如表 8.2 所列。

表 8.2　国外大涵道比* 民用发动机复合材料构件与选材表

使用部位	复合材料体系	发动机型号	公司
帽罩前锥	玻纤/双马	PW4000、PW6000	P&W
风扇转子叶片	碳纤/环氧	GE90、GEnx、LEAP-XIC	GE
风扇机匣及包容环	6060 铝合金＋芳纤/环氧	CF6-80C2、GE90、RB211、Trent700、Trent800、PW4084	GE、R&R、P&W
	碳纤/环氧	GEnx	GE
风扇叶片出口导流叶片	碳纤/环氧	PW4084、PW4168	P&W
发动机短舱及反推装置	碳纤/环氧＋铝蜂窝夹芯	V2500	LAE
	碳纤/双马	Trent700、Trent800	R&R
	碳纤/环氧	PW4168	P&W
消音结构	芳纤/环氧	CFM56-3	SNECMA
	碳纤/环氧＋Nomex	V2500	LAE
	玻纤/环氧＋Nomex	GEnx	GE

注：* 涵道比：也称旁通比，是涡扇发动机外涵道与内涵道空气流量的比值。

在导弹制造方面，20 世纪 50 年代后期美国中程潜地导弹“北极星”A-2 第二级固体火箭发动机壳体上就采用了玻璃纤维增强环氧树脂的缠绕制件，较钢质壳体轻 27%；后来采用高性能的玻璃纤维代替普通玻璃纤维制造“北极星”A-3，使壳体重量较钢制壳体轻 50%，从而使“北极星”A-3 导弹的射程由 2 700 km 增加到 4 500 km。

8.3　金属基复合材料

金属基复合材料(MMC)是以金属或合金为基体，以金属或非金属线、丝、纤维、晶须或颗粒为增强相的非均质混合物。金属基复合材料的具有比强度、比模量高，导热、导电性能好，热膨胀系数小，高温性能优良，疲劳强度性能、断裂韧性良好等优点。

8.3.1　金属基复合材料的基体

目前用作金属基复合材料的金属有铝及铝合金、镁合金、钛合金、铁合金、铜与铜合金、锌合金、铅、钛铝、镍铝金属间化合物等。对于不同形状、不同类型的增强体，在选择金属基体材料时，除了考虑复合材料的使用要求外，还应考虑基体与增强体之间的相容性、基体金属的性能特点及复合材料的组成特点。因此，基体材料成分的选择对能否充分组合和发挥基体金属和增强物性能特点，获得预期的优异综合性能，满足使用要求十分重要。

8.3.2 金属基复合材料的成型工艺

金属基复合材料制造技术是影响其迅速发展和广泛应用的关键问题。金属基复合材料的性能、应用、成本等在很大程度上取决于其制造方法和工艺。用于制造金属基复合材料的方法很多,在选择制造工艺时,必须使增强体能够均匀分布于基体中,充分发挥增强体的功能;尽可能避免制造过程中界面处发生有害化学反应;同时设备投资少,工艺简单,便于规模化生产。制造时尽可能接近产品最终形状、尺寸和结构,减少后续加工工序。

1. 固态法

固态制造技术主要包括粉末冶金法、扩散结合、热轧、热挤压、热拉和爆炸焊接技术等。

(1) 粉末冶金法

粉末冶金是制取金属粉末或用金属粉末(或金属粉末与非金属粉末的混合物)作为原料,经过成型和烧结,制取金属材料、复合材料以及各种类型制品的工业技术。

粉末冶金既可用于连续长纤维增强,又可用于短纤维、颗粒或晶须增强的金属基复合材料,但由于此法制备长纤维增强复合材料性能较低,也无有效后续手段使之提高,因此此法主要用于制造颗粒或晶须增强金属基复合材料。该工艺适于制造 SiC_P/Al、SiC_W/Al、Al_2O_3/Al、TiB_2/Ti 等金属基复合材料零部件、板材或锭坯等。其工艺流程如下:

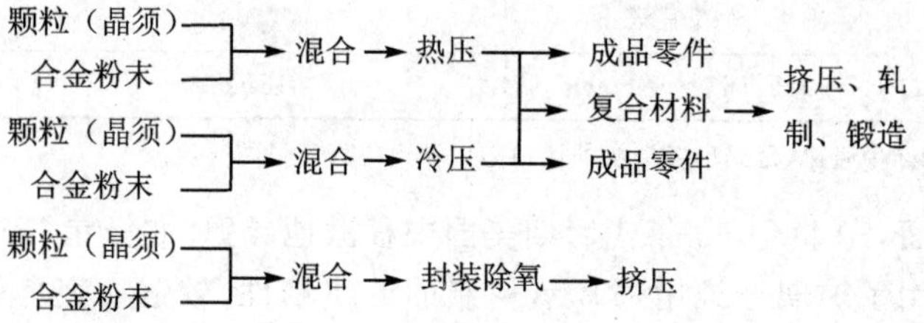

用粉末冶金法可以制造复合材料坯料,供挤压、轧制、锻压、旋压等二次加工后制成零部件,也可直接制成复合材料零件。美国的DWA公司用此法制造了不同成分的铝合金基体和不同颗粒(晶须)含量的复合材料及各种零件、管材、型材和板材,它们具有很高的比强度、比模量和耐磨性,已应用于汽车、飞机、航天器等。

(2) 热压法

热压工艺通常要求先将纤维与金属基体制成复合材料预制片,然后将预制片按设计要求裁剪成所需的形状、叠层排布(纤维方向),根据对纤维体积分数的要求,在叠层时添加基体箔,将叠层放入模具内,进行加热加压,最终制得复合材料或零件。为保证热压产品的质量,加热加压过程可在真空或惰性气氛中进行,也可在大气中进行。也有用纤维织物与基体箔直接进行热压制造复合材料及零件的。

热压法是目前制造硼纤维、碳化硅纤维增强铝、钛合金等金属基复合材料的主要方法之一。其产品已成功地用于制造航天飞机主舱框架承力柱、发动机叶片、火箭部件等。热压法也可以用于制造钨丝-超合金、钨丝-铜合金等复合材料。

(3) 热等静压法

热等静压法的工作原理及设备简图如图8.2所示,即在高压容器内设置加热器,将金属基体(粉末或箔)与增强材料(纤维、晶须、颗粒)按一定比例混合或排布后,或用预制片叠层后放入金属包套中,抽气密封后装入热等静压装置中加热、加压,复合成金属基复合材料。

热等静压适用于制造 B/Al、SiC/Al、SiC/Ti、SiC/TiC/Al、C/Mg 等多种复合材料管、桶、柱及形状复杂零件，特别适用于钛、铝和超合金基复合材料。

(4) 热轧法、热挤压法和热拉法

热轧法、热挤压法和热拉法都是金属材料中成熟的塑性成型加工工艺，在此用于制造复合材料。

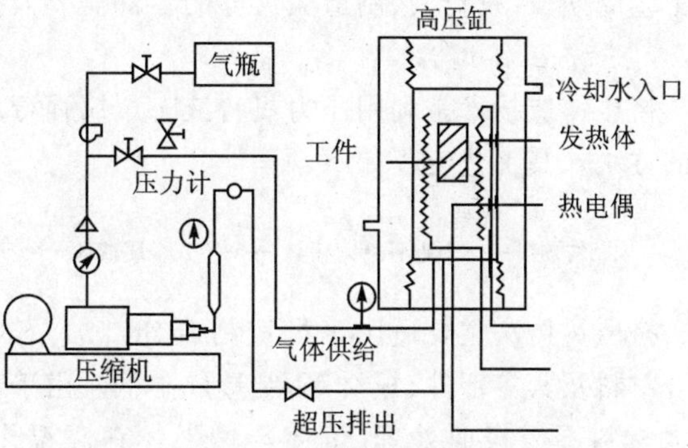

图 8.2　热等静压工作原理及设备简图

热轧法主要用于将已复合好的颗粒、晶须、短纤维增强金属基复合材料锭坯进一步加工成板材。也可将由金属箔和连续纤维组成的预制片制成板材，如铝箔与硼纤维、铝箔与钢丝。适用的复合材料有 SiC_P/Al、SiC_W/Cu、Al_2O_3/Al、Al_2O_3/Cu 、W/Cu 等。

热挤压和热拉主要用于颗粒、晶须、短纤维增强金属基复合材料坯料的进一步加工，制成各种形状的管材、型材、棒材等。经挤压、拉拔后，复合材料的组织变得均匀，减少或消除缺陷，明显提高性能，短纤维和晶须还有一定的择优取向，轴向拉伸强度提高很多。

热挤压和热拉法对制造金属丝增强金属基复合材料也是很有效的方法，具体做法是在基体金属坯料上钻长孔，将增强金属制成棒放入基体金属的孔中，密封后进行热挤压或热拉，增强金属棒变成丝。也有将颗粒或晶须与基体金属粉末混匀后装入金属管中，密封后直接热挤压或热拉成复合材料管材或棒材的。

2. 液态法

液态制造技术包括真空压力浸渍技术、挤压铸造技术、液态金属搅拌铸造技术、液态金属浸渍技术、共喷沉积技术和热喷涂技术等，液态制造技术也是金属基复合材料主要的制造技术。

(1) 真空压力浸渍法

真空压力浸渍法是在真空和惰性气体共同作用下，将液态金属压入增强体材料制成的预制件空隙中制得金属基材料的方法。其兼备真空吸铸和压力铸造的优点。其工艺流程如下：

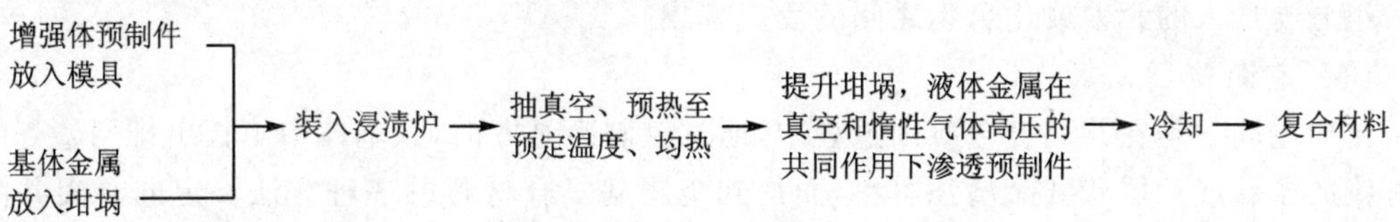

熔体进入预制件有三种方式，即底部压入式、顶部注入式和顶部压入式。浸渍炉由耐高压的壳体、熔化金属的加热炉、顶制件预热炉、坩埚升降装置、真空系统、控制系统、气体加压系统和冷却系统组成。金属熔化过程和预制件预热过程可在真空或保护气氛条件下进行，以防止金属氧化和增强材料损伤。

真空压力浸渍法在真空下进行，压力下凝固，基本上无气孔、疏松等铸造缺陷，组织致密，性能好。工艺简单，工艺参数易于控制，可直接制成金属基复合材料零件，基本无需后续加工，适用于铝、铜、锌、镍、铁基复合材料和连续纤维、短纤维、晶须、颗粒增强体的复合材料。缺点是工艺周期长、投资大、制造大尺寸的零件需要大型设备。

(2) 挤压铸造法

挤压铸造技术是利用压力机将液态金属强行压入增强材料的预制件中制得金属基复合材料的方法。其工艺流程如下:

预制件预热 → 预制件装入模具 → 注入金属液体 → 加压渗入金属 → 加压、保压凝固 → 复合材料制品或坯件

挤压铸造法主要适用于批量制造 SiC_P/A、SiC_W/Al、C/Al、C/Mg、Al_2O_3/Al、SiO_2/Al 等复合材料及其零部件、板材等,制造成本低。由于高压作用,可以促进熔体对增强材料的润湿,增强材料不需表面处理,熔体与增强体在高温作用下接触时间短,故不会产生严重的界面反应。

(3) 搅拌铸造法

将短纤维/晶须/颗粒直接加入基体金属熔体中,通过一定方式的搅拌使增强体均匀地分散在金属熔体中制得金属基复合材料的方法。搅拌铸造法是一种适合于工业规模生产颗粒增强金属基复合材料的主要方法,工艺简单,制造成本低廉。根据工艺特点及所选用的设备不同可分为涡旋法、复合铸造法、Duralcon 法。

搅拌法制造颗粒增强金属基复合材料尚存在一些困难:一是为了提高增强效果要求加入尺寸细小的颗粒,10~30μm 的颗粒与金属熔体的润湿性差,不易进入和均匀分散在金属熔体中,易产生团聚;二是强烈的搅拌容易造成金属熔体的氧化和大量吸入空气。因此,必须采取有效的措施来改善金属熔体对颗粒的润湿性,防止金属的氧化和吸气等。

(4) 无压浸渍法

金属熔体在无外界压力作用下,自发浸渗至增强体材料制成的预制件空隙中以制得金属基复合材料的方法。为了改善熔融金属对纤维的润湿性这一关键问题,纤维在复合前必须进行表面涂覆处理,涂上润湿层或采用其他方法(如在基体中加合金元素、用超声波等)以改善润湿性。有时也要考虑纤维与液态金属在高温接触时发生过度化学反应的问题。

3. 原位自生成法

原位自生成法是指增强材料在复合材料制造过程中在基体中自己生成和生长的方法,增强材料以共晶的形式从基体中凝固析出,也可与加入的相应元素发生反应或者合金熔体中的某种组分与加入的元素或化合物之间的反应生成。

(1) 定向凝固法

定向凝固法是在共晶合金凝固过程中,通过控制冷凝方向,在基体中生长出排列整齐的类似纤维的条状或片层状共晶增强材料,而得到金属基复合材料的一种方法。定向凝固共晶复合材料主要是作为高温结构材料可用于发动机叶片。常用的基体金属为镍基和钴基合金及金属间化合物。目前存在的主要问题是:为保证对微观组织的控制,需要非常低的共晶生长速率,可选择的材料体系有限,共晶增强材料的体积分数也无法控制。

(2) 反应自生成法

反应自生成法分为 Lanxide 法、XD 法和液相反应自生成法,它们的共同特点是增强材料是在基体中通过反应生成的。

1) Lanxide 法

Lanxide 法是由美国 Lanxide 公司开发的，由金属直接氧化法（$DIMOX^{TM}$）和金属无压浸渗法（$PRIMEX^{TM}$）两者组成。$DIMOX^{TM}$ 是定向氧化法，即将氧通入铝熔体中，与之反应生成 Al_2O_3，弥散分布在金属铝中，成为增强材料。$DIMOX^{TM}$ 工艺除可以直接氧化外，还可以直接氮化、碳化，通过此工艺还可以获得 AlN/Al、ZrN/Al、TiN/Ti 等金属基或陶瓷基复合材料。$PRIMEX^{TM}$ 是金属无压渗透到陶瓷预制体中，也就是将金属或合金锭置于石墨模中的陶瓷预制件上，将它们一起在真空或氮保护气氛中加热到金属或合金的熔点以上，熔融金属自发地渗透到陶瓷预制件中，得到金属基复合材料。

2) 固相反应自生成法（XD^{TM}）

XD^{TM} 是在自蔓延高温合成法（SHS）的基础改进而来的，其基本原理是将增强体组分物料与金属基粉末按一定的比例均匀混合，冷压或热压成型，制成坯块，以一定的加热速率，预热试样，在一定的温度下（通常是高于基体的熔点而低于增强体的熔点），增强体各组分之间进行放热化学反应，生成增强体，增强体尺寸细小，呈弥散分布。例如，一定粒度的铝粉、钛粉和硼粉以一定比例混合成型，加热后反应生成 TiB_2，进而形成 TiB_2 增强的铝基复合材料。

用这种方法能制造 SiC、TiC、TiB_2、TiN 等颗粒增强铝基、钛基、镍基以及 NiAl、TiAl 等金属间化合物基复合材料，如 TiC/Al、SiC/Al、TiB_2/NiAl、SiC/$MoSi_2$ 等。

3) 液固相反应自生成法（VLS）

在基体金属熔液中加入能反应生成预期增强体颗粒的元素或化合物，在熔融的基体合金中，反应生成细小、弥散、稳定的颗粒增强物，形成自生增强金属基复合材料。如在铝熔体中加入钛元素，形成 Al-Ti 合金，加入碳或通入碳氢化合物气体，与钛反应生成 TiC 颗粒，将混合熔体浇注在模具中（加压或常压），凝固后得到 TiC 增强铝基复合材料。

8.3.3　金属基复合材料的应用

金属基复合材料在航天器上首次也是最著名的成功应用是，美国 NASA 采用硼纤维增强铝基（50%B_f/6061Al）复合材料作为航天飞机轨道器中段（货舱段）机身构架的加强桁架的管形支柱，见图 8.3。另一个著名的工程应用实例是，60%石墨（Gr）纤维（P100）/6061 铝基复合材料被成功地用于哈勃太空望远镜的高增益天线悬架（也是波导），这种悬架长达 3.6 m，具有足够的轴向刚度和超低的轴向线胀系数，能在太空运行中使天线保持正确位置。由于这种复合材料的导电性好，因此具有良好的波导功能，保持飞行器和控制系统之间进行信号传输，并抗弯曲和振动。

DWA 复合材料公司、洛克希德·马丁公司与空军合作，将粉末冶金法制备的碳化硅颗粒增强铝基（6062）复合材料用于 F-16 战斗机的腹鳍，代替了原有的 2214 铝合金蒙皮，刚度提高 50%，使寿命由原来的数百小时提高到设计的全寿命 8 000 h，寿命提高幅度达 17 倍。此外，F-16 上部机身有 26 个可活动的燃油检查口盖，其寿命只有 2 000 h，并且每年都要检修 2～3 次。采用了碳化硅颗粒增强铝基复合

图 8.3　航天飞机 B/Al 复合材料构架主舱体支柱

材料后,刚度提高40%,承载能力提高28%,预计平均翻修寿命可高于8 000 h,裂纹检查期延长为2~3年。

在直升机应用方面,欧洲率先取得突破性进展,英国航天金属基复合材料公司(AMC)采用高能球磨粉末冶金法制备出了高刚度、耐疲劳的碳化硅颗粒增强铝基(2009)复合材料,用该种材料制造的直升机旋翼系统连接用模锻件(桨毂夹板及轴套),已成功地应用于Eurocopter(欧直)公司生产的N4及EC-120新型直升机。与钛合金相比,构件的刚度提高约30%,寿命提高约5%。

镁基复合材料的密度为铝或铝基复合材料的66%左右,是密度最小的金属基复合材料之一,而且具有更高的比强度和比刚度、优异的力学性能和物理性能,在高新技术领域的应用潜力比传统金属材料和铝基复合材料更大。镁基复合材料具有优良的阻尼减振、电磁屏蔽等性能,在汽车工业中用作方向盘减振器、活塞环、支架、变速箱外壳等;在通信电子工业,作为手机、便携计算机等外壳材料;SiC_w/Mg复合材料还用于制造齿轮、泵壳体、止推板、安全阀等零部件。

钛基复合材料具有比钛合金更高的比强度和比模量、极佳的耐疲劳和抗蠕变性能,以及优异的高温性能和耐蚀性能,它克服了原钛合金耐磨性和弹性模量低等缺点。可成型形状复杂的零部件,减少了废料,降低了机加工损耗。用作高温、高压、酸、碱、盐等条件下的结构材料,被认为是一种很有希望的新型复合材料。

8.4 陶瓷基复合材料

陶瓷基复合材料(CMC)是在陶瓷基体中加入另一组分使之增强、增韧的多相材料,又称多相复合陶瓷或复相陶瓷。

脆性大使得陶瓷材料的使用受到很大限制,采用添加第二组分制备复合材料是解决脆性的主要方法。通过往陶瓷中加入或生成颗粒、晶须、纤维等增强材料,使陶瓷的韧性大幅改善,而且强度与模量也有一定提高。

8.4.1 陶瓷基复合材料的基体

用作基体材料的陶瓷一般应具有优异的耐高温性能,与纤维或晶须之间有良好的界面相容性以及较好的工艺性能等。目前,人们研究最多的是碳化硅、氮化硅、氧化铝等,它们普遍具有耐高温、耐腐蚀、高强度、重量轻和价格低等优点。

8.4.2 陶瓷基复合材料的制备

陶瓷基复合材料的制造通常分为两个步骤,即:首先是将增强材料掺入未固结(或粉末状)的基体材料中,排列整齐或混合均匀;然后在尽量不破坏增强体和基体性能的前提下,使基体固结。制备陶瓷基复合材料时,应根据使用要求选择相应的增强体与基体,针对不同的增强体(纤维、晶须、颗粒)选择适当的加工技术。

1. 连续纤维增强的陶瓷基复合材料的制造

连续纤维增强CMC制备方法有料浆浸渍-热压烧结法、化学气相沉积(CVD)法、直接氧化沉积法、先驱体热解法等。

(1) 料浆浸渍-热压烧结法

料浆浸渍-热压烧结法是目前制备纤维增强陶瓷基复合材料最常用的方法，一般又把它称为料浆浸渍工艺。首先使纤维增强材料经过盛有料浆的容器，浸渍料浆，然后缠绕到卷筒上，经过烘干、切断，制成浸渍无纬布。将这种无纬布剪裁制成一定规格的带条或其他形状，放入模具中，合模加压。加热制成坯体，再经高温去胶和烧结制得复合材料。料浆浸渍工艺主要用在玻璃和陶瓷基复合材料中，如C、Al_2O_3、SiC和SiO_2等纤维增强玻璃、玻璃陶瓷和氧化物陶瓷的制造工艺。这种方法的优点是烧结时间短，成本低，纤维取向可以自由调节，如单向排布及多向排布等；缺点是复合材料的结构和形状受限，不能制造大尺寸的制品。

(2) 化学气相沉积/渗透(CVD/CVI)

化学气相渗透法(CVI)技术的研究始于20世纪60年代，是从化学气相沉积(CVD)技术延伸发展而成的。CVI与CVD的区别仅在于CVD主要从外表面开始沉积，而CVI则是通过孔隙渗入内部沉积，因此有人也将CVI称为CVD，或CVI/CVD。

CVI是制备陶瓷基复合材料CMC的一种重要工艺方法。它是将气态先驱体送达多孔隙的增强体坯件或纤维编织骨架预成型体中，在其上发生化学反应，生成不挥发的产物并沉积，形成陶瓷基体，与预成型体共同构成复合材料。主要步骤如下：①反应气体在压力作用下进入沉积炉内；②反应气体以层流形式在预成型体内沿增强材料的边界进行扩散；③反应气体在增强体表面被吸附；④被增强体表面吸附的反应气体发生裂解反应，产生固态的碳和分解气体；⑤被增强体吸附的分解气体分解吸附；⑥分解气体产生的气体沿边界层扩散；⑦产生分解气体并排出反应器。

CVI法可用于制备C/C、C_f/BN、SiC_f/C、Si_3N_4/B_4C等体系的复合材料。该法在制备过程中纤维受到的机械和化学损伤小，可以制备组成可调的梯度功能复合材料。缺点是效率低、成本高，坯件的间隙在化学气相沉积过程中易堵塞或形成闭孔，难以制备高致密度的复合材料。

(3) 直接氧化沉积法

利用熔融金属氧化来制备陶瓷基复合材料的一种方法，这种工艺最早是由美国Lanxide公司发明的，故又称Lanxide法。它是将纤维增强材料预制体置于熔融金属上方，通过调整金属成分、炉温和气氛，使浸渍到纤维织物中的熔融金属或其蒸气与气相中的氧化剂发生反应生成陶瓷，沉积和包裹在纤维周围，最后制得纤维增强陶瓷基复合材料。此工艺常以铝为母体金属，以镁和硅为添加剂，氧化气氛为空气，反应温度为1 200～1 400 ℃。也可选用其他金属为母体，通过调节反应温度和添加剂，制备其他陶瓷基复合材料或调节复合材料的性能。此法工艺简单，生成效率高，成本低，且纤维几乎无损伤，可以制备复杂形状的零部件。但是所制得的复合材料有金属残存，影响材料的高温性能。

2. 晶须(短切纤维)增强陶瓷基复合材料的制造

晶须(短切纤维)增强陶瓷基复合材料的制备分两种情况。一种是外加晶须(短切纤维)补强CMC，其制备过程是先将晶须或短纤维在液体介质中经机械或超声波分散，再与陶瓷基体粉末均匀混合制成一定形状的坯件，烘干后烧结。成型方法常采用加压渗滤法、高温致密化法、先驱体热解法等，烧结方法则采用热压烧结、反应烧结、热等静压烧结、微波烧结。另一种是原位生长晶须补强CMC，其原理是通过化学反应在陶瓷基体中原位生成补强组元(晶须)。可采用CVD/CVI、固相反应烧结、直接氧化等工艺。

3. 颗粒增强陶瓷基复合材料的制造

将不同陶瓷粉体经机械混合或化学混合得到均匀混合料,压制或注射成型后进行常压烧结、热压烧结或热等静压烧结,得到致密的陶瓷基复合材料。

8.4.3 陶瓷基复合材料的应用

1. 在航空航天方面的应用

陶瓷基复合材料具有良好的耐热性和在高温下比强度高的特性,可用来制造飞机发动机零部件,提高发动机性能。它可用于涡轮机燃烧室覆壁、涡轮盘、导向叶片和螺栓等,可以减轻质量,提高燃烧效率,减少有害气体排放,节省冷却系统。除此之外,它还具有比模量高、热稳定性好的特点,而且克服了其脆性弱点,抗热震冲击能力显著增强。用陶瓷基复合材料制作的导弹的头锥、火箭的喷管、航天飞机的结构件、绝热瓦、外部燃料箱等也具有良好的效果。可实现耐烧蚀、隔热和结构支撑等多功能的材料一体化设计,大幅减轻系统重量,增加运载效率和使用寿命,或者提高导弹武器的射程和作战效能。

GE公司将陶瓷基复合材料应用于飞机涡轮转子叶片,使总重降低了约455 kg,相当于发动机质量的6%。不但材料本身比金属合金材料轻,而且还能减少冷却系统的重量,大大节约了成本。C/SiC复合材料是随航空航天技术的发展而崛起的一种新型超高温结构材料。在高推重比航空发动机内主要用于喷管和燃烧室,可将工作温度提高300~500 ℃,推力提高30%~100%,结构减重50%~70%,是发展高推重比航空发动机的关键热结构材料之一 。法国将C/SiC复合材料制成喷嘴和尾气调节片用在幻影-2000战斗机的M53发动机和狂风战斗机的M88发动机上。用C/SiC复合材料可制作重复使用的热结构部件,图8.4所示为用C/SiC复合材料制作的飞机整流罩。用C/SiC复合材料制造的涡轮发动机部件(如喷管),可以提高发动机燃烧室的温度和涡轮发动机的效率,同时由于C/SiC复合材料的密度比高温合金低,故可以减轻发动机的重量,图8.5所示为C/SiC复合材料制作的涡轮发动机喷管。

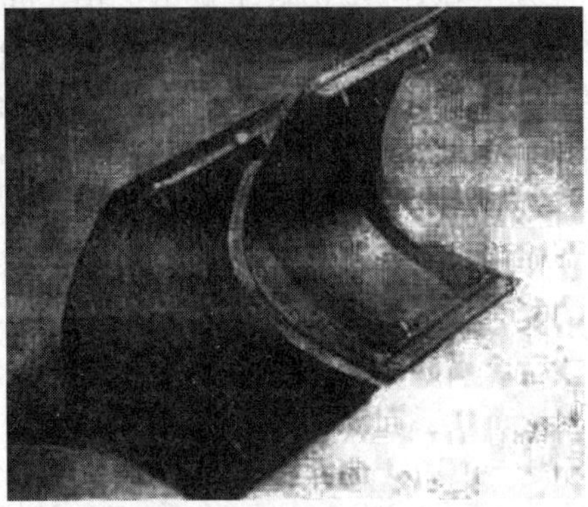

图8.4 C/SiC复合材料制作的飞机整流罩

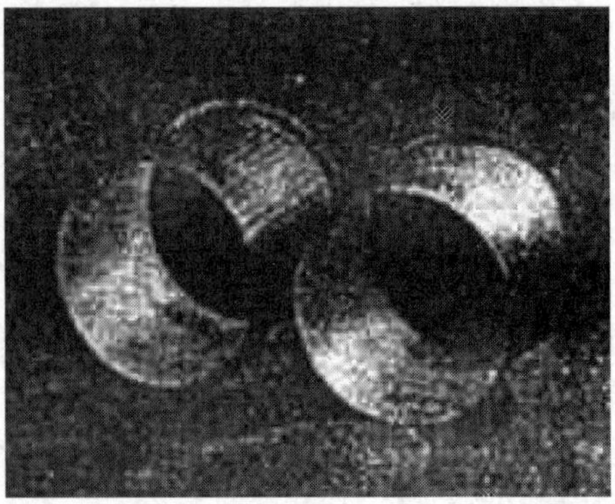

图8.5 C/SiC复合材料制作的涡轮发动机喷管

2. 在其他方面的应用

陶瓷基复合材料应用于切削刀具、阀及阀座、泵衬及挤压模具等,其性能远优于硬质合金和普通陶瓷材料。其中应用最普遍的要算切削刀具类,它几乎占工程陶瓷产量的2/3。SiC_w

增韧的细颗粒 Al_2O_3 陶瓷复合材料已成功用于工业生产制造切削刀具。法国已将长纤维增强碳化硅复合材料用于制作超高速列车的制动器件，而且取得了传统制动器件所无法比拟的摩擦、磨损特性，实现了较好的应用效果。步兵战车采用效率高、热损耗较小的绝热陶瓷发动机可降低坦克的红外辐射，使其不易被红外探测器发现并被红外制导武器摧毁，起到良好的隐身效果，提高了人员生存率。

陶瓷材料与生物体组织之间具有较好的相容性，而且强度高、耐磨损，可以用作人类骨关节和牙齿的重要替代材料。陶瓷的抗高温、抗热冲击、抗腐蚀、耐磨损等性能使其成为石油化工领域的重要材料，如催化剂载体、质量轻的热交换器等。

陶瓷基复合材料在冶金领域可用作熔炼炉的耐火材料、钢液过滤材料等。

8.5　碳/碳复合材料

碳/碳(C/C)复合材料是以碳(或石墨)纤维及其织物为增强材料，以碳(或石墨)为基体，通过加工处理和碳化处理制成的全碳质复合材料。石墨具有耐高温、抗热震、导热好、弹性模量高、耐磨、化学惰性以及强度随温度升高而增加等性能，是优异的适用于惰性气体环境和烧蚀环境的高温材料。但其韧性差，对裂纹敏感。以碳纤维增强碳基体的 C/C 复合材料除能保持碳(石墨)原来的优良性能外，还能克服它的缺点，大大提高了韧性和强度，降低了热膨胀系数，尤其是相对密度小，具有很高的比强度和比模量。

8.5.1　碳/碳复合材料概述

1. 碳/碳复合材料的性能

(1) 力学性能

碳/碳复合材料不仅密度小，而且抗拉强度和弹性模量高于一般碳素材料，因此碳纤维的增强效果十分显著，如图 8.6 所示。在各类坯体形成的复合材料中长丝缠绕和三向织物制品的强度高，其次是碳毡-化学气相沉积碳制品。碳/碳复合材料属于脆性材料，其断裂应变较小，仅为 0.12%～2.4%，但是，其应力-应变曲线呈现出“假塑性效应”。图 8.7 所示为碳/碳复合材料应力-应变曲线。加载初期，曲线呈线性关系，后来变为锯齿状，卸载后可再加载至原来水平。这种假塑性效应使碳/碳复合材料在使用过程中有更高的可靠性，避免了 ATJ－S 石墨的脆性断裂。

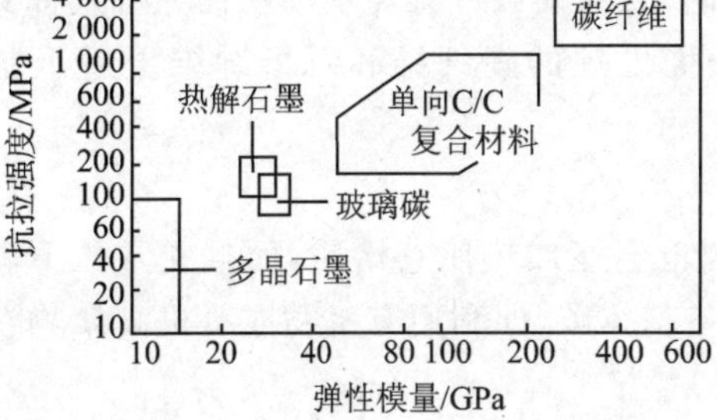

图 8.6　各种碳素材料力学性能的比较(室温)

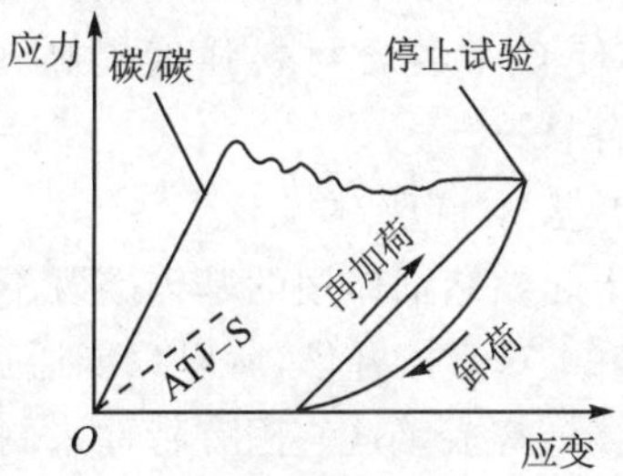

图 8.7　碳/碳复合材料应力-应变曲线

(2) 热物理性能

碳/碳复合材料具有良好的尺寸稳定性,热膨胀系数小,仅为金属材料的1/5～1/10;高温热应力小,热导率高,在碳/碳复合材料的加工过程中,这一性能可以进行调节。比热高,其值随温度上升而增大,因而可储存大量的热能。抗热震性好,为各类石墨制品的1～40倍。

(3) 烧蚀性能

碳/碳复合材料暴露于高温和快速加热的环境中,由于蒸发升华和可能的热化学氧化,使其部分表面可被烧蚀,但烧蚀表面凹痕浅,且均匀而对称,因此广泛用作烧蚀材料。碳/碳复合材料的有效烧蚀热高,材料烧蚀时能带走大量热,经高温石墨化后,碳/碳复合材料的烧蚀性能更优异。

(4) 化学稳定性

碳/碳复合材料除含有少量的氢、氮和微量金属元素外,几乎99%以上都是元素C,因此它具有和碳一样的化学稳定性。碳/碳复合材料的最大缺点是耐氧化性能差。为了提高其抗氧化性,可在浸渍树脂时加入抗氧化物质或在气相沉碳时加入其他抗氧化元素,或者用碳化硅涂层来提高其抗氧化能力,即将碳/碳复合材料制品埋在混合好的硅、碳化硅和氧化铝的粉末中,在氩气保护下加热到1 710 ℃并保持2小时,可得到完整的碳化硅涂层。

(5) 其他性能

碳/碳复合材料摩擦系数小,具有优异的耐摩擦、磨损性能,是各种耐磨和摩擦部件的最佳候选材料。生物相容性好,是人体骨骼、关节、颅盖骨补块和牙床的优良替代材料;安全性和可靠性高,若用于飞机,其可靠性为传统材料的数十倍。

2. 碳/碳复合材料组分选择

(1) 碳纤维选择

① 对杂质含量要求　碳/碳复合材料的一个重要用途是耐烧蚀材料,钠等碱金属是碳的氧化催化剂,其含量越低越好。目前PAN基碳纤维被广泛用来制造碳/碳复合材料,碱金属含量最好控制在<50 mg/kg以下,以提高自身的抗氧化性。

② 对性能要求　如果用于制造导弹弹头等再入飞行器鼻锥和固体火箭发动机喷管,由于工作环境恶劣,要求碳/碳复合材料不仅仅是耐高温耐烧蚀,耐热冲击,还要能经受机械冲刷和剥蚀,因此应选择强度和模量适中的碳纤维。若用作一般的防热或隔热材料,则不必选用价格高昂的高强度、高模量的碳纤维。

③ 对表面处理及界面特性的要求　碳纤维表面处理对碳/碳复合材有显著的影响,未经表面处理的碳纤维,两相界面黏接薄弱,当基体的裂纹传播到两相界面时,两相界面剥离吸收掉集中的应力,可缓冲裂纹传播速度或改变传播方向,从而使碳纤维免受损伤而充分发挥其增强作用,使C/C复合材料强度提高。因此,未经表面处理的碳纤维和石墨纤维更适于制造C/C复合材料。

(2) 基体前驱体

由于起黏结剂作用的基体碳既不溶于任何溶剂也不能加热使它熔融,而且在常压下碳只是在3 500 ℃直接升华,所以只能通过间接方法制备基体碳,即利用有机物或有机高聚物在高温下能够热解成碳这一固有特性来制出基体碳。

碳/碳复合材料基体材料有热解碳和浸渍碳两种。热解碳的前驱体主要有甲烷、乙烷、丙烷、丙烯和乙烯以及低分子芳烃等;浸渍碳的前驱体主要有沥青和树脂。其中,沥青可以是煤沥青或石油沥青，而树脂既可以采用热固性树脂，也可采用热塑性树脂。沥青浸渍碳的产碳率较低，但易于石墨化，最终生成各向同性的石墨，其电阻率低、热导率高、模量高；树脂浸渍碳的产碳率高，但难以石墨化，最终生成各向异性的石墨，其电阻率高、热导率低。

8.5.2　碳/碳复合材料的制备

碳/碳复合材料首先是由碳纤维制成多孔隙的预制体，然后采用浸渍树脂（或沥青）碳化或者采用化学气相沉积/渗透（CVD/CVI）的方式将多孔预制体中孔隙填充而获得的。碳/碳复合材料的制备主要包括预制体制备、致密化处理、石墨化处理、抗氧化处理等。

1. 预制体成型

在制备碳/碳复合材料前，应根据构件的形状和使用要求来选择纤维种类和编织方式，制成预制坯体。坯体可通过长纤维（或带）缠绕，短纤维模压或喷射成型，碳毡、石墨布叠层 Z 向针刺增强以及多向织物、多维编织等方法制得。在缠绕、模压或喷射成型过程中，通常用树脂或沥青作胶粘剂将纤维黏结在一起，在碳化或热解过程中，树脂被碳化，成为复合材料基体的组成部分，而低分子物质变成气体逸出。

2. 致密化处理

成型后的预制体含有许多孔隙，密度也低，不能直接应用，须将碳沉积于预制体，填满其孔隙，才能成为真正的结构致密、性能优良的碳/碳复合材料，此即致密化过程。致密化是制备碳/碳复合材料的关键。碳/碳复合材料的致密化方法主要分为两大类，即树脂、沥青的液相浸渍工艺及碳氢化合物气体的化学气相沉积/渗透（CVD/CVI）。

（1）液相浸渍工艺

液相浸渍工艺通常在常压或加压条件下用热压罐进行。首先，在压力作用下，树脂或沥青基体前驱体浸渍到预制体中，然后将浸渍有树脂或沥青的预制体在惰性气氛下热处理，使树脂或沥青转化为基体碳。为了达到碳/碳复合材料的要求，一般需要经过多次浸渍-碳化过程。

采用树脂进行浸渍时，通常采用产碳率高的酚醛树脂，其工艺为将预制增强体置于浸渍罐中，在真空状态下用树脂浸没预制体，再充气加压使树脂浸透预制全体，然后将浸透树脂的预制体放入固化罐内进行加压固化，随后在碳化炉中保护气氛下进行碳化。为降低孔隙率，提高材料的机械性能，需反复进行浸渍、碳化处理。沥青浸渍工艺与树脂浸渍工艺类似，不同之处是沥青需要在熔化罐中熔化，随后将沥青从熔化罐注入浸渍罐进行浸渍。该工艺在高温（约 250 ℃）下进行，其目的是充分降低黏度，使沥青流动渗入预制件内。为了允许沥青流动并保护预成体，常采用多孔石墨工装来保护维持预制体形状。对炉腔抽真空并加热，以促使沥青进入腔内且渗透到预制件的孔隙内。在加压条件下对沥青进行热解和碳化，为达到预期密度，需将浸渍工艺重复多次。将浸渍后的带有石墨工装的预制件置入钢罐、抽真空并密封，再置入热等静压机，在约 100 MPa、650 ℃条件下，加压进行辅助裂解。

浸渍树脂法有很多优点，如在低温度和低压力下，合成树脂具有低黏度，这一点比沥青强；合成树脂的纯度高，化学结构更容易鉴定，而沥青的成分常随产地和提炼方法而异；比较容易得到含碳量高的树脂体系，并可能转化为耐高温的碳素产物。

（2）化学气相沉积/渗透

化学气相沉积/渗透（CVD/CVI）是最早采用的一种碳/碳复合材料致密化工艺。它是以碳氢气体(CH_4、C_2H_6、C_3H_8、C_2H_4)为碳源,在高温下热解产生碳,沉积在预成型体孔内,从而达到致密化效果。与液相浸渍工艺相比,化学气相沉积法工艺简单,沉积过程中纤维不受损伤,不仅过程便于精确控制,而且所制备的材料还具有结构均匀、完整、致密性好、石墨化程度高等优点。为了满足各种使用的需要,制品的密度和密度梯度也能够加以控制,故此法近年来发展较快。

根据实际操作情况,目前化学气相沉积基体碳主要采用四种方法,即等温法、温度梯度法、压梯度法和化学液气相沉积法。

3. 石墨化处理

预制体经致密化处理后得到全碳质材料,但这种材料还不是真正的碳/碳复合材料,还需经过高于最高使用温度的热处理,使热力学不稳定的非石墨质碳转变为石墨质碳。通过石墨化处理,可以提高材料的稳定性、热震性和烧结性能。

4. 抗氧化处理

碳/碳复合材料在氧化气氛下工作,当温度高于400 ℃时开始发生氧化,因此碳/碳复合材料必须进行抗氧化处理。提高抗氧化性的措施主要有两种:一是在制备C/C复合材料过程中,在基体中预先包含有氧化抑制剂;另一种是在C/C复合材料表面进行耐高温材料的涂层,起到阻隔氧侵入的作用。

8.5.3 碳/碳复合材料的应用

碳/碳复合材料具有重量轻、模量高、比强度大、热膨胀系数低、耐高温、耐热冲击、耐腐蚀、吸振性好等一系列优异性能。该材料的密度不到2.0 g/cm^3,仅为镍基高温合金的1/4,陶瓷材料的1/2,尤其是这种材料随着温度升高(可达2 200 ℃)其强度不仅不降低,甚至比室温时还高,这是其他材料所无法比拟的独特的性能。C/C复合材料用作先进飞行器高温区的主要热结构材料及作为飞机和汽车等的刹车材料。

1. 在先进飞行器上的应用

由于C/C复合材料优异的高温力学性能而成为航空发动机的理想材料,用于叶片和活塞,可明显减轻重量,提高燃烧室的温度,大幅提高热效率。世界各发达国家正在把碳/碳复合材料逐步应用在发动机构件上,美国已把这种材料用在F-100飞机发动机喷嘴和加力燃烧室喷管上;LTV公司制造出了涡轮叶片和盘整体部件,并在1 760 ℃温度下进行了地面超转试验;通用电气公司JID验证机低压涡轮部分用碳/碳材料制造出涡轮叶片和盘整体部件,运转温度1 649 ℃,比一般涡轮高出555 ℃;法国、德国、俄罗斯也已分别制造出燃烧室喷油杆、涡轮转子外环等零件。

导弹、载人飞船、航天飞机等再入大气环境时,飞行器头部受压缩空气的阻力产生冲击波,使飞行器表面温度急剧升高,最苛刻部位温度可达2 760 ℃。碳/碳复合材料具有良好的高烧蚀热、低烧蚀率,可作为高性能的重返大气层飞行器的鼻嘴和热屏蔽材料,先进的推进装置的耐冲蚀、尺寸稳定和热稳定材料。

先进战略导弹用材料除要求高温稳定外,对弹头还要求具有隐身、抗核、抗激光和抗离子云等功能,采用C/C复合材料能够实现这些功能。美国战略导弹的固体火箭发动机喷管喉衬采用多向编织的C/C复合材料,实现放热和结构一体化功能,使喷管质量减少30%以上。

表 8.3 所列为美国 C/C 复合材料在战略导弹上的应用。

表 8.3　C/C 复合材料在战略导弹上的应用

导弹型号	使用部位	材料结构	使用军种
民兵Ⅲ号	鼻嘴	细编穿刺 C/C	空军
MX	鼻嘴	3D 或细编穿刺 C/C	空军
	发动机喷管喉衬	3D C/C	
SICBM	鼻嘴	3D 或细编穿刺 C/C	空军
	发动机喷管喉衬	3D C/C	
三叉戟Ⅰ号	鼻嘴	3D C/C	海军
	发动机喷管喉衬	3D 或 4D C/C	
SPI	反弹道导弹鼻嘴	3D C/C	陆军
卫兵	反弹道导弹鼻嘴	3D C/C	陆军

2. 刹车领域的应用

高性能刹车材料要求高比热容、高熔点以及高温强度，C/C 复合材料正好满足这一要求，制作的飞机刹车盘重量轻、耐高温、比热容比钢高 2.5 倍，与金属刹车盘相比，可减轻 40%的结构重量。碳刹车盘的使用寿命是金属的 5～7 倍，刹车力矩平稳，刹车噪声小，因此碳刹车盘的问世被认为是刹车材料发展史上的重大技术进步。碳/碳复合材料在 1973 年第一次用于飞机刹车片，目前有一半以上的 C/C 复合材料用作飞机刹车装置。欧美公司生产的民航飞机的刹车系统已逐渐用碳/碳盘取代钢盘，如空中客车公司的所有飞机都采用了碳/碳刹车装置，波音公司卖给用户的 757 和 767 可在两种刹车盘之间任选一种，而 747 - 400 以及 777 则只提供碳/碳盘，军用飞机则基本上都采用了碳/碳刹车装置。图 8.8 为碳/碳复合材料制作的飞机用刹车片。

图 8.8　碳/碳复合材料制作的刹车片

除此之外，C/C 复合材料还可用在医疗等其他方面，如利用 C/C 与人体组织生理上相容，弹性模量和密度可以设计的特点，做人工骨；在美国，已用作玻璃工业中的热端、高温模具、高温真空炉内衬材料；核反应堆零件、电触头、热密封垫和轴承。

8.6　复合材料的损伤与修复

复合材料飞机结构在使用中经常出现损伤，其原因很多，而且很难避免，这就要求飞机复合材料结构设计人员在设计中要充分考虑复合材料结构的可修复性，并提供优质、高效、低成本的修理技术。大多数修理都是在飞机定期检查（定检）时进行的，但也有特殊紧急情况。为此，可将修理分为临时性修理和永久性修理两种类型。临时性修理也称外厂紧急修理，这种情况切实可行的办法是采用金属补片机械连接。永久性修理也称返厂修理（或内厂修理），一般在飞机定检时进行,当损伤比较严重时,应将可拆卸的部件送到复合材料维修中心进行修理。

8.6.1 复合材料的损伤

复合材料在使用过程中始终保持完好无损、性能不变是不可能的,很多人为因素和自然因素都会造成复合材料的各种损伤。常见的损伤形式如下:

① 表面损伤 这种损伤主要伤及材料的表面或近表面,如擦伤、划伤、凹陷、气泡和分层等。

② 冲击损伤 大到与跑道上的车辆、设施相撞,小到与跑道上飞起的石子与砂砾、空中飞来的冰雹与小鸟及工作人员失落的工具等相撞所造成的损伤。

③ 分层 如层压板分层,面板与蜂窝芯分层等。

④ 脱胶 如胶接面脱胶,层压板脱胶及面板与蜂窝芯之间脱胶等。

⑤ 慢性长期损伤 如疲劳裂纹等。

⑥ 渗水、吸潮损伤。

⑦ 制造过程产生的损伤,如气孔等。

根据损伤的程度和损伤的部位的重要性,可将复合材料飞机结构的损伤分为许可(允许)的损伤、可修理的损伤、不可修理的损伤三大类。

8.6.2 复合材料修复

1. 修理区域的划分和修理容限的规定

(1) 修理区域的划分

飞机结构各部分对强度和刚度要求的重要程度是不同的,对可修理性及修理方法的要求自然也不相同。设计人员应在设计阶段根据结构的特点、强度和刚度的要求,对结构部件进行分区,各分区应具有不同的可以接受的损伤程度及相应的修理技术。目前国内设计人员还缺乏这方面的知识,可参考国外的经验。

(2) 修理容限的规定

修理容限是指修与不修、能修与不能修的界限。影响其修理容限的因素很多,如不同的结构形式、不同的材料体系、不同类型的飞机都有不同的规定。首先要根据缺陷和损伤的类型检测出其大小和范围,根据指定的生产和使用中允许的缺陷和损伤标准来确定修与不修的界限。这里的关键是缺陷和损伤许用标准的确定。

通常,每种结构都有其自身特有的损伤包容能力。如F-18的修理指南规定,压痕深度小于0.4 mm、分层直径小于13.0 mm和开胶直径小于19.0 mm的情况可不修理,照常使用。经验表明,大多数复合材料结构都能包容损伤当量直径小于20 mm的各类损伤。

当缺陷和损伤大大超过了一定的量值时,结构修理难于达到标准要求或在经济上已不合算,只好更换构件。如波音公司规定,缺陷和损伤的范围大于构件面积的15%时报废不再修理。F-18规定蜂窝结构分层直径大于50 mm,开胶直径75 mm,层压板分层直径大于75 mm时,报废不再修理。

对于重要的复合材料构件,有专门的技术文件控制损伤的大小,该文件与设计图纸配套使用,以保证产品的质量。但一般还是由《结构修理手册》提供。

2. 复合材料修理的分类

(1) 根据修理区域加不加补片分为两类

1) 非补片式修理

在修理区域不加任何补片材料，主要用于修理小的损伤和缺陷，修理工艺简单，一般都能在外场条件下短时间内完成修理工作。该修理方法主要有下列几种情况：

① 树脂注射法　该方法主要用于修理层压板中小的分层、脱胶及结构连接处的空隙等。将配置好的树脂在一定压力下注入损伤部位，并给损伤部位加热固化。如果损伤部位不在结构的边缘，还需开注射孔。

② 混合物填充法　该方法与树脂注射法类似，用树脂与短切纤维的混合物取代树脂。这种方法可修理蜂窝蒙皮和芯子的损伤，还可修理连接孔的磨损及扩张。

③ 热处理法　该方法主要用于除湿、干燥剂及去除蜂窝结构中的潮气。

④ 表面涂层法　该方法是密封、恢复表面保护层，起装饰、防雷击、防静电等作用，主要用于表面损伤的修理。

⑤ 抽钉法　采用抽钉铆接并加密封剂密封的方法，主要用于修理层压板内部的分层、脱胶。

2) 补片式修理方法

该方法适用于修理较大的损伤和缺陷，修理工艺比较复杂。接头形式有斜削式和阶梯式两种。补片材料一般为复合材料单向带，铺层结构与母体相同，固化形式也有预固化和共固化两种。根据补片材料、补片的结构形式及修理工艺，又可将补片式修理分为以下几类：

① 外搭接补片胶接法　该方法可以修理2 mm厚的较薄层压板或蒙皮，在外场条件下这种方法较容易实现，且强度可恢复到70%～100%，故该方法应用比较广泛。

② 外搭接补片螺接法　该方法适用于厚层压板(8～25 mm)的修理，补片材料一般为金属材料，如钛、铝等，修理工艺简单，不需要特别的专业人员和太多的修理设备，故非常适用于外场紧急修理。

③ 嵌入式补片修理(不含蜂窝芯修补)　该方法适用于修理含穿透性或半穿透性损伤较厚的零部件。修理时需要去掉一部分母体材料，以便制成斜面或台阶面，工艺较复杂，耗时较多，一般在永久性修理时采用，效果较好。

(2) 根据损伤程度和性能要求分为四种类型

1) 临时性修理(暂时性修理)

临时性修理(暂时性修理)主要针对许可损伤或有时间限制的许可损伤进行修理或实施保护性措施。可用结构性材料或非结构性材料，能满足强度要求，并含有装饰性的目的，但受时间和飞行起落次数的限制，在修理时限结束时，这种修理必须被去除和代替。这种修理也叫“C级临时性修理”。

2) 过渡性修理

过渡性修理主要针对有时间限制的许可损伤和可修理的损伤，因不具备永久性修理的条件而进行的过渡性修理。该修理要求恢复部件的强度，但不能恢复部件的耐久性，它有不同于原始部件的检查间隔和检查方法，最终也要被永久性修理所取代。这种修理也叫“B级过渡性修理”。

3) 永久性修理

永久性修理能在飞机寿命期限内,恢复并保持飞机结构完整性(既要求强度又要求耐久性)的修理方法。一般可在飞机"C"检完成,其检查时间和检查间隔与原始部件相同,这种修理也叫"A级损伤允限修理"。

4) 更换部件

损伤严重、无法用修理来恢复其结构的完整性,即使能修理,但经济不合算,故更换零部件是唯一的办法。

3. 修理程序

虽说复合材料的修理分类很多,但其具体修理方法主要就是湿铺贴法和预浸料法(其中有少量的机械法,如铆接、螺接等)其修理的大体程序基本相似。具有代表性的较全面的修理程序如下:①材料识别;②标明损伤区域;③切除损伤材料(如蒙皮、蜂窝芯等);④切口(坡形或台阶形)打磨或去除表面层;⑤干燥修理区域;⑥清洁修理区域;⑦安装新蜂窝芯(如果损坏了);⑨固化蜂窝芯(如果损坏了);⑩铺贴修理层;⑪检查修理结果;⑫封严修理区域;⑬重新喷涂面漆。

此外,除去上述主要程序外还有一些附加作业,如:对于湿铺层修理,调配树脂胶、发泡胶带黏接蜂窝芯、浸布;对于预浸料修理,如使用发泡胶胶条,用胶膜黏接铺层。

4. 各种损伤的修理

(1) 表面损伤的修理

常见的表面损伤包括表面1.5 mm左右深的凹陷、起皱、划伤、气泡或分层,其中以表面划伤最为常见。表面损伤的修理方法有以下几种:

① 用树脂填充划伤、刻痕,固化后磨平、涂漆;

② 用混合物(相当于腻子)填充吹砂后的损伤区;

③ 用清洁剂清洗凹陷区,后用胶粘剂填充,固化后去除多余物,如需补漆再涂刷底漆面漆;

④ 将冷树脂注射到气泡或分层区,室温固化。该法只适用于小于25 mm的损伤区。固化时可用重物或夹紧法对构件施加压力。

(2) 分层的修理

构件边缘是最易出现损伤的区域。边缘开胶和分层可采用树脂注射法或混合物填充法进行修理,固化时要施加压力。该法已广泛用于碳纤维复合材料的边缘分层修理。

(3) 冲击损伤的临时性修理

临时性修理大多在外场进行,需要的设备、条件简单,并可在短时间内完成。这种修理一般寿命较短,应在其限定寿命内由永久性修理取代。

(4) 冲击损伤的永久性修理

永久性修理的目标是恢复复合材料构件的结构完整性。可采用外搭接补片胶接或螺接法,也可采用嵌入式修理方法。具体要根据损伤的部位、程度及构件的类型来决定。

1) 蒙皮/肋结构的修理

一般采用外搭接复合材料补片胶接或螺接方法。若在两肋之间出现较大面积损伤,则除采用补片除胶接外还应使用埋头抽钉铆接,进一步强化修理强度。

蒙皮损伤不超过一个铺层的厚度采用胶粘剂填充固化，打磨平整，再涂漆的方法。蒙皮损伤不超过三个铺层的厚度，这种情况除用胶粘剂填充固化外，还需在表面覆盖一外铺层，再恢复表面涂层。蒙皮损伤超过三个铺层厚度的埋头修理，这种情况可用室温固化湿铺层或预浸料热补的方法。

2）蜂窝夹层结构的修理

蜂窝夹层结构是容易出现损伤的构件。由于该结构的面板较薄与蜂窝夹层有明显的胶接界面，故常易发生面板分层、板芯脱胶及面板损伤和蜂窝塌陷等毛病。

面板中发生分层时，可采用抽钉铆接修理；面板和芯子出现脱胶时，可用注入胶粘剂固化的方法修理。蒙皮及蜂窝芯体有损伤的平直表面或蒙皮与芯体开胶大于 30 mm，可用预固化的复合材料内、外加强件和胶粘剂，空隙填充胶粘剂进行修补，但要去掉少许芯体。带有上蒙皮及蜂窝芯体损伤的平面或曲面可采用湿铺层或预浸料热补法，修补前要切除损坏的芯体。该法适用于一般芯体损伤大于 25 mm 的零部件。损坏蒙皮可湿铺法，也可预浸料热补法（热补法芯体厚度不能超过 10 mm）。芯体损伤小于 25 mm，首先将损伤的部分芯体去掉，蒙皮打磨成斜坡，用填充胶粘剂填补损伤蜂窝的空隙，外用复合材料加强补片胶接。带有一侧蒙皮及蜂窝芯体损伤的夹芯结构，若除去的芯体大于等于 25 mm，可用热补法。如果只在表面加热，替换的芯体厚度不能超过 10 mm，否则热量传递不到，固化不良。

本章小结

复合材料是由两种或两种以上物理和化学性质不同的物质组合而成的一种多相固体材料。复合材料由两种以上组分以及它们之间的界面构成。组分材料主要指增强体和基体，它们也被称为复合材料的增强相和基体相。复合材料的增强体按几何形状划分有纤维（连续纤维、非连续纤维、编织纤维）、晶须、颗粒、片状等。常用增强体有玻璃纤维、碳纤维、硼纤维、碳化硅纤维、氧化铝纤维、芳纶、玄武岩纤维。复合材料具有比强度和比模量高、疲劳强度高、阻尼减振性好、高温性能好、断裂安全性较好、成型工艺性好等性能特点。复合材料按基体材料类型可以分为聚合物基复合材料、金属基复合材料、无机非金属基复合材料三大类。

聚合物基复合材料（PMC）是指以聚合物为基体材料制作的复合材料。聚合物基体材料虽然强度低，但由于其黏结性能好，能把纤维等增强体牢固地黏结起来，同时还能使载荷均匀分布，并传递到增强体上。聚合物基复合材料常用的制造方法有手糊成型法、喷射成型法、模压成型法、注射成型法、纤维缠绕成型法、RTM 成型法等。

金属基复合材料（MMC）是以金属或合金为基体，以金属或非金属线、丝、纤维、晶须或颗粒为增强体的非均质混合物。金属基复合材料的成型工艺有固态法、液态法、原位自生成法等。

陶瓷基复合材料（CMC）是在陶瓷基体中加入另一组分，使之增强、增韧的多相材料，又称多相复合陶瓷或复相陶瓷。先进陶瓷材料具有高硬度、高耐热性、高化学稳定性、较高的抗压强度以及其他优良的物理性能、化学性能，如光学性能、磁学性能和电学性能等，但其脆性大，耐热震性能差，而且对裂纹、气孔和夹杂等细微的缺陷很敏感。通过往陶瓷中加入或生成颗粒、晶须、纤维等增强材料，使陶瓷的韧性大大地改善，而且强度及模量也有一定提高。陶瓷基复合材料的制造通常分为两个步骤：首先是将增强材料掺入未固结（或粉末状）的基体材料中，排列整齐或混合均匀;然后在尽量不破坏增强体和基体性能的前提下,使基体固结。制备陶瓷基复合材料时,应根据使用要求选择相应的增强体与基体,针对不同的增强体(纤维、晶须、颗粒)选择适当的加工技术。

碳/碳(C/C)复合材料是以碳(或石墨)纤维及其织物为增强材料,以碳(或石墨)为基体,通过加工处理和碳化处理制成的全碳质复合材料。石墨具有耐高温、抗热震、导热好、弹性模量高、耐磨、化学惰性以及强度随温度升高而增加等性能,是优异的适合于惰性气体环境和烧蚀环境的高温材料。但韧性差,对裂纹敏感。碳/碳复合材料首先是由碳纤维制成多孔隙的预制体,然后采用浸渍树脂(或沥青)碳化或者采用化学气相沉积/渗透(CVD/CVI)的方式将多孔预制体中孔隙填充而获得的。碳/碳复合材料的制备主要包括预制体制备、致密化处理、石墨化处理和抗氧化处理等。

复合材料的损伤形式有表面损伤、冲击损伤、分层、脱胶、慢性长期损伤、渗水损伤、吸潮损伤、制造过程产生的损伤等。具体修理方法主要就是湿铺贴法和预浸料法(其中有少量的机械法,如铆接、螺接等)其修理的大体程序基本相似。代表性的较全面的修理程序如下:①材料识别;②标明损伤区域;③切除损伤材料(如蒙皮、蜂窝芯等);④切口(坡形或台阶形)打磨或去除表面层;⑤干燥修理区域;⑥清洁修理区域;⑦安装新蜂窝芯(如果损坏了);⑨固化蜂窝芯(如果损坏了);⑩铺贴修理层;⑪检查修理结果;⑫封严修理区域;⑬重新喷涂面漆。

习题与思考题

一、名词解释

复合材料	增强体	金属基复合材料	碳/碳复合材料
基体	聚合物基复合材料	陶瓷基复合材料	

二、选择题

1. 通常金属基复合材料(　　)。
   A. 采用高熔点、重金属作为基体　　B. 要比基体金属或合金的塑性与韧性差
   C. 要比基体金属或合金的工作温度低　　D. 要比基体金属或合金的弹性模量低
2. 晶须(　　)。
   A. 是含有缺陷很少的单晶短纤维　　B. 长径比一般小于10
   C. 直径为数十微米　　D. 含有很少缺陷的短纤维
3. 颗粒增强体(　　)。
   A. 是一种粒状填料　　B. 用于改善基体的力学性能
   C. 用以减轻材料重量　　D. 起填充体积作用
4. C/C复合材料不可以作为(　　)。
   A. 比石墨性能更好的高温热压模具　　B. 军用或民用飞机刹车装置中的摩擦材料
   C. 航天飞机的机翼和鼻锥　　D. 固体火箭发动机喷管的喉衬或喷口部件
5. C/C复合材料中的基体碳,可以选用(　　)。
   A. 沥青碳、天然石墨　　B. 天然石墨、炭黑
   C. 炭黑、树脂碳　　D. 沥青碳、沉积碳和树脂碳
6. 玻璃纤维(　　)。

A. 由 SiO_2 玻璃制成　　B. 在所有纤维中具有最高的比弹性模量

C. 其强度比整块玻璃差　　D. 价格高、应用少

7. 对玻璃纤维和聚酰胺树脂构成的复合材料命名不正确的是(　　)。

A. 玻璃纤维聚酰胺树脂复合材料　　B. 玻璃纤维/聚酰胺树脂复合材料

C. 聚酰胺材料　　D. 聚酰胺基玻璃纤维复合材料

8. 目前,复合材料使用量最大的增强纤维是(　　)。

A. 碳纤维　　B. 氧化铝纤维　　C. 玻璃纤维　　D. 碳化硅纤维

三、判断题

1. 陶瓷基复合材料的制备过程大多涉及高温,因此仅有可承受上述高温的增强材料才可被用于制备陶瓷基复合材料。(　　)

2. 陶瓷复合材料中,连续纤维的增韧效果远远高于颗粒增韧的效果。(　　)

3. 陶瓷基复合材料的最初失效往往是陶瓷基体的开裂。(　　)

4. 玻璃纤维是晶体,其晶粒尺寸约 20 μm。(　　)

5. 石墨纤维的含碳量、强度和模量都比碳纤维高。(　　)

6. C/C 复合材料的制备方法与 MMC 的制备方法相类似,如液态法、固态法等。(　　)

7. C/C 复合材料已在航空航天、军事领域中得到了广泛应用,这主要是因为其价格低廉、工艺简便易行,易于推广应用。(　　)

8. 复合材料是由两个组元以上的材料化合而成的。(　　)

9. 应用最广泛的复合材料是金属基复合材料。(　　)

10. 复合材料具有可设计性。(　　)

11. 分散相总是较基体强度和硬度高、刚度大。(　　)

四、简答题

1. 什么是复合材料?复合材料有哪些特点?结合复合材料的特点说明其应用领域广泛的原因。

2. 简述聚合物基复合材料的性能及在航空航天方面的应用。

3. 简述金属基复合材料的性能及在航空航天方面的应用。

4. 简述碳/碳复合材料的性能及在航空航天方面的应用。

第 9 章　其他航空材料

9.1　粉末冶金材料

粉末冶金是用金属粉末(或金属粉末与非金属粉末的混合物)作为原料,经过成形和烧结制造金属材料、复合材料以及各类型制品的工艺过程。粉末冶金法与生产陶瓷有相似的地方,因此也叫金属陶瓷法。粉末冶金材料是指用粉末冶金法制得的多孔、半致密或全致密材料(包括制品)。粉末冶金法是一种无切削、少切削的工艺,材料利用率高(达 95%),组织均匀、无宏观偏析①,可制造传统铸造方法和机械加工方法无法制备的材料和难以加工的零件,如多孔含油轴承、难熔金属与合金、高性能陶瓷材料等。

9.1.1　牌号表示方法

GB/T 4309—2009

根据 GB/T 4309—2009,采用由汉语拼音字母和阿拉伯数字组成的五位符号体系表示材料的牌号。表 9.1 列出了常见材料所属类别。其通式及各符号的意义如下:

F　×　×　××

- ××:用阿拉伯数字“00,01,02,03,……”表示同一小类中的每种材料的顺序号
- 第二个×:用阿拉伯数字“0,1,2,3,……”分别表示大类中各材料所属的小类
- 第一个×:用阿拉伯数字“0,1,2,3,……”分别表示材料所属的大类
- F:用汉语拼音字母“F”表示粉末冶金材料

表 9.1　材料所属类别

大类(F×)	小类(F××)
结构材料类(F0)	铁及铁基合金(F00)、碳素结构钢(F01)、合金结构钢(F02)、铜及铜合金(F06)、铝合金(F07)
摩擦材料类和减磨材料类(F1)	铁基(F10)、铜基(F11)、镍基(F12)、钨基(F13)、铁基(F15)、铜基(F16)、铝基(F17)
多孔材料类(F2)	铁及铁基合金(F20)、不锈钢(F21)、铜及铜基合金(F22)、钛及钛合金(F23)、镍及镍合金(F24)、钨及钨合金(F25)、难熔化合物多孔材料(F26)
工具材料类(F3)	钢结硬质合金(F30)、金属陶瓷和陶瓷(F36)、工具钢(F37)
难熔材料类(F4)	钨及钨合金(F40)、钼及钼合金(F42)、钽及其合金(F44)、铌及其合金(F45)、锆及其合金(F46)、铪及其合金(F47)
耐蚀材料和耐热材料类(F5)	不锈钢和耐热钢(F50)、高温合金(F52)、钛及钛合金(F55)、金属陶瓷(F58)

① 合金凝固后其截面上不同部位没有因液态合金宏观流动而造成的化学成分不均匀现象。

续表 9.1

大类(F×)	小类(F××)
电工材料类(F7)	钨基电触头材料(F60)、钼基电触头材料(F61)、铜基电触头材料(F62)、银基电触头材料(F63)、集电器材料(F65)、电真空材料(F68)
磁性材料类(F8)	软磁性铁氧体(F70)、硬磁性铁氧体(F71)、特殊磁性铁氧体(F72)、软磁性金属和合金(F74)、硬磁性合金(F75)、特殊磁性合金(F77)
其他材料类(F9)	铍材料(F80)、储氢材料(F82)、功能材料(F85)、复合材料(F87)

9.1.2　粉末冶金材料分类及应用

(1) 结构材料

结构材料能承受拉伸、压缩、扭曲等载荷或在摩擦磨损条件下工作。由于材料内部有残余孔隙存在，其延展性和冲击值比化学成分相同的铸锻件低，从而使其应用范围受限。

(2) 摩擦材料和减磨材料

摩擦材料由基体组元、润滑组元和摩擦组元组成。粉末冶金摩擦材料具有摩擦系数大、耐磨性高、抗咬合性好、合适的强度和良好的热导性，性能优于合成树脂、铸铁、青铜等摩擦材料。主要用于制造离合器和制动器。

减磨材料通过在材料孔隙中浸润滑油或在材料成分中加减摩剂或固体润滑剂制得。材料表面间的摩擦系数小，在有限润滑油条件下，使用寿命长、可靠性高；在干摩擦条件下，依靠自身或表层含有的润滑剂润滑。粉末冶金减摩材料是用来制造各种耐磨损的滑动轴承、轴瓦、活塞环、滑块、滑板及精密机床导轨等的材料，其中以滑动轴承用量最多。

(3) 多孔材料

用粉末冶金的方法制造的、内部结构为多孔的材料(或制品)，一般由球状或不规则形状的金属或合金粉末(或短纤维)，经成形、烧结制成。材料内部孔道纵横交错、互相贯通，通常有30%～60%的体积孔隙度，孔径 1～100 μm。粉末冶金多孔材料导热、导电性能好，透过性能好，耐高温与低温，抗热震，抗介质腐蚀，可用于制造过滤器、多孔电极、灭火装置、防冻装置等。

(4) 工具材料

钢结硬质合金是以难熔金属硬质化合物为硬质相、以钢作黏结相制成的，其组织为微细的硬质相均匀弥散地分布于钢的基体中。由于钢基体所占比例较大，钢的性质较为明显，因而可进行锻造和热处理等加工。经过粉末混合、压制成型、烧结、锻造、切削加工、热处理等工序后，可得到各种规格、形状的钢结硬质合金制品。钢结硬质合金兼有碳化物的硬度、耐磨性以及钢的良好力学性能，主要用作耐磨零件和机器构件。

金属陶瓷是以金属为基质，陶瓷为硬质相的复合材料。金属陶瓷通常具有高温强度高、密度小、易加工、耐腐蚀、导热性好等特点，因此常用于制造飞机和导弹的结构件、发动机活塞、化工机械零件等。陶瓷工具材料是以陶瓷为基质，包括氧化物基金属陶瓷、碳化物基金属陶瓷、氮化物基金属陶瓷、硼化物基金属陶瓷、硅化物基金属陶瓷，主要用作切削刀具。

(5) 难熔材料

目前使用的高温合金，其使用温度很难突破合金熔点的 80%(约 1 100 ℃)。难熔金属材料包括钨、钼、钽、铌、锆、铪及其合金，其熔点大大超过高温合金(约 2 000 ℃)。由这些金属组成的合金可获得比高温合金更高的高温强度。大部分难熔金属材料都采用粉末冶金工艺制造,用此法制取的难熔金属材料具有晶粒细、杂质和合金元素的偏聚较小的特点。高熔点、低蒸气压、高的高温强度、低的热膨胀系数、在相对介质中有高耐蚀性以及高导热导电性、密度、弹性模量等都是难熔金属材料的优良性能。

(6) 耐蚀材料和耐热材料

耐蚀材料和耐热材料包括不锈钢和耐热钢、高温合金、钛及钛合金、金属陶瓷,用于制造高温下使用的涡轮盘、喷嘴、叶片及其他耐高温零部件(详见第4章4.5节、第5章5.7节)。

(7) 电工材料

电触头材料主要是导电性好的银和铜以及难熔的金属及化合物。一般集电器的集流环可用紫铜制作,电刷用石墨-铜合金制作;测量精度高的集电器的集流环最好用纯银或蒙乃尔合金,电刷用石墨-银合金。真空电子器件的加热体及高温零件用难熔金属及其化合物,结构零件用非难熔金属。

(8) 磁性材料

磁性材料按矫顽力大小分为硬磁材料、半硬磁材料、软磁材料三种。磁性材料大部分可用熔铸法和粉末冶金法生产。其中,粉末冶金磁性材料更具优点。磁性材料广泛应用于计算机、通信、自动化、音响、电机、仪器仪表、航空航天、农业、生物与医疗等技术领域。

(9) 其他材料类

其他材料包括铍材料、储氢材料、功能材料和复合材料。

9.2 功能材料

功能材料是指具有特殊的电、磁、光、热、声、力、化学性能和生物性能,及其转化的功能的一类材料。这类材料能将光、声、磁、热压力、位移、化学变化和生化过程转化为电信号,或将一种物质的能量转化为另一种物质的能量,或按预定的目的和要求将多种能量转化集成在一个整体材料上,从而实现对能量和信号的转化、传送、存储、控制、处理集成和显示。

功能材料种类繁多,涉及面广,有多种分类方法。目前主要是根据材料的化学组成、功能性和应用领域进行分类。

① 按材料的化学组成,分为功能金属材料、功能无机非金属材料、功能高分子材料、功能晶体材料、功能复合材料。

② 按材料的功能性,分为电性材料、磁性材料、光学材料、热学材料、声功能材料、化学功能材料、生物功能材料、隐形功能材料等。

③ 按材料的应用领域,分为电工材料、能源材料、信息材料、光学材料、仪器仪表材料、航空航天材料、生物医学材料、传感器用敏感材料等。

近年来,功能材料迅速发展,目前已有几十大类、十多万种,且每年都有大量新品种问世。现已开发的以物理功能材料最多,主要有单功能材料、功能转换材料、多功能材料、复合与综合功能材料、新形态与新概念功能材料等。

9.2.1 膨胀材料

常用的膨胀材料包括低膨胀材料、定膨胀材料和热双金属材料。低膨胀材料是热膨胀系数较小的材料，也叫因瓦(Invar)合金，主要应用于精密仪器、标准量具等以保证仪器精度的稳定及设备的可靠性。定膨胀材料是指在某一温度范围内具有一定膨胀系数的材料，也称可伐(Kovar)合金，主要用于与玻璃、陶瓷等材料相封接，要求与被封接材料的膨胀系数相匹配。由膨胀系数不同的两种金属片沿层间焊合在一起的叠层复合材料称为热双金属材料。较高膨胀系数金属层为主动层，较低的为被动层，如 5J20110 热双金属是由 Mn75Ni15Cu10(主动层)与 Ni36(被动层)组成。受热时，双金属片向被动层弯曲，将热能转化成机械能。可用作各种测量和控制仪表的传感元件。

9.2.2　形状记忆材料

形状记忆材料是指具有形状记忆效应的金属(合金)、陶瓷和高分子等材料。常见形状记忆材料多为两种以上的金属元素构成，也称其为形状记忆合金。按形状恢复形式不同，形状记忆效应分为单程记忆、双程记忆和全程记忆三种，见表 9.2。

表 9.2　形状记忆效应示意图

类　型	初始形状 $T_1(>A_f)$	低温变形 $T_2(<M_f)$	加热 T_1	冷却 T_2
单程				
双程				
全程				

单程记忆是指材料在低温下塑性变形后，加热时会自动恢复其高温时的形状，再冷却时不能恢复到低温形状。工业上用于紧固件、管接头、宇宙飞行器专用天线、火灾报警器等。双程记忆是指材料加热时恢复高温形状，冷却时恢复低温形状，即温度升降时，高低温形状反复出现。工业上用于热敏元件、热机、智能机器人等。全程记忆即材料在实现双程记忆的同时，冷却到更低温度则出现与高温形状完全相反的形状。

形状记忆合金可分为两个类别：第一类是以过渡族金属为基的合金；第二类是贵金属的 β 相合金。工程上有实用价值是 Ni－Ti 系合金、铜系合金和铁系合金。Ni－Ti 系形状记忆合金因为具有稳定的形状记忆和超弹性，同时还具有优良的加工性、强度、耐磨性、耐腐蚀性和生物相容性等，在航空航天、医疗卫生、仪器仪表及机械制造等领域得到广泛应用。

高分子形状记忆材料又称热收缩材料，具有质轻、易成型、电绝缘等优点。已发现具有形状记忆效应的高分子材料有聚氨酯、苯乙烯－丁二烯共聚体等。

随温度的变化，纯 ZrO_2 有单斜晶系、四方晶系、立方晶系三种晶型。四方晶向单斜晶转变发生 3%～5%的体积变化，而且应力也可诱发四方晶向单斜晶的转变，这一相变现象可以使陶瓷材料具有形状记忆效应。

9.2.3　测温材料

测温材料包括贵金属热电偶电极材料和热电阻用贵金属感温材料。测温材料应满足四项基本要求:①材料的某种性质应是温度的单值函数,最好是线性的;②有较强的输出信号;③有较好的测温稳定性和较宽的测温范围;④易于制成组织性能均匀的丝、片材。对热电偶电极材料要求有小的电阻系数和电阻温度系数,对热电阻用感温材料则要求有大的电阻系数和电阻温度系数,受磁场影响小。贵金属测温材料除基本满足上述要求外,突出的优点是材料的物理性能、化学性能非常稳定,测温的可靠性和精确度高,是目前唯一能用于高温氧化性气氛下的测温材料。

9.2.4 隔热材料

隔热材料能阻滞热流传递的材料,又称热绝缘材料。隔热材料分为多孔材料、热反射材料和真空材料三类。前者利用材料本身所含的孔隙隔热,如泡沫材料、纤维材料等;热反射材料具有很高的反射系数,能将热量反射出去,如金、银、镍、铝箔或镀金属的聚酯、聚酰亚胺薄膜等;真空绝热材料是利用材料的内部真空达到阻隔对流来隔热。航空航天工业对隔热材料的重量和体积要求较为苛刻,往往还要求它兼有隔音、减振、防腐蚀等性能。各种飞行器对隔热材料的需要不尽相同,如飞机座舱和驾驶舱内常用泡沫塑料、超细玻璃棉、高硅氧棉、真空隔热板来隔热。随着现代航空航天技术的飞速发展,对隔热材料也提出了更严格的要求,主要向着耐高温、高强度、低密度方向发展,尤其是向着复合材料发展。

9.2.5 超导材料

超导电性是指在一定条件下[①]具有直流电阻率为零和完全抗磁性的材料特性。超导体是指在一定条件下呈现超导电性的材料。现已发现有28种元素和几千种合金和化合物可以成为超导体。按其化学成分可分为元素材料、合金材料、化合物材料和超导陶瓷。利用材料的超导电性可制作磁体、电力电缆、通信电缆和天线等,其性能优于常规材料;利用材料的完全抗磁性可制作无摩擦陀螺仪和轴承;利用约瑟夫森效应可制作精密测量仪表以及辐射探测器、微波发生器、逻辑元件等。

9.2.6 敏感材料

能够对某个作用在材料上的特定的力学参量、物理参量和化学参量的变化引起电参数(电阻)变化的材料,称为敏感材料。敏感材料包括温度敏感材料、形变敏感材料、湿敏与气敏材料。

温度敏感材料能够检测物体和空间等温度,并能随温度变化给出电信号变化的材料。温度敏感材料包括热敏电阻材料、电阻温度计材料、热电偶材料。

典型的形变敏感材料有形变规材料和磁致伸缩材料。形变规是利用物质因受力而电阻发生变化的敏感元器件,用作形变规的材料有金属、半导体、电介质等。磁致伸缩[②]材料可将电磁能(或电磁信息)转换成机械能或声能(或机械位移信息或声信息),也可以将机械能(或机械位移与信息)转换成电磁能(或电磁信息),是重要的能量与信息转换功能材料。

---

① 指适当的温度、磁场强度、应变和电流密度。

② 铁磁性物质在外磁场作用下,其尺寸伸长(或缩短),去掉外磁场后又恢复原来的长度,这种现象称为磁致伸缩现象(效应)。

湿敏陶瓷材料大部分是多孔材料或者纳米薄膜，利用其微孔吸附大气中的水分后，水汽在多孔体的晶粒表面上的扩散和作用使电导发生变化，它可以被制成检测湿度的传感器。气敏传感器是一种检测特定气体的传感器，主要包括半导体气敏传感器、接触燃烧式气敏传感器和电化学气敏传感器等，其中用得最多的是半导体气敏传感器。

9.2.7　隐身材料

隐身材料是隐身技术的重要组成部分。在装备外形不能改变的前提下，隐身材料是实现隐身技术的物质基础。隐身材料按频谱可分为声波、雷达、红外、可见光、激光隐身材料。声波隐身材料包括消声材料、隔声材料、吸声材料及消声、隔声、吸声的复合体，主要用于新一代潜艇。雷达隐身材料能吸收雷达波，使反射波减弱甚至不反射雷达波，从而达到隐身的目的。红外隐身材料主要用于车辆、舰艇、军用飞机及其他军用设施，使这些装备和设施的红外辐射与背景基本达到一致，敌人的红外探测器难以分辨。可见光隐身材料通常由铝粉、多金属氧化物粉和有机物复合而成，或由掺杂的半导体材料构成，可形成与背景颜色相匹配的迷彩图案，满足可见光隐身的要求。激光隐身材料用来对抗激光制导武器、激光雷达和激光测距机，要求这些材料对激光的反射率低，可吸收率高。

9.2.8　贮氢材料

氢是除核燃料外发热值最高的燃料，且来源丰富，无污染。氢能使用的问题是贮存和运输。大规模用氢都是液态（－253 ℃）贮存，但贮存箱体积庞大，需要极好的绝热装置。近年来，利用贮氢合金来贮存氢气，使氢的贮存问题得到了令人满意的解决。

贮氢材料是在通常条件下能可逆地大量吸收和放出氢气的特种金属材料（氢海绵），又称贮氢合金或储氢金属化合物。贮氢材料多为易与氢起作用的某些过渡族金属、合金或金属间化合物。由于这些金属材料具有特殊的晶体结构，使得氢原子容易进入其晶格的间隙中并与其形成金属氢化物。氢与这些金属的结合力很弱，一旦加热和改变氢气压强，氢即从金属中释放出来。

目前开发的贮氢合金主要有镁系贮氢合金、稀土系贮氢合金、钛系贮氢合金、非晶态合金等。

① 镁系贮氢合金　主要有镁镍、镁铜、镁铁、镁钛等合金。优点是密度小，贮氢容量高（可达材料自重的 5.1%～5.8%）、价格低廉等；缺点是易腐蚀，放氢时需要 250 ℃以上高温。

② 稀土系贮氢合金　最好的贮氢合金应用最为广泛。最典型的 $LaNi_5$ 具有吸氢性好，容易活化，在 40 ℃以上放氢速度快，但成本高。

③ 钛系贮氢合金　钛铁系价格低廉，活化困难，反复吸氢后性能下降。钛锰系合金吸氢量大、初期氢化容易，反应速度快。反复吸放氢性能稳定，价格低廉。缺点是粉化严重、中毒后再生性能较差。钛锆系（例如 $Ti_{17}Zr_{16}Ni_{39}V_{22}Cr_7$）是美国一家公司开发的具有代表性的新型 Ti 系合金，已成功应用于镍氢电池。其中添加 V、Zr 可提高单位体积的贮氢能力，而添加 Cr 是为了增强合金的抗氧化性，提高充放电周期寿命。

④ 非晶态合金　非晶态合金比同组分的晶态合金在相同温度和氢压下有更大的贮氢量，如 TiCu 非晶态比晶态贮氢量大 1/3。非晶态贮氢合金具有较高耐蚀性、耐磨性，可多次使用而不破碎，但吸氢放热时易使其转变为晶态。

9.3 航空新材料

9.3.1 超塑性合金

超塑性是指材料在一定的内部条件和外部条件下,呈现出异常低的流变抗力、异常高的流变性能的现象。目前,超塑性伸长率界限尚无统一标准,有文献将延伸率超过100%的材料归类为超塑性。从本质上讲,超塑性是高温蠕变的一种,因而发生超塑性需要一定的温度条件,称为超塑性温度 T_s。

1. 超塑性的分类

根据金属学特征可将超塑性分为细晶超塑性和相变超塑性两大类。

细晶超塑性也称等温超塑性或第一类超塑性,是研究得最早和最多的一类超塑性,目前的超塑性合金主要是指这一类合金。产生细晶超塑性的必要条件如下:①温度要高,$T_s \geqslant 0.5T_m$;②应变速率要小($\leqslant 10^{-1}$/s);③材料组织为非常细的等轴晶粒(一般小于5 μm),且在塑性加工过程中晶粒尺寸不发生明显变化,因而应力低(2~20 MPa)。细晶组织在热力学上是不稳定的,为了保持细晶组织的稳定,必须在高温下有两相共存或弥散分布粒子存在。两相共存时,晶粒长大需原子长距离扩散,因而长大速度小,而弥散粒子则对晶界有钉扎作用。因而细晶超塑性合金多选择共晶或共析成分合金或有第二相析出的合金,而且要求两相尺寸(对共晶或共析合金)强度都十分接近。

相变超塑性又称动态超塑性或第二类超塑性,是在其相变发生或进行时,施加低应力就会产生的现象。相变超塑性并不需要超细晶粒,但合金必须具有固态相变。原则上,具有固态相变的合金都有可能发生相变超塑性,如纯金属及合金中的同素异构转变,碳钢及合金钢中的珠光体转变,甚至铸铁中的奥氏体-珠光体转变都可能导致动态超塑性。相变超塑性与固态相变中密度变化产生的内应力有关。相变超塑性要求变形温度反复变化,给实际生产带来困难,故使用上受到限制。

相变诱导塑性(TRIP)是奥氏体状态的合金在 M_s(马氏体转变开始温度)与 M_d(应力诱发马氏体相变的温度)之间的形变过程中发生马氏体相变产生的超塑性。它是相变超塑性的一种,但不需要借助温度循环。塑性大小与转变量的多少、变形温度及变形速度有关。相变诱导超塑性奥氏体钢具有高强度和高韧性,强度达到1 960 MPa,并已获得了实际应用。如以PH不锈钢为基础,并利用沉淀硬化,再添加C、Mo、V等元素,提高过冷奥氏体形变热处理效果,可望获得强度大于2 450 MPa的TRIP钢。

除上述超塑性外,在消除应力退火过程中在应力作用下可以得到超塑性,例如Al-5%Si及Al-4%Cu合金在溶解度曲线上下施以循环加热可以得到超塑性。此外,还有升温超塑性、异向超塑性等。

2. 常用的超塑性合金

① 锌基合金　锌基合金是最早的超塑性合金,具有很大的无颈缩延伸率,但其蠕变强度低,冲压加工性能差,不宜作结构材料,用于一般不需切削的简单零件。如Zn-22Al的成型温度为250~270 ℃,压力为0.39~1.37 MPa。

② 铝基合金 铝基共晶合金虽具有超塑性，但是其综合力学性能较差，室温脆性大，限制了它在工业上的应用。含有微量细化晶粒元素（如 Zr 等）的超塑性铝合金则具有较好的综合力学性能，可加工成复杂形状的零件。如 Al－6Cu－0.42Zr、Al－5Ca－5Zn 等超塑性温度为 300～600 ℃，在 $3\times10^{-2}\ s^{-1}$ 的应变速率下可达 408％变形率。

③ 镍基合金 镍基高温合金由于高温强度高，难以锻造成型。利用超塑性进行精密锻造，可以节约材料和加工费，制品均匀性好。

④ 钛基合金 钛基合金变形抗力大、回弹严重、加工困难，用常规方法锻造、冲压加工时，需要大吨位的设备，难以获得高精度零件。以 Ti－6A1－4V 为代表，其伸长率可达 2 000％。

⑤ 其他 超塑性钢还未完全达到商品化程度。含碳量 1.25％的碳钢在 650～700 ℃的加工温度下，取得 400％的伸长率。陶瓷、复合材料和纳米材料的超塑性是近年来研究的热点。块状 Zr 基非晶合金在玻璃化温度与晶化温度之间显示出显著的应变能力。

3. 超塑性合金的应用

由于金属在超塑状态具有异常高的塑性、极小的流动应力、极大的活性及扩散能力，故可以在很多领域中应用，包括压力加工、热处理、焊接、铸造、甚至切削加工等方面。

（1）高变形能力的应用

① 超塑性成形（SPF） 在温度和变形速度合适时，利用超塑性合金的极大延伸率，可完成通常压力加工方法难以完成或用多道工序才能完成的加工任务。超塑性成形的优点是零件尺寸精度高，可制备复杂零件；模压超塑性合金薄板时，通常只需要一个凹模或凸模，可以节省模具费用。缺点是变形速度慢（约 1％），效率低。由于 SPF 所需应力很低，因此可采用气压或液压成形。

② 无模拉拔 根据超塑性材料对温度和变形速度的敏感性，用感应线圈控制加热温度对工件局部加热，并在拉伸时对拉拔速度加以控制。利用不同形状的感应线圈，通过调节拉拔速度和线圈移动速度，制出各种截面形状的管材、棒材。这项加工技术不但设备简单，而且可以加工出用常规塑性加工技术难以成型的零件。

（2）固相黏结能力的应用

细晶超塑性合金的晶粒尺寸远小于普通粗糙金属表面的微小凸起的尺寸（约 10 μm），可以顺利地填充满微小凸起的空间，使两种材料间的黏结能力大大提高。利用这一点可轧合多层材料、包覆材料和制造各种复合材料，获得多种优良性能的材料。超塑性成型/扩散连接工艺主要用于钛合金、铝合金制作的飞机与航天器结构件的成型。

（3）减振能力的应用

合金在超塑性温度下具有使振动迅速衰减的性质，因此可将超塑性合金直接制成零件以满足不同温度下的减振需求。

（4）其 他

利用动态超塑性可将铸铁等难加工的材料进行弯曲变形达 120°左右。对于铸铁等焊接后易开裂的材料，在焊后于超塑性温度保温，可消除内应力，防止开裂。超塑性还可以用于高温苛刻条件下使用的机械、结构件的设计、生产及材料的研制，也可应用于金属陶瓷、陶瓷材料及复合材料中。

9.3.2 非晶态合金

非晶态合金又称金属玻璃,原子呈短程有序、长程无序排列的状态。原则上,所有的金属熔体都可以通过急冷(大于 10^6 ℃/s)制成非晶体。但实际上,要使一种材料非晶化,还得考虑材料本身的内在因素,主要是材料的成分及各组元的化学本质,如大多数纯金属即使在 10^6 ℃/s 的冷速下也无法非晶化。

与同类晶态材料相比,非晶材料在力学、电学、磁学和抗腐蚀性等方面优于同类晶态材料。

(1) 力学性能

非晶合金具有很高的强度、硬度和较高的刚度,是强度最高的实用材料之一。一些非晶合金的抗拉强度甚至超过了高强度马氏体时效钢(约 2 000 MPa),与脆性的无机玻璃不同,非晶合金还具有很好的韧性,并且在一定的受力条件下还具有较好的延性。$Fe_{80}B_{20}$ 的屈服强度与经过冷拉的钢丝差不多,断裂韧性可达 12 $MPa \cdot m^{-1/2}$,这比强度相近的其他材料的韧性高得多,比石英玻璃的断裂韧性约高 2 个数量级。金属玻璃具有很好的室温强度和硬度的同时,也具有很好的耐磨性能,在相同的试验条件下磨损速度与 WC-Co 耐磨合金差不多。

非晶态合金的高强度、高硬度、高韧性可以被利用制作轮胎、传送带、水泥制品及高压管道的增强纤维,还可用来制作各种切削刀具和保安刀片。

(2) 物理性能

非晶态合金磁性材料具有高导磁率、高磁感应强度、低铁损和低矫顽力等特性,而且无磁晶各向异性。目前比较成熟的非晶态软磁合金主要有铁基、铁-镍基和钴基三大类。这方面的应用主要是作为变压器材料、磁头材料、磁屏蔽材料、磁致伸缩材料等。非晶态合金磁性材料除了不能在高温下使用外,几乎所有磁性应用范围内均可使用。

非晶合金一般具有高的电阻率和小的电阻温度系数,在低于其临界转变温度,可具有超导电性。

(3) 化学性能

非晶中没有晶界、沉淀相相界、位错等容易引起局部腐蚀的部位,也不存在晶态合金容易出现的成分偏析,所以非晶合金在结构和成分上都比晶态合金更均匀,具有更高的抗腐蚀性能。目前对耐蚀性能研究较多的是铁基、镍基、钴基非晶态合金,其中大都含有铬。铬能迅速形成致密、均匀、稳定的 Cr_2O_3 钝化膜。可用于制造耐腐蚀管道、电池的电极、海底电缆屏蔽、磁分离介质及化工用的催化剂、污水处理系统中的零件等。

非晶态金属表面能高,可以连续改变成分,具有明显的催化性能。非晶态金属催化剂主要应用于催化加氢、催化脱氢、催化氧化及电催化反应等。非晶态金属还具有优良的贮氢性能。某些非晶态金属通过化学反应可以吸收和释放出氢,可以用作贮氢材料。

GB/T 30544.1—2014

9.3.3 纳米材料

根据 GB/T 30544.1—2014,纳米材料(nanometer material)定义为任一外部维度、内部或表面结构处于纳米尺度(1~100 nm)的材料。纳米材料包括纳米物体和纳米结构材料。纳米物体是指一维、二维或三维外部维度处于纳米尺度的物体。由于表面能的原因,纳米物体(如纳米颗粒、纳米纤维和纳米片)通常以(大的)团块而非分立的形式出现。纳米结构材料是指内部或表面具有纳米结构[①]的材料，包括纳米结构粉末、纳米复合材料、固态纳米泡沫、纳米多孔材料和流动纳米分散体。

1. 纳米材料的特性

(1) 小尺寸效应

当超细微粒的尺寸与光波波长、德布罗意波长以及超导态的相干波长或透射深度等物理特征尺寸相当或更小时，晶体周期性的边界条件被破坏，非晶态纳米微粒的表面层附近原子密度减小，声、光、电、磁、热、力及化学催化等特性与普通颗粒相比发生很大变化，这就是纳米微粒的小尺寸效应。

超微金属颗粒呈黑色，尺寸越小，颜色愈黑。如黄金(Au)变成黑金，银白色的铂变成铂黑，铬变成铬黑。利用这个特性可以作为高效率的光热、光电等转换材料，可以高效率地将太阳能转变为热能、电能，也可应用于红外敏感元件、红外隐身技术等。

小尺寸超微颗粒的磁性比大块材料强许多倍，大块的纯铁矫顽力约为 80 A/m，而当颗粒尺寸减小到 20 nm 以下时，其矫顽力可增加 1 000 倍，若进一步减小其尺寸，当大约小于 6 nm 时，其矫顽力反而降低到零，表现出所谓超顺磁性。

固体物质在粗晶粒尺寸时有固定的熔点，超细微化后其熔点显著降低，当颗粒小于 10 nm 时尤为显著。如块状金熔点为 1 337 K，而 2 nm 的金微粒的熔点只有 600 K。

陶瓷材料在通常情况下呈脆性，而纳米陶瓷材料却具有良好的韧性与一定的延展性。纳米陶瓷烧结温度约比传统晶粒陶瓷低 600 ℃，不需任何添加剂就能很好地完成烧结过程，形成高密度、细晶粒的材料。利用这些特性，纳米陶瓷可在常温或次高温下进行冷加工，然后做表面退火处理，制成表面保持常规陶瓷材料的硬度和化学稳定性，内部具有纳米陶瓷的延展性的高性能陶瓷。

(2) 表面效应

表面效应是指纳米粒子的表面原子数与总原子数之比随着粒子尺寸的减小而大幅度地增加，粒子的表面能及表面张力也随着增加，从而引起纳米粒子物理、化学性质的变化。表面原子增加，因其周围缺少相邻的原子而有许多悬空不饱和键，这使纳米材料的表面能增高，从而大大增强了纳米粒子的化学活性。这一特性使其在催化、吸附等方面具有常规材料无法比拟的优越性。

(3) 量子尺寸效应

随着粒子由宏观尺寸进入纳米范围，准连续能带将分裂为分立的能级，能级间的距离随粒子尺寸减小而增大，这种能级能隙变宽的现象称为量子尺寸效应。这会导致纳米微粒磁、光、声、热、电以及超导电性与宏观特性有显著的不同。例如温度为 1 K 时，粒径小于 14 nm 的银微粒变为绝缘体。

(4) 库伦堵塞与量子隧穿效应

当体系尺度进到纳米级(一般金属粒子为几个纳米，半导体粒子为几十纳米)时，体系电荷“量子化”，即充电和放电过程是不连续的，电子不能集体传输，而是逐个单电子传输的，称为库伦堵塞效应。如果两个量子点通过一个“结”连接起来，那么一个量子上的单个电子穿过能垒到另一个量子点上的行为称为量子隧穿。

① 一个或多个部分处于纳米尺度区域的相互关联的组成部分。

(5) 宏观量子隧道效应

近年来,人们发现一些宏观量(如微颗粒的磁化强度、量子相干器件中的磁通量以及电荷等)也具有隧穿效应。

2. 纳米材料的应用

(1) 纳米磁性材料

纳米材料可作为数据记录采集材料,由于磁性纳米粒子尺寸小,具有单磁畴结构和矫顽力很高的特性,用它制成的磁记录材料不仅音质、图像和信噪比好,而且记录密度比 $\gamma - Fe_2O_3$ 高几十倍。超顺磁的强磁性纳米颗粒还可制成磁流体,用于电声器件、阻尼器件、旋转密封及润滑和选矿等领域。

(2) 纳米传感器

纳米二氧化锆、氧化镍、二氧化钛等陶瓷对温度变化、红外线以及汽车尾气都十分敏感。因此,可以用它们制作温度传感器、红外线检测仪和汽车尾气检测仪,检测灵敏度比普通的同类陶瓷传感器高得多。

(3) 纳米倾斜功能材料

在航天用的氢氧发动机中,燃烧室的内表面需要耐高温,其外表面要与冷却剂接触。因此,内表面要用陶瓷制作,外表面则要用导热性良好的金属制作。当用金属和陶瓷纳米颗粒按其含量逐渐变化的要求混合后烧结成形时,就能达到燃烧室内侧耐高温、外侧有良好导热性的要求。

(4) 纳米半导体材料

将硅、砷化镓等半导体材料制成纳米材料,具有许多优异性能。例如,纳米半导体中的量子隧道效应使某些半导体材料的电子反常输运、导电率降低,电阻温度系数也随颗粒尺寸的减小而下降,甚至出现负值。这些特性在大规模集成电路器件、光电器件等领域发挥重要的作用。利用半导体纳米粒子可以制备出光电转化效率高的、即使在阴雨天也能正常工作的新型太阳能电池。由于纳米半导体粒子受光照射时产生的电子和空穴具有较强的还原和氧化能力,因而它能氧化有毒的无机物,降解大多数有机物,最终生成无毒、无味的二氧化碳、水等,所以,可以借助半导体纳米粒子利用太阳能催化分解无机物和有机物。

本章小结

本章介绍了粉末冶金材料、功能材料和航空新材料的有关知识,重点介绍了粉末冶金材料、功能材料、超塑性合金、非晶合金和纳米材料等。具体介绍了以上各种材料的分类、特点以及应用。要求掌握粉末冶金的牌号、分类及应用;了解各种功能材料的类别、特点及应用;了解各种航空新材料的性能与应用。

习题与思考题

一、名词解释

粉末冶金材料　　功能材料　　形状记忆材料　　非晶态合金　　纳米材料

二、填空题

1. 粉末冶金是用________作为原料，经过________和________制造金属材料、复合材料以及各类型制品的工艺过程。

2. 粉末冶金牌号采用由________和________组成的五位符号体系。字母后第一位数字表示材料所属的________，第二位数字表示大类中各材料所属的________，第四、五为数字表示同一小类中的每种材料的________。

3. 按形状恢复形式，形状记忆材料分为________、________、________三种。

4. 根据金属学特征可将超塑性分为________和________两大类。

5. 纳米材料的特异效应可归纳为________、________、________库仑阻塞和量子隧道效应、宏观量子效应。

三、选择题

1. 形状记忆材料的性能是(　　)。

A. 抗拉强度高、疲劳强度高、耐蚀性好、密度小

B. 抗拉强度低、疲劳强度高、耐蚀性好、密度小

C. 抗拉强度高、疲劳强度高、耐蚀性好、密度大

D. 抗拉强度高、疲劳强度低、耐蚀性好、密度大

2. 钢结硬质合金兼有碳化物的(　　)、(　　)以及钢的良好力学性能。

A. 硬度高、耐磨性好　　B. 硬度低、耐磨性差

C. 硬度高、耐磨性差　　D. 硬度低、耐磨性好

四、判断题

1. 低膨胀材料可用于制作各种测量和控制仪表的传感元件。(　　)

2. 雷达隐身材料能吸收可见光，使反射波减弱甚至不反射可见光，从而达到隐身的目的。(　　)

3. 超导体呈现的超导现象只取决于温度的高低。(　　)

4. 纳米材料通常产生物理化学性质显著变化，微粒的尺寸在 100 nm 以下。(　　)

5. 纳米材料是指在三维空间均处于纳米尺度范围的材料。(　　)

6. 3 nm 的金颗粒熔点高于块体金。(　　)

7. 制备非晶材料的关键在于提高材料的非晶形成能力和获得足够高的冷却速度。(　　)

五、简答题

1. 粉末冶金材料分哪几类？举例说明其牌号及用途？

2. 常用的超导材料有哪些？

3. 简述纳米材料的应用前景。

第10章　零件的失效与材料的选择

合理地选择工程材料是航空装备及其他机械制造的重要内容，它不仅影响单个零件及整台机器的制造质量和使用性能，而且对生产周期和成本也有很大影响。一个零件（或构件）的设计质量即使再高，也不能永久使用，总有一天会达到使用寿命而失效。为了避免过早失效，在选择材料时必须熟悉材料的性能，全面分析零件的工作条件、受力情况及可能的失效形式，才能制造出质优价廉的零件。

10.1　零件的失效

失效是指零件由于某种原因，导致其尺寸、形状或材料的组织与性能的变化而不能圆满地完成指定的功能。一般认为，机械零件出现以下三种情况已经失效：①零件完全破坏，不能继续工作；②虽仍能安全工作，但不能满意地起到预期的作用；③零件严重损伤，继续工作不安全。失效大多是特指零件的早期失效，即未达到预期的效果或寿命，提前出现失效的过程。

10.1.1　失效形式

零件常见的失效有三种形式，即变形、断裂和表面损伤失效。

1. 变形失效

（1）弹性变形失效

零件由于发生过大的弹性变形而造成的零件失效称为弹性变形失效。弹性变形的大小取决于零件的几何尺寸及材料的弹性模量。金刚石与陶瓷的弹性模量最高，其次是难熔金属、钢铁，有色金属的弹性模量较低，有机高分子材料的弹性模量最低。如受拉、压的杆类零件，过大的弹性畸变量导致支承件（如轴承）过载；受弯、扭的轴类零件，过大的弹性畸变量会造成轴上啮合零件的严重偏载，啮合失常，甚至咬死，导致传动失效；某些控制元件，如温控元件，过大的弹性畸变量使精度无法保证；镗杆发生过量弹性变形，镗出的内孔孔径发生变化，影响加工精度；齿轮轴发生过量弹性变形，影响齿轮啮合，加速齿轮磨损，增加噪声。

（2）塑性变形失效

零件由于发生过大的塑性变形而不能继续工作的失效，称为塑性变形失效。塑性变形失效是零件中的工作应力超过材料的屈服强度的结果。一般陶瓷材料的屈服强度很高，但脆性非常大，因此不能用来制造高强度结构件。有机高分子材料的强度很低，最高强度的塑料也不超过铝合金。如钢结构房梁承载过重发生塑性变形弯曲，导致倒塌；螺栓严重过载被拉长，失去紧固作用。

（3）蠕变失效

零件在应力和高温的长期作用下，缓慢产生永久变形而失效，称为蠕变失效。如锅炉、汽轮机、航空发动机及其他热机的零件，常由于蠕变产生的塑性变形和应力松弛而失效。

2. 断裂失效

（1）塑（韧）性断裂

零件承受的载荷大于材料的屈服强度，产生很大的塑性变形后发生的断裂。韧窝是金属韧性断裂的微观主要特征。

（2）脆性断裂

脆性断裂发生时，事先不产生明显的塑性变形，承受的工作应力通常远低于材料的屈服强度，所以又称为低应力脆断。脆性断裂的微观判据是解理花样和沿晶断口形态。

（3）疲劳断裂

在交变应力作用下，虽然零件所承受的应力低于材料的屈服强度，但经过较长时间的工作而产生裂纹导致发生断裂称为金属的疲劳断裂。

（4）蠕变断裂

在高温下钢的强度较低，当受一定应力作用时，变形量随时间而逐渐增大的过程，这种过程叫蠕变，产生的断裂叫作蠕变断裂。

3. 表面损伤

（1）磨损失效

相互接触的一对金属表面，相对运动时金属表面不断发生损耗或产生塑性变形，使金属表面状态和尺寸改变的现象。

（2）表面疲劳失效

两个接触面作滚动或滚动滑动复合摩擦时，在交变接触压应力作用下，使材料表面疲劳而产生材料损失的现象称为表面疲劳磨损。接触疲劳按其损伤程度分为麻点（浅层剥落）与剥落（深层剥落）。

（3）腐蚀磨损失效

腐蚀磨损是金属在摩擦过程中，同时与周围介质发生化学或电化学反应，产生表层金属的损失或迁移现象。

（4）腐蚀失效

腐蚀失效是由于化学或电化学腐蚀作用造成的零件失效。腐蚀的种类有多种，如点腐蚀、裂隙腐蚀、晶间腐蚀、冲刷腐蚀。

10.1.2　失效原因

（1）设计因素

为了保证产品质量，必须精心设计，精心施工。施工的技术文件的根据是设备图纸和设计计算说明书，其设计计算的核心是该零件在特定工况、结构和环境等条件下可能发生的基本失效模式而建立的相应设计计算准则，即在给定条件下正常工作的准则，从而定出合适的材质、尺寸、结构，提出必要的技术文件、图纸、说明书等。若设计有误，则机械设备或零件将不能使用或过早失效。

（2）制造（工艺）因素

工艺制造条件往往是达不到设计要求而导致零件失效的一个重要因素，如零件在锻造过程中产生的夹层、冷热裂纹，焊接过程的未焊透、偏析、冷热裂纹，铸造过程的疏松、夹渣，机加工过程的尺寸公差和表面粗糙度不合适,热处理工艺产生的缺陷(淬裂、硬度不足、回火脆性、硬软层硬度梯度过大),精加工磨削中的磨削裂纹等。

(3) 装配调试因素

在安装过程中,如达不到所要求的质量指标,如啮合传动件(齿轮、杆、螺旋等)的间隙不合适(过松或过紧,接触状态未调整好),连接零件必要的"防松"不可靠,铆焊结构的必要探伤检验不良,润滑与密封装置不良等,在初步安装调试后,未按规定进行逐级加载跑合。

(4) 材质因素

除选材不当外,材质内部缺陷、毛坯加工(铸锻焊)工艺或冷热加工(特别是热处理)工艺过程产生的缺陷是导致失效的重要因素。

(5) 运转维修因素

首先是对运转工况参数(载荷、速度等)的监控是否准确,定期大、中、小检修的制度是否合理执行,再者润滑条件是否保证,包括润滑剂和润滑方法是否选得合适,润滑装置以及冷却、加热和过滤系统功能是否正常。

(6) 人的因素

在影响失效的基本因素中,特别要强调人的因素,即注意人的素质条件的影响。工作马虎、责任心不强,违反操作规程,缺乏安全意识,使用和操作的基本知识不够,只顾眼前的经济效益,机械产品有安全隐患,都有可能造成零件过早失效。

10.2 材料的选择

10.2.1 材料选择的一般原则

对于不同使用条件下工作的零件不可能有永恒不变的规律,但合理地选材应考虑以下三个基本原则:材料的使用性能、工艺性能和经济性,其中使用性能最重要。三者之间有联系,也有矛盾,选材的任务就是上述原则的合理统一。

1. 使用性能原则

材料的使用性能是满足零件工作要求的根本条件,包括力学性能、物理性能和化学性能,也是选材应首先考虑的因素。大多数零件的性能要求是多方面的,在选材时必须经过分析,分清楚材料性能要求的主次,首先满足主要性能,同时兼顾其他性能,并通过特定的工艺使零件具有良好的使用性能。对于一般机械零件,使用性能主要考虑力学性能,同时要兼顾抵抗周围介质侵蚀的能力;对于非金属材料制成的零件更应注意工作环境,非金属材料对温度、光、水、油等的敏感度比金属材料大得多。

一般机械零件按力学性能选材时,需要正确分析零件的工作条件和主要失效形式,找出零件应具备的主要性能指标,并对零件的危险部位进行力学分析计算,计算所选材料的许用应力。

2. 工艺性能原则

工艺性能是指材料适应某种加工工艺的能力。制造任何一个合格的机械零件,都要经过一系列的加工过程,因此材料的工艺性能将直接影响零件的质量、生产效率和成本。通常金属的工艺性能包括铸造性能、锻造性能、焊接性能、热处理工艺性能以及切削加工性能等；工程塑料的工艺性能包括热成型性、脱模性等；陶瓷材料的烧结性等。

3. 经济性原则

在设计和生产中，可能不止一种材料可以满足零件的使用性能和工艺性能要求，这时经济性就成为选材的重要依据。经济性涉及材料的成本高低、材料的供应是否充足、零件加工工艺过程的复杂程度、加工成品率和加工效率的高低、零件的使用寿命长短等等。选材时应尽可能选用价廉、量足、加工方便、总成本低的材料，通常能用碳素钢的不用合金钢，能用硅锰钢的不用铬镍钢。

考虑零件材料的经济性时，切不可以单价来评价材料的优劣。例如，模具材料选材时，加工零件的批量很小时，选择便宜的材料可使总成本降低；但加工零件的批量很大时，应选择价格高的高性能材料，保证模具的寿命反而使总成本下降。一些机器零件失效不会造成设备事故且拆装更换维修方便，应选价格较低的材料；而有些机器零件（如柴油机上的曲轴）一旦失效将造成整台机器的损坏事故，一定要选价格较高的材料并进行高质量的加工，这样产品的总成本才能降低。

10.2.2　材料选择的一般步骤

① 分析零件的工作条件、形状、尺寸与应力状态等，确定零件的技术条件。

② 通过分析和试验，结合同类零件失效分析的结果，找出零件在实际使用中的主要和次要的失效抗力指标，以此作为选材依据。

③ 根据力学计算或试验，确定零件应具有的主要力学性能指标数值和物理、化学性能指标，通过比较选择合适的材料。

④ 对若干备选材料的性能指标进行综合分析和筛选，预选出合理的材料，同时考虑材料的工艺性能要求，以保证生产。

⑤ 审核所选材料的经济性。

⑥ 进行实验室试验以检验选用材料是否达到各项性能要求，并进行小批试生产以检验材料制造过程中工艺性是否满足要求。小批试验产品质量合格后，选材方案即可确定下来。

10.2.3　飞机结构材料的选择

1. 机翼和尾翼

机翼内部的梁是机翼的主要受力件，一般采用 7×××合金、钢或钛合金。翼梁与机身的接头部分采用超高强度结构钢，如 30CrMnSiNi2A。机翼蒙皮因上、下翼面的受力情况不同，分别采用抗压性能好的 7×××合金及抗拉和疲劳性能好的 2×××合金。为了减轻重量，机翼的前后缘常采用玻璃纤维增强塑料（玻璃钢）或铝蜂窝夹层（芯）结构。B787 机翼大梁、桁条、蒙皮是碳纤维复合材料层板结构组成，翼肋采用传统的铝合金材料。

尾翼结构材料一般采用 7×××合金。有时歼击机选用硼或碳纤维环氧复合材料，以减轻尾部重量，提高作战性能。尾翼上的方向舵和升降舵一般采用 2×××合金。B787 机翼全部采用复合材料：水平尾翼由大梁和蒙皮两种结构件组成，全部是碳纤维复合材料层板结构；垂直尾翼由大梁、桁条、蒙皮和翼肋组成，也全部是碳纤维复合材料层板结构。

2. 机 身

机身隔框一般采用7×××合金,承受较大载荷的加强框采用超高强度结构钢或钛合金。很多飞机的机载雷达装在机身头部,一般采用能透过电磁波的玻璃钢做头锥。驾驶舱的座舱盖和挡风玻璃采用透明性好的聚甲基丙烯酸甲酯(有机玻璃)。B787机身隔框、桁条、蒙皮等结构件均为碳纤维复合材料层板结构。

3. 起落架

飞机在着陆时主起落架要在一瞬间承受几百千牛乃至几兆牛(几十吨力至几百吨力)的冲击力,因此必须采用冲击韧性好的超高强度结构钢。前起落架受力较小,通常采用普通合金钢或7×××合金。

4. 操纵面

主操纵面亦称舵面,通常飞机具有升降舵、方向舵和副翼三个主操纵面。辅助操纵面的作用主要是为了改善飞机的某一方面的性能。现代飞机上的辅助操纵面主要包括增升装置、扰流片、减速板和调整片。该类部件受载不大,可大量采用复合材料。

10.2.4 典型零件选材实例分析

金属材料、高分子材料、陶瓷材料及复合材料是目前最主要的四大类工程材料。高分子材料的强度与刚度低、尺寸稳定性较差、易老化,适于制造受力不大的普通结构件及减振、耐磨或密封零件,如轻载传动齿轮、轴承、紧固件、密封件和轮胎等。陶瓷材料硬而脆、加工性能差,不能用作重要的受力零件。但其化学稳定性很好,具有高热硬性,可用作耐热、耐磨、耐蚀的零件,如燃烧器喷嘴、刀具与模具、石油化工容器等。复合材料虽综合了多种不同材料的优良性能,如比强度、比模量高,抗疲劳、减摩、耐磨、减振性能好,且化学稳定性优异,故是一种很有发展前途的工程材料,在航空航天领域得到越来越多的应用。金属材料在力学性能、工艺性能和生产成本这三者之间保持着最佳的平衡,具有最强的竞争力,仍是机械工程中最主要的结构材料。

1. 齿轮类零件选材

(1) 分析齿轮的工作条件、失效方式及性能要求

① 工作条件分析:齿根受弯曲疲劳应力,齿面受摩擦、接触疲劳应力,轮齿受冲击载荷。

② 主要失效形式:断齿、齿面磨损、接触疲劳破坏(点蚀),齿面塑性变形等。

③ 主要性能要求:高接触疲劳强度、高硬度、高耐磨性,高弯曲疲劳强度,适当心部强度和韧性、良好的可切削性,淬火变形小等工艺性能。另外,在变速齿轮的齿轮副中,两齿面硬度应有差别(小齿轮齿面硬度比大齿轮硬度大)。

(2) 齿轮类零件的选材

齿轮用材大多数是钢材(锻钢或铸钢),有些低速、轻载齿轮可用铸铁,特殊情况下还可采用有色金属及工程塑料。

机床齿轮大多为中等转速,中等载荷,运动平稳,无强烈冲击且环境条件较好的情况。因此,常选用中碳钢(40、45钢)制造,经正火或调质处理后再进行表面淬火+低温回火,其齿面硬度可达50 HRC,齿心硬度为220～250 HBW,可满足性能要求;对部分性能要求较高的齿轮,也可选用中碳合金钢(如40Cr、40MnB、40MnVB等)制造,其齿面硬度可提高到58 HRC

左右、心部强韧性也有所改善；极少数高速、高精度、重载齿轮，还可选用中碳氮化钢（如 35CrMo、38CrMoAlA 等）进行表面渗氮处理制造。

机床齿轮的简明加工工艺路线：下料→锻造→正火→粗加工→调质→精加工→表面淬火＋低温回火→精磨。

正火可使锻造组织均匀化，便于切削加工，可作为表面淬火前的预备组织，并保证齿心的强韧性。调质处理可使齿轮具有较高的综合力学性能，改善齿心的强韧性进而使齿轮能承受较大的弯曲载荷和冲击载荷。表面淬火可提高齿轮表面的硬度、耐磨性和疲劳性能。低温回火的作用主要是消除淬火应力。

2. 轴类零件选材

（1）分析轴的工作条件、失效方式及性能要求

① 工作条件分析：承受交变弯曲载荷，扭转载荷或拉-压载荷；相对运动表面（如轴颈、花键部位）发生摩擦与磨损；因机器开停、过载等，承受一定的冲击载荷。

② 主要失效形式：疲劳断裂为多数，冲击、过载断裂为少数；相对运动表面过度磨损；极少数情况下会发生因强度不足的过量塑性变形失效和刚度不足的过量弹性变形失效。

③ 主要性能要求：高的疲劳极限，综合力学性能好；承受摩擦部分应具有较高的硬度和耐磨性。

（2）轴类零件的选材

优质中碳或中碳合金调质钢是轴类材料的主体，35、40、45、50（45 钢最常见）等碳钢具有较高的综合力学性能且价格低廉，故应用广泛；对受力较大、尺寸较大、形状复杂的重要轴，可选用综合力学性能更好的合金调质钢来制造，如 40Cr、40MnVB 等，对其中精度要求极高的轴要采用专用氮化钢（如 38CrMoAlA）制造。少数情况下还可选用低碳钢或高碳钢来制造轴类零件，如当轴受到强烈冲击载荷作用时，宜用低碳钢（如 20Cr、20CrMnTi）渗碳制造；而当轴所受冲击作用较小且相对运动部位要求更高的耐磨性时，则宜选用高碳钢或轴承钢制造（如 GCr15、9Mn2V 等）。

形状复杂、尺寸较大的轴，可采用铸钢来制造，如 ZG230－450。铸钢轴比锻钢轴的综合力学性能（主要是韧性）要低。

由于大多数轴很少因冲击过载而断裂失效，因此近几十年来愈来愈多地采用球墨铸铁（如 QT700－2）、高强度灰铸铁（如 HT350）和可锻铸铁（如 KTZ450－06）来代替钢作为轴（尤其是曲轴）的材料。铸铁轴具有生产成本低、减振减摩、缺口敏感性低、切削加工性好等优点，选材时可多关注。

（3）轴的制造实例

某车床主轴（如图 10.1 所示）受交变弯曲和扭转复合应力作用，载荷和转速不高，冲击载荷不大，故材料具有一般的综合机械性能即可满足要求。该主轴可选 45 钢。热处理技术条件为：整体调质，硬度 220～250 HBW；内锥孔与外锥体淬火，硬度 45～50 HRC；花键部位高频淬火，硬度 48～53 HRC。

加工路线：下料→锻造→正火→粗加工→调质→半精加工（除花键外）→局部淬火、回火（锥孔及外锥体）→粗磨（外圆、外锥体及锥孔）→铣花键→花键高频淬火、回火→精磨（外圆、外锥体及锥孔）。

内锥孔与外锥体用快速加热并水淬，外锥体键槽不淬硬，要注意保护。花键采用高频淬火

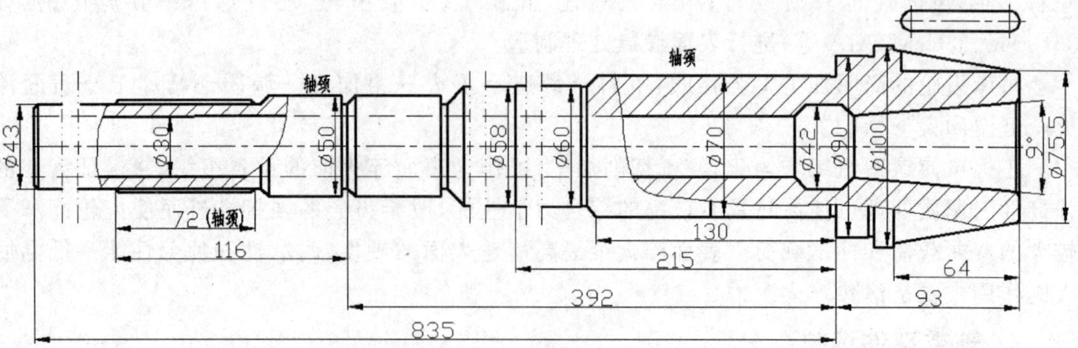

图 10.1　某车床主轴简图

以减小变形并达到表面淬硬的目的。由于轴较长，且锥孔与外锥体对两轴颈的同轴度要求较高，故锥部淬火应与花键淬火分开进行，以减少淬火变形。随后用粗磨纠正淬火变形，然后再进行花键的加工与淬火，其变形可利用最后的精磨予以消除。

本章小结

本章学习了零件的失效、失效形式和失效原因分析；零件选材的原则、选材步骤；介绍了航空工程材料在航空航天器机翼和机体、航空发动机和火箭发动机主要零件上的应用；分析了典型零件的选材及加工工艺路线。

习题与思考题

一、名词解释

失效　　磨损失效　　腐蚀失效　　表面疲劳失效

二、填空题

1. 零部件失效的形式有________、________和________。

2. 造成材料失效的原因主要有________因素、________因素、________因素、________因素、________因素及人的因素等。

3. 零部件选材的基本原则是________、________和________。

4. 表面损伤失效主要包括________、________、________ ________。

5. 断裂失效包括________、________、________、________。

6. 变形失效包括________、________、________。

三、选择题

1. 现有下列材料：

A. Q235－A・F　B. 42CrMo　C. 65　D. H68　E. T8
F. W18Cr4V　G. ZG45　H. HT200　I. LD2　J. 60Si2Mn
K. 20CrMnTi

请按用途选材：

① 机床床身(　　);

② 汽车板弹簧(　　);

③ 承受重载、大冲击载荷的机车动力传动齿轮(　　);

④ 高速切削刀具(　　);

⑤大功率柴油机曲轴(大截面、传动大扭矩、大冲击、轴颈处要耐磨)(　　)。

2. 高精度磨床主轴用 38CrMoAl 制造,请在其加工工艺路线上,填入相应热处理工艺名称:锻造→(　　)→粗机加工→(　　)→精机加工→(　　)→粗磨加工→(　　)→精磨加工

A. 调质　　B. 氮化　　C. 消除应力　　D. 退火

3. 机械零部件约 80% 以上的断裂失效是(　　)。

A. 疲劳引起的　　B. 磨损引起的　　C. 超载引起的　　D. 蠕变引起的

4. 某耐酸泵轴发生疲劳断裂,金相检验发现夹杂物严重超标,泵轴的断裂原因是(　　)。

A. 工艺不合理　　B. 材料不合格　　C. 设计不合理　　D. 使用不当

四、简答题

1. 失效的形式有哪些?防止零件失效的主要措施有哪些?

2. 选用材料一般应注意哪些基本原则?并简述它们之间的关系。

3. 下列发动机零件在选材时应考虑哪些问题?选择哪些材料较适宜?

A. 活塞　　B. 曲轴　　C. 排气阀　　D. 气门弹簧　　E. 滑动轴承

4. 用 20CrMnTi 钢制造汽车齿轮,加工工艺路线如下:下料→锻造→正火→切削加工→渗碳、淬火及低温回火→喷丸→磨削加工。请分析渗碳、淬火及低温回火及喷丸处理的目的。

附录 A　常用材料力学性能指标名称和符号对照表

表 A.1　拉伸试验

新标准(GB/T 228.1—2010)		旧标准(GB/T 228—1987)	
性能名称	符号	性能名称	符号
断面收缩率	Z	断面收缩率	ψ
断后伸长率	A ① $A_{11.3}$ ② A_{xmm} ③	断后伸长率	δ_5 δ_{10} δ_{xmm}
断裂总延伸率率	A_t		
最大力总延伸率	A_{gt}	最大力下的总伸长率	δ_{gt}
最大力塑性延伸率	A_g	最大力下的非比例伸长率	δ_g
屈服点延伸率	A_e	屈服点伸长率	δ_s
屈服强度		屈服点	σ_s
上屈服强度	R_{eH}	上屈服点	σ_{sH}
下屈服强度	R_{eL}	下屈服点	σ_{sL}
规定塑性延伸强度	R_p(如 $R_{p0.2}$)	规定非比例伸长应力	σ_p(如 $\sigma_{p0.2}$)
规定总延伸强度	R_t(如 $R_{t0.5}$)	规定总伸长应力	σ_t(如 $\sigma_{t0.5}$)
规定残余延伸强度	R_r(如 $R_{r0.2}$)	规定残余伸长应力	σ_r(如 $\sigma_{r0.2}$)
抗拉强度	R_m	抗拉强度	σ_b

表 A.2　疲劳试验

新标准(GB/T 4337—2015)		旧标准(GB/T 4337—1984)	
疲劳寿命	N_f	疲劳寿命	N
疲劳强度	S	条件疲劳极限	$\sigma_{R(N)}$
疲劳极限		疲劳极限	σ_D
N 次循环后的疲劳强度	σ_N		

表 A.3　夏比摆锤冲击试验

新标准(GB/T 229—2020)		旧标准(GB/T 229—1994)	
冲击吸收能	K	冲击吸收功	A_k
在 GB/T 12603—1989 术语中有冲击韧度的概念，但在 GB/T 12603—2008 术语中已取消。 冲击韧度：符号 a_k			

注：① 试棒的标距等于 5 倍直径

② 试棒的标距等于 10 倍直径

③ 试棒的标距为定标距 x

附录B　金属热处理工艺分类及代号（GB/T 12603—2005）

1. 分类原则

金属热处理工艺分类按基础分类和附加分类两个主层次进行划分，每个主层次中还可以进一步细分。

① 基础分类　根据工艺总称、工艺类型和工艺名称(按获得的组织状态或深入元素进行分类)，将热处理工艺按3个层次进行分类，见表B.1。

表B.1　热处理工艺分类及代号

工艺总称	代　号	工艺类型	代　号	工艺名称	代　号
热处理	5	整体热处理	1	退火	1
				正火	2
				淬火	3
				正火和淬火	4
				调质	5
				稳定化处理	6
				固溶处理，水韧处理	7
				固溶处理+时效	8
		表面热处理	2	表面淬火和回火	1
				物理气相沉淀	2
				化学气相沉淀	3
				等离子体化学气相沉淀	4
				离子注入	5
		化学热处理	3	渗碳	1
				碳氮共渗	2
				渗氮	3
				氮碳共渗	4
				渗其他非金属	5
				渗金属	6
				多元共渗	7

② 附加分类　对基础分类中某些工艺的具体条件更细化的分类。包括实现工艺的加热方式及代号(表B.2)；退火工艺及代号(表B.3)；淬火冷却介质和冷却方法及代号(表B.4)和化学热处理中渗非金属、渗金属、多元共渗工艺按渗入元素的分类。

表 B.2 加热方式及代号

加热方式	可控气氛(气体)	真空	盐浴(液体)	感应	火焰	激光	电子束	等离子体	固体装箱	流态床	电接触
代号	01	02	03	04	05	06	07	08	09	10	11

表 B.3 退火工艺及代号

退火工艺	去应力退火	均匀化退火	再结晶退火	石墨化退火	脱氢处理	球化退火	等温退火	完全退火	不完全退火
代号	St	H	R	G	D	Sp	I	F	P

表 B.4 淬火冷却介质和冷却方法及代号

冷却介质和方法	空气	油	水	盐水	有机聚合物水溶液	盐浴	加压淬火	双介质淬火	分级淬火	等温淬火	形变淬火	气冷淬火	冷处理
代号	A	O	W	B	Po	H	Pr	I	M	At	Af	G	C

2. 热处理工艺代号

基础分类代号采用了3位数字系统。附加分类代号与基础分类代号之间用半字线连接，采用两位数字和英文字头做后缀的方法。热处理工艺代号标记规定如下：

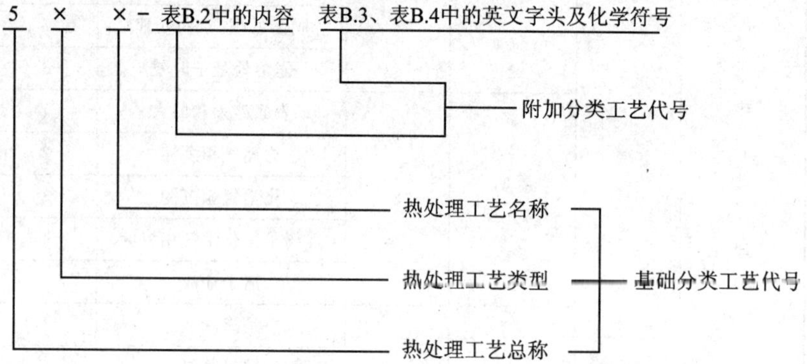

附录C　变形镁合金牌号中英文字母代表的合金元素（摘自 GB/T 5153—2016）

变形镁合金牌号中英文字母代表的合金元素见表 C.1。

表 C.1　变形镁合金牌号中英文字母代表的合金元素

元素代号	元素名称(元素符号)	元素代号	元素名称(元素符号)
A	铝(Al)	M	锰(Mn)
B	铋(Bi)	N	镍(Ni)
C	铜(Cu)	P	铅(Pb)
D	镉(Cd)	Q	银(Ag)
E	稀土(RE)	R	铬(Cr)
F	铁(Fe)	S	硅(Si)
G	钙(Ca)	T	锡(Sn)
H	钍(Th)	V	钆(Gd)
J	锶(Sr)	W	钇(Y)
K	锆(Zr)	Y	锑(Sb)
L	锂(Li)	Z	锌(Zn)

参考文献

[1] 陈海英.航空工程材料[M].2版.北京:北京航空航天大学出版社,2018.
[2] 李成功,傅恒志,于翘.航空航天材料[M].北京:国防工业出版社,2002.
[3] 张耀良.航空材料学[M].哈尔滨:哈尔滨工程大学出版社,2002.
[4] 侯旭明.工程材料及成型工艺[M].北京:化学工业出版社,2003.
[5] 程晓宇.工程材料及热加工技术[M].西安:西安电子科技大学出版社,2006.
[6] 许德珠.机械工程材料[M].北京:高等教育出版社,2001.
[7] 朱张校.工程材料[M].北京:清华大学出版社,2000.
[8] 王运炎,朱莉.机械工程材料[M].3版.北京:机械工业出版社,2009.
[9] 程秀全,刘晓婷.航空工程材料[M].2版.北京:国防工业出版社,2015.
[10] 张正贵,牛建平.实用机械工程材料及选用[M].北京:机械工业出版社,2016.
[11] 梁文萍,王少刚.航空航天工程材料[M].北京:北京航空航天大学出版社,2016.
[12] 张彦华.工程材料学[M].北京:科学出版社,2013.
[13] 吕烨,许德珠.机械工程材料[M].北京:高等教育出版社,2014.
[14] 王笑天.金属材料学[M].北京:机械工业出版社,2001.
[15] 武建军.机械工程材料[M].北京:国防工业出版社,2014.
[16] 张邦维,廖树帜.实用金属材料手册[M].长沙:湖南科学技术出版社,2010.
[17] 崔忠圻,覃耀春.金属学与热处理[M].北京:机械工业出版社,2007.
[18] 胡光立,谢希文.钢的热处理[M].5版.北京:国防工业出版社,2016.
[19] 中国机械工程学会热处理学会.热处理手册 第1卷 工艺基础[M].4版.北京:机械工业出版社,2013.
[20] 胡保全,牛晋川.先进复合材料[M].2版.北京:国防工业出版社,2012.
[21] 徐竹.复合材料成型工艺及应用[M].北京:国防工业出版社,2017.
[22] 张玉军,张伟儒.结构陶瓷材料及其应用[M].北京:化学工业出版社,2005.
[23] 崔铮.微纳米加工技术及其应用[M].北京:高等教育出版社,2005.
[24] 杜洪增.飞机结构疲劳强度与断裂分析[M].天津:中国民航出版社,1996.
[25] 王维翰.MD-82飞机设计分析[M].北京:航空工业出版社,1990.
[26] 廖景娱.金属构件失效分析[M].北京:化学工业出版社,2003.
[27]《中国航空材料手册》编辑委员会.中国航空材料手册第2卷(变形高温合金 铸造高温合金)[M].2版.北京:中国标准出版社,2002.
[28]《中国航空材料手册》编辑委员会.中国航空材料手册第3卷(铝合金镁合金)[M].2版.北京:中国标准出版社,2002.
[29]《中国航空材料手册》编辑委员会.中国航空材料手册第4卷(钛合金铜合金)[M].2版.北京:中国标准出版社,2002.
[30]《中国航空材料手册》编辑委员会.中国航空材料手册第6卷(复合材料 胶粘剂)[M].2版.北京:中国标准出版社,2002.

[31] 蔡文海,金延中.复合材料结构的损伤与修理[J].机械工程师,2007,7:49-50.
[32] 颜鸣皋.航空材料技术的发展现状与展望[J].航空国际合作与交流,2004,14(1):21-24.
[33] 刘文胜,马运柱.粉末冶金新技术及新装备[J].矿冶工程,2007,5
[34] 曹运红.形状记忆合金的发展及其在导弹与航天领域的应用[J].飞航导弹,2000,10.
[35] 中华人民共和国国家质量监督检验检疫总局,中国国家标准化管理委员会.金属材料 力学性能试验术语:GB/T 10623—2008[S].北京:中国标准出版社,2008.
[36] 中华人民共和国国家质量监督检验检疫总局,中国国家标准化管理委员会.金属材料 拉伸试验 第1部分:室温试验方法:GB/T 228.1—2010[S].北京:中国标准出版社,2010.
[37] 中华人民共和国国家质量监督检验检疫总局,中国国家标准化管理委员会.金属材料 拉伸试验 第2部分:高温试验方法:GB/T 228.2—2015[S].北京:中国标准出版社,2015.
[38] 中华人民共和国国家质量监督检验检疫总局,中国国家标准化管理委员会.金属材料 布氏硬度试验 第1部分:试验方法:GB/T 231.1—2018[S].北京:中国标准出版社,2018.
[39] 中华人民共和国国家质量监督检验检疫总局,中国国家标准化管理委员会.金属洛氏硬度试验 第1部分:试验方法:GB/T 230.1—2018[S].北京:中国标准出版社,2018.
[40] 中华人民共和国国家质量监督检验检疫总局,中国国家标准化管理委员会.金属材料 洛氏硬度试验 第2部分:硬度计(A、B、C、D、E、F、G、H、K、N、T标尺)的检验与校准:GB/T 230.2—2012[S].北京:中国标准出版社,2012.
[41] 中华人民共和国国家质量监督检验检疫总局,中国国家标准化管理委员会.金属维氏硬度试验 第1部分:试验方法:GB/T 4340.1—2009[S].北京:中国标准出版社,2009.
[42] 中华人民共和国国家质量监督检验检疫总局,中国国家标准化管理委员会.金属材料 夏比摆锤冲击试验方法:GB/T 229—2020[S].北京:中国标准出版社,2020.
[43] 中华人民共和国国家质量监督检验检疫总局,中国国家标准化管理委员会.金属材料 疲劳试验 旋转弯曲方法:GB/T 4337—2015[S].北京:中国标准出版社,2015.
[44] 中华人民共和国国家质量监督检验检疫总局,中国国家标准化管理委员会.金属材料 平面应变断裂韧度 K_{IC} 试验方法:GB/T 4161—2007[S].北京:中国标准出版社,2007.
[45] 中华人民共和国国家质量监督检验检疫总局,中国国家标准化管理委员会.金属平均晶粒度测定方法: GB/T 6394—2017[S].北京:中国标准出版社,2017.
[46] 中华人民共和国国家质量监督检验检疫总局,中国国家标准化管理委员会.钢淬透性的末端淬火试验方法: GB/T 225—2006[S].北京:中国标准出版社,2006.
[47] 中华人民共和国国家质量监督检验检疫总局,中国国家标准化管理委员会.热处理技术要求在零件图样上的表示方法:JB/T 8555—2008[S].北京:中国标准出版社,2008.
[48] 中华人民共和国国家质量监督检验检疫总局,中国国家标准化管理委员会.金属热处理工艺分类及代号: GB/T 12603—2005[S].北京:中国标准出版社,2005.
[49] 中华人民共和国国家质量监督检验检疫总局,中国国家标准化管理委员会.钢铁热处理零件硬度测试通则:JB/T 6050—2006[S].北京:中国标准出版社,2006.
[50] 中华人民共和国国家质量监督检验检疫总局,中国国家标准化管理委员会.钢件渗碳淬火硬化层深度的测定和校核:GB/T 9450—2005[S].北京:中国标准出版社,2005.
[51] 中华人民共和国国家质量监督检验检疫总局,中国国家标准化管理委员会.钢件薄硬化层总厚度测定或总硬化层深度的测定:GB/T 9451—2005[S].北京:中国标准出版

社,2005.
[52] 中华人民共和国国家质量监督检验检疫总局,中国国家标准化管理委员会.钢的感应淬火或火焰淬火后有效硬化层深度的测定:GB/T 5617—2005[S].北京:中国标准出版社,2005.
[53] 中华人民共和国国家质量监督检验检疫总局,中国国家标准化管理委员会.钢铁零件渗氮层深度测定和金相组织检验:GB/T 11354—2005[S].北京:中国标准出版社,2005.
[54] 中华人民共和国国家质量监督检验检疫总局,中国国家标准化管理委员会.钢分类 第1部分:按化学成分分类:GB/T 13304.1—2008[S].北京:中国标准出版社,2008.
[55] 中华人民共和国国家质量监督检验检疫总局,中国国家标准化管理委员会.钢分类 第2部分:按主要质量等级和主要性能或使用特性分类:GB/T 13304.2—2008[S].北京:中国标准出版社,2008.
[56] 中华人民共和国国家质量监督检验检疫总局,中国国家标准化管理委员会.钢铁产品牌号表示方法:GB/T 221—2008[S].北京:中国标准出版社,2008.
[57] 中华人民共和国国家质量监督检验检疫总局,中国国家标准化管理委员会.钢铁及合金牌号统一数字代号体系:GB/T 17616—2013[S].北京:中国标准出版社,2013.
[58] 中华人民共和国国家质量监督检验检疫总局,中国国家标准化管理委员会.碳素结构钢:GB/T 700—2006[S].北京:中国标准出版社,2006.
[59] 中华人民共和国国家质量监督检验检疫总局,中国国家标准化管理委员会.低合金高强度结构钢 :GB/T 1591—2008[S].北京:中国标准出版社,2008.
[60] 中华人民共和国国家质量监督检验检疫总局,中国国家标准化管理委员会.优质碳素结构钢 :GB/T 699—2015[S].北京:中国标准出版社,2015.
[61] 中华人民共和国国家质量监督检验检疫总局,中国国家标准化管理委员会.合金结构钢:GB/T 3077—2015[S].北京:中国标准出版社,2015.
[62] 中华人民共和国国家质量监督检验检疫总局,中国国家标准化管理委员会.弹簧钢 GB/T 1222—2016[S].北京:中国标准出版社,2016.
[63] 中华人民共和国国家质量监督检验检疫总局,中国国家标准化管理委员会.高碳铬轴承钢:GB/T 18254—2016[S].北京:中国标准出版社,2016.
[64] 中华人民共和国国家质量监督检验检疫总局,中国国家标准化管理委员会.低合金超高强度钢通用技术条件:GB/T 38809—2020[S].北京:中国标准出版社,2020.
[65] 中华人民共和国国家质量监督检验检疫总局,中国国家标准化管理委员会.工模具钢:GB/T 1299—2014[S].北京:中国标准出版社,2014.
[66] 中华人民共和国国家质量监督检验检疫总局,中国国家标准化管理委员会.高速工具钢:GB/T 9943—2008[S].北京:中国标准出版社,2008.
[67] 中华人民共和国国家质量监督检验检疫总局,中国国家标准化管理委员会.不锈钢和耐热钢:GB/T 20878—2007[S].北京:中国标准出版社,2007.
[68] 中华人民共和国国家质量监督检验检疫总局,中国国家标准化管理委员会.耐热钢棒:GB/T 1221—2007[S].北京:中国标准出版社,2007.
[69] 中华人民共和国国家质量监督检验检疫总局,中国国家标准化管理委员会.铸钢牌号表示方法: GB/T 5613—2014[S].北京:中国标准出版社,2014.

[70] 中华人民共和国国家质量监督检验检疫总局,中国国家标准化管理委员会.奥氏体锰钢铸件:GB/T 5680—2010[S].北京:中国标准出版社,2010.
[71] 中华人民共和国国家质量监督检验检疫总局,中国国家标准化管理委员会.铸铁牌号表示方法:GB/T 5612—2008[S].北京:中国标准出版社,2008.
[72] 中华人民共和国国家质量监督检验检疫总局,中国国家标准化管理委员会.灰铸铁件:GB/T 9439—2010[S].北京:中国标准出版社,2010.
[73] 中华人民共和国国家质量监督检验检疫总局,中国国家标准化管理委员会.球墨铸铁件:GB/T 1348—2019[S].北京:中国标准出版社,2019.
[74] 中华人民共和国国家质量监督检验检疫总局,中国国家标准化管理委员会.可锻铸铁:GB/T 9440—2010[S].北京:中国标准出版社,2010.
[75] 中华人民共和国国家质量监督检验检疫总局,中国国家标准化管理委员会.蠕墨铸铁件:GB/T 26655—2011[S].北京:中国标准出版社,2011.
[76] 中华人民共和国国家质量监督检验检疫总局,中国国家标准化管理委员会.变形铝及铝合金牌号表示方法:GB/T 16474—2011[S].北京:中国标准出版社,2011.
[77] 中华人民共和国国家质量监督检验检疫总局,中国国家标准化管理委员会.铸造有色金属及其合金牌号表示方法:GB/T 8063—2017[S].北京:中国标准出版社,2017.
[78] 中华人民共和国国家质量监督检验检疫总局,中国国家标准化管理委员会.铸造铝合金:GB/T 1173—2013[S].北京:中国标准出版社,2013.
[79] 中华人民共和国国家质量监督检验检疫总局,中国国家标准化管理委员会.铜及铜合金术语:GB/T 11086—2013[S].北京:中国标准出版社,2013.
[80] 中华人民共和国国家质量监督检验检疫总局,中国国家标准化管理委员会.铜及铜合金牌号和代号表示方法:GB/T 29091—2012[S].北京:中国标准出版社,2012.
[81] 中华人民共和国国家质量监督检验检疫总局,中国国家标准化管理委员会.钛及钛合金牌号和化学成分:GB/T 3620.1—2016[S].北京:中国标准出版社,2016.
[82] 中华人民共和国国家质量监督检验检疫总局,中国国家标准化管理委员会.变形镁及镁合金牌号和化学成分:GB/T 5153—2016[S].北京:中国标准出版社,2016.
[83] 中华人民共和国国家质量监督检验检疫总局,中国国家标准化管理委员会.铸造镁合金:GB/T 1177—2018[S].北京:中国标准出版社,2018.
[84] 中华人民共和国国家质量监督检验检疫总局,中国国家标准化管理委员会.铸造镁合金锭:GB/T 19078—2016[S].北京:中国标准出版社,2016.
[85] 中华人民共和国国家质量监督检验检疫总局,中国国家标准化管理委员会.钛及钛合金牌号和化学成分:GB/T 3620.1—2016[S].北京:中国标准出版社,2016.
[86] 中华人民共和国国家质量监督检验检疫总局,中国国家标准化管理委员会.加工镍及镍合金 化学成分和产品形状:GB/T 5235—2007[S].北京:中国标准出版社,2007.
[87] 中华人民共和国国家质量监督检验检疫总局,中国国家标准化管理委员会.耐蚀合金牌号:GB/T 15007—2017[S].北京:中国标准出版社,2017.
[88] 中华人民共和国国家质量监督检验检疫总局,中国国家标准化管理委员会.铸造轴承合金锭:GB/T 8740—2013[S].北京:中国标准出版社,2013.
[89] 中华人民共和国国家质量监督检验检疫总局,中国国家标准化管理委员会.高温合金和

金属间化合物高温材料的分类和牌号:GB/T 14992—2005[S]. 北京:中国标准出版社,2005.
[90] 中华人民共和国国家质量监督检验检疫总局,中国国家标准化管理委员会. 纤维增强塑料术语:GB/T 3961—2009[S]. 北京:中国标准出版社,2009.
[91] 中华人民共和国国家质量监督检验检疫总局,中国国家标准化管理委员会. 金属基复合材料术语:GB/T 34558—2017[S]. 北京:中国标准出版社,2017.
[92] 中华人民共和国国家质量监督检验检疫总局,中国国家标准化管理委员会. 粉末冶金材料分类和牌号表示方法:GB/T 4309—2009[S]. 北京:中国标准出版社,2009.
[93] 中华人民共和国国家质量监督检验检疫总局,中国国家标准化管理委员会. 纳米科技 术语 第1部分:核心术语:GB/T 30544.1—2014[S]. 北京:中国标准出版社,2014.
[94] 王永欣. 材料科学基础[DB/OL]. (2021-08-27)[2022-02-23]. https://www.icourse163.org/course/NWPU-15001? from=searchPage.